"十四五"职业教育国家规划教材

供职业教育药剂、中医、医学影像技术、医学检验技术、医学生物技术、生物制药工艺、生物药物检验及相关专业使用

微生物学与免疫学基础

（第三版）

主　编　张仙芝　李　慧
副主编　莫丽平　白　洁
编　者　（按姓氏汉语拼音排序）
白　洁（晋中市卫生学校）
邓舒尹（珠海市卫生学校）
李　慧（长治卫生学校）
李花珍（河源市卫生学校）
林赤霞（广东省湛江卫生学校）
林敏娜（广东省潮州卫生学校）
刘金晔（包头医学院卫生健康学院）
莫丽平（广西医科大学附设玉林卫生学校）
任　奕（本溪市化学工业学校）
王　杰（石河子卫生学校）
阎荟静（烟台卫生健康职业学院）
张仙芝（太原市卫生学校）

科学出版社
北　京

内 容 简 介

本教材为“十四五”职业教育国家规划教材。内容分为基础理论和实验指导两大模块。基础理论模块按照教学实际将微生物学、免疫学、人体寄生虫学三部分内容科学融合，共分11章，其中包含绪论、细菌概述、免疫学基础、常见细菌、放线菌与真菌、其他原核细胞型微生物、病毒概述、常见病毒、微生物的分布与控制、微生物的遗传变异与菌种保藏、药品的微生物质量控制、人体寄生虫；实验指导包含五项实验。本教材增设“课程思政”和“学习目标”，并穿插“案例”“链接”和“考点”，章后有“自测题”，教材末有选择题参考答案。本教材编排科学合理、层次分明，兼有医药双重特色，彩色印刷，图文表并茂，由浅入深、通俗易懂。

本教材可供职业教育药剂、中医、医学影像技术、医学检验技术、医学生物技术、生物制药工艺、生物药物检验及相关专业使用

图书在版编目（CIP）数据

微生物学与免疫学基础 / 张仙芝，李慧主编. — 3版. — 北京 : 科学出版社，2025. 3. —（“十四五”职业教育国家规划教材）. — ISBN 978-7-03-081159-2

Ⅰ. Q93

中国国家版本馆CIP数据核字第2025MB3209号

责任编辑：段婷婷 / 责任校对：周思梦
责任印制：师艳茹 / 封面设计：涿州锦晖

科学出版社 出版
北京东黄城根北街16号
邮政编码：100717
http://www.sciencep.com
北京中科印刷有限公司印刷
科学出版社发行 各地新华书店经销
*
2015年12月第 一 版 开本：850×1168 1/16
2025年3月第 三 版 印张：13 3/4
2025年9月第十一次印刷 字数：293 000
定价：74.80元
（如有印装质量问题，我社负责调换）

前　言

本教材修订旨在贯彻党的二十大精神和党的教育方针，落实立德树人根本任务，坚持为党育人、为国育才。为了适应高素质技能人才的培养要求，落实新的教学标准，对接《中华人民共和国药典》等最新资料，编者对上一版教材进行了修订。本次修订突出以下特色。

1. 本教材增设“课程思政”，培养学生坚定的政治理想信念、深厚的爱国情怀和中华民族自豪感，深化职业道德教育，增强学生的职业责任感，培养学生“敬佑生命、救死扶伤、甘于奉献、大爱无疆”的医者精神。

2. 符合中等职业教育技能技术人才成长规律和学生认知，知识编排科学合理，层次分明，兼有医药双重特色，全彩教材，图文表并茂，由浅入深，通俗易懂。

3. 内容选择突出适用性，将微生物的遗传变异与菌种保藏、微生物的分布与控制、放线菌与真菌单独列章，并增加了药品的微生物质量控制等相关内容，删除了部分寄生虫内容。

4. 本教材增设“学习目标”，并穿插“案例”“链接”和“考点”，章后有“自测题”，教材末有选择题参考答案，便于师生教与学。

5. 对教材中出现的专业术语进行了规范。

6. 实验项目标准化，实验操作流程化。

本教材是在参考国内外相关书籍，结合编者多年的教学心得基础上编写而成，但由于学识水平和编写能力有限，书中可能存在疏漏之处，敬请广大师生批评指正，以便修正。

编　者

2025 年 1 月

目　录

绪　论

学习目标

1. 素质目标　具有为大众健康服务的责任感，以及爱岗敬业、甘于奉献的职业精神。

2. 知识目标　掌握病原微生物的概念和分类，以及免疫的概念和功能；熟悉微生物和免疫在医药卫生的应用；了解微生物学、免疫学和人体寄生虫学的学习内容。

3. 能力目标　提高预防和控制传染病的能力。

自然界中有许多用肉眼直接观察不到的微小生物，它们与人类的关系十分密切，少数还能引起疾病；此外，有些寄生虫也能引起人类疾病。人体的免疫系统作为抵抗外来侵犯的“人体长城”，它是如何抵抗这些有害生物对人体的侵袭的呢？一起来探索微生物的奥秘吧！

链 接　微生物学的奠基人——伟大的巴斯德

法国伟大的科学家巴斯德通过一系列开创性的研究工作，使人们开始认识到微生物与人类有着十分密切的关系。巴斯德是第一个自觉地通过无菌技术实现食物保鲜和防治疾病的人，他从理论上解决了微生物不能自然产生的争论。直到今天，葡萄酒、啤酒及人们每天食用的牛奶还是采用巴氏消毒法来保鲜。巴斯德研制出的炭疽疫苗开创了人类战胜传染病的新纪元，拯救了无数生命，为免疫学发展奠定了基础。1885 年，巴斯德第一次用同样的方法研制出狂犬病疫苗，治好了被疯狗咬伤的 9 岁男孩。在巴斯德逝世 100 周年时，全世界微生物学和医学工作者举行了纪念活动，他的研究成果直到今天仍造福于人类。

一、微生物学概述

（一）微生物的概念

微生物（microorganism）是指个体难以用肉眼观察的一切微小生物的统称。通常用显微镜放大观察微生物，常用的显微镜有光学显微镜和电子显微镜等。

微生物的主要特点为体积小、分布广、种类多、繁殖快、易变异。

考点　微生物的概念

（二）微生物的种类

微生物按照生物学特性可分为三大类。

1. 原核细胞型微生物　核呈环状裸 DNA 团块结构，无核膜、核仁，只有核糖体一种细胞器的微生物，包括细菌、放线菌、衣原体、支原体、立克次体、螺旋体等。

2. 真核细胞型微生物　具有完整细胞核、完善细胞器的微生物，如真菌。

3. 非细胞型微生物　结构简单，仅由 RNA 或 DNA 及蛋白质等组成，专营细胞内寄生，以核酸复制方式增殖的微生物．如病毒。

考点 微生物的种类

（三）微生物与人类的关系

微生物在自然界中分布广泛，土壤、空气、水、人和动物的体表以及与外界相通的腔道中都存在着不同种类和数量的微生物。

1. 微生物对人类的有利作用　绝大多数微生物对人、动物和植物是有益的，有些是必需的。微生物在维持自然界生态平衡方面发挥着重要作用。微生物参与自然界的物质循环，如土壤中的微生物能将死亡动物和植物的蛋白质转化为含氮化合物，供植物生长利用。

微生物的应用非常广泛。农业方面，可应用微生物制造菌肥、植物生长激素等；工业方面，微生物广泛应用于食品、冶金、皮革、化工、石油等；医药卫生方面，利用微生物生产抗生素、维生素等；环保方面，用微生物降解污水中的有机磷、氰化物等有害物质。此外，近年来微生物在基因工程技术中作用突出，利用多种工具酶和基因载体可制备生物制品，如胰岛素、干扰素等。

课程思政：我国微生物学与制药研究取得重要成果

中国学者从事微生物学研究始于 20 世纪之初。1910 ～ 1921 年微生物学家伍连德利用近代微生物学知识对鼠疫和霍乱病原进行探索和防治，在中国最早建立起卫生防疫机构，培养了第一支预防鼠疫的专业队伍，在当时这项工作居于国际先进地位。随后，中国学者开始对医学微生物学有了较多的试验研究，其中汤飞凡等在医学细菌学、病毒学和免疫学等方面的某些领域做出了成绩，如沙眼病原体的分离和确认是具有国际领先水平的开创性工作。20 世纪 30 年代开始在工业微生物方面做出了开拓性工作，对根瘤菌固氮作用的研究开创了中国农业微生物学；改革开放以来，中国微生物学无论在应用和基础理论研究方面都取得了重要的成果，如中国抗生素的总产量已跃居世界首位，中国的两步法生产维生素 C 的技术位居世界先进水平。

2. 微生物对人类的危害　能够使人或者动物致病的微生物称为病原微生物，如结核分枝杆菌、流感病毒等。

考点 病原微生物的概念

（四）微生物学与药物

1. 微生物学　是研究微生物形态结构、生理生化、遗传变异、生态分布和分类进化等生命活动规律，以及与其他生物和环境相互关系的学科。

微生物学又有许多分支，如微生物药学、工业微生物学、农业微生物学、医学微生物学、美容微生物学等。

2. 微生物与药物　随着新的病原微生物不断被发现，以及微生物研究和检测技术的快速发展，新疫苗的开发及生物工程技术在微生物药物开发中的应用，促进了微生物制药的发展，利用微生物生产的药物已经在抗病原微生物感染、抗肿瘤、调节免疫功能和细胞功能等诸多领域广泛应用。利用基因工程菌可以大量生产胰岛素、生长素、干扰素等多种药物。

3. 医学微生物学　是研究人类病原微生物生命活动规律、致病性、诊断及防治的微生物学分支学科。学习目的是控制和消灭感染性疾病及相关的免疫性疾病，并为学习其他医学课程奠定基础。

二、免疫学概述

案例 0-1

天花是一种古老而又猖獗的疾病。至 20 世纪时天花已至少造成全球 3 亿多人死亡，即使幸存下来的患者也会留下难看的痘痕。在与天花的斗争中，勤劳勇敢的中国人首先发明了用轻型天花患者的痘液接种给正常人的“人痘”，使得当时 30% 以上的天花病死率降到 2% 以下，这是世界公认的最早有文字记载的疫苗接种史；1798 年，英国医生爱德华・詹纳（Edward Jenner）首创接种牛痘预防天花的方法。随着牛痘疫苗的普及，天花的流行逐渐得到了遏制。1979 年 10 月 26 日，世界卫生组织（WHO）宣布人类成功消灭天花，这是世界范围内被人类消灭的第一个传染病。

问题：1. 人类为什么能成功预防天花？

2. 传染病的防治与机体的什么功能有关？

人们生活的环境中充满各种微生物，面对致病性微生物，人类在长期进化过程中形成了捍卫生命的“人体长城”——免疫系统，它发挥着各种免疫功能：排除病原微生物、清除人体内垃圾、消灭肿瘤细胞等，在人的一生中，进行着无数次的生命保卫战。

（一）免疫的概念

最初人们常把传染病患者（如天花、麻疹）痊愈之后对该传染病产生的抵抗力称为免疫，所以免疫的传统概念是“免除瘟疫”之意，是指机体抗传染病的能力。

随着免疫学研究的不断深入，免疫的内涵已超出了抗感染的范畴，如发挥抗感染作用的免疫器官和细胞具有清除体内衰老、死亡和受损伤细胞的作用，还具有监测和消灭突变细胞的作用等。因此，现代免疫概念是指机体识别和排除抗原性异物，维持自身生理平衡和稳定的功能。免疫通常对机体有利，但在某些条件下也可对机体有害。

考点 免疫的概念

（二）免疫的功能

机体的免疫具有三种功能。

1. 免疫防御　是指机体免疫系统抵御病原微生物感染的功能。如果此功能过于强烈，引起机体组织损伤或生理功能紊乱称为超敏反应。如果此功能低下，则导致机体反复发生病原微生物感染，严重的可能导致免疫缺陷病（如艾滋病）。

2. 免疫稳定　是机体免疫系统清除体内损伤、衰老、死亡细胞，维持机体内环境相对稳定的生理功能。如果此功能发生异常，会损伤机体自身的正常组织，引起自身免疫性疾病。

3. 免疫监视　是机体免疫系统识别和清除体内突变细胞和病毒感染细胞的功能。如果此功能失调可致肿瘤发生或持续性病毒感染。

考点 免疫的功能

免疫功能在正常和异常时的表现见表 0-1。

表 0-1　免疫功能的表现

功能	正常表现	异常表现	
		功能过强	功能低下
免疫防御	抵御病原微生物感染	超敏反应	免疫缺陷病
免疫稳定	清除体内损伤、衰老、死亡细胞	自身免疫性疾病	—
免疫监视	识别和清除突变细胞和病毒感染细胞	—	肿瘤或病毒持续性感染

（三）免疫学与药物

免疫学（immunology）是研究免疫系统结构与功能的学科。其研究内容包括抗原、抗体、免疫系统、免疫应答、超敏反应、免疫学检测和免疫学防治等。

生物制品是可用于疾病诊断或防治的制剂，免疫类生物制品在医药学中的应用非常广泛。在预防方面，疫苗的预防接种可预防和消灭传染病，新型高效疫苗及佐剂等药物在不断研发；在诊断方面，应用放射性同位素、单克隆抗体技术可为传染病、免疫性疾病等提供快速、高效和准确的诊断与辅助诊断，协助确定肿瘤的原发部位及转移病灶；在治疗方面，治疗性疫苗可治疗肿瘤和感染性疾病，抗体制剂可用于紧急预防和治疗外毒素引起的疾病和其他传染病；免疫调节剂和免疫抑制剂可用于治疗免疫性疾病；在药物的质量控制方面，用免疫学检测方法可检查药品中的微生物从而进行质量控制，制药领域不断引入一些新的微生物检验技术，这些方法简便快速，使早期监控和指导优良生产成为可能。

三、人体寄生虫学概述

自然界中的两种生物之间，一方受益，而另一方受到损害的共生关系，称为寄生。

（一）人体寄生虫与宿主的概念

寄生虫是指营寄生生活，且造成被寄生生物一定损伤的动物。寄生于人体的寄生虫称为人体寄生虫，又称医学寄生虫。在生物间的寄生关系中，受害的一方称为宿主。

（二）人体寄生虫学

人体寄生虫学是研究与医学有关的寄生虫及其与宿主相互关系的科学。其主要内容包括寄生虫的生物学特性、致病性、流行病学规律及防治措施。

自测题

一、名词解释

1. 病原微生物　2. 微生物　3. 免疫　4. 寄生虫　5. 宿主

二、单项选择题

1. 属于非细胞型微生物的是（　　）
   A. 细菌　B. 病毒
   C. 真菌　D. 螺旋体
   E. 支原体
2. 不属于原核细胞型微生物的是（　　）
   A. 衣原体　B. 放线菌
   C. 支原体　D. 真菌
   E. 立克次体
3. 机体抵抗病原微生物感染的功能称为（　　）
   A. 免疫稳定　B. 免疫监视
   C. 免疫防御　D. 免疫耐受
   E. 免疫识别
4. 机体免疫系统识别和清除突变细胞的功能称为（　　）
   A. 免疫稳定　B. 免疫监视
   C. 免疫防御　D. 免疫耐受
   E. 免疫识别

（李　慧）

第 1 章 细菌概述

学习目标

1. 素质目标　具有实事求是的科学态度，具有创新意识，严谨认真的工作作风。

2. 知识目标　掌握细菌的形态和结构、生长繁殖规律、合成代谢产物 、细菌的致病性和感染的类型与结局；熟悉细菌的形态学检查法、细菌的分解代谢产物、感染的来源与途径；了解医院感染。

3. 能力目标　学会细菌的形态检查、人工培养细菌，提高学生职业能力。

细菌（bacteria）是一大类细胞核无核膜包裹，只存在核区或拟核的裸露 DNA 的原始单细胞生物。含有环状 DNA 和 70S 核糖体。

了解细菌的形态与结构、生长繁殖与代谢规律，对研究细菌的生命活动、致病性和免疫性，以及鉴别细菌、诊断疾病和防治细菌感染等均有重要意义。

第 1 节　细菌的形态与结构概述

一、细菌的大小和形态

（一）细菌的大小

细菌体积微小，需在光学显微镜下放大数百倍甚至上千倍方能看到。通常以微米（μm）为测量单位。不同种类的细菌大小不一，同一种细菌也因菌龄和环境因素的影响而有差异。一般来说，多数球菌的直径约为 1μm，不同杆菌的大小、长短、粗细也不一致。大杆菌如炭疽杆菌（炭疽芽孢杆菌）长 6 ～ 10μm，小杆菌如布鲁氏菌长仅 0.6 ～ 1.5μm。

考点　细菌的大小及测量单位

（二）细菌的形态

细菌形态多样，大致可归纳为球形、杆形和螺旋形三种基本形态（图 1-1），由此可把细菌分为球菌、杆菌和螺旋菌。

1. 球菌（coccus）　呈球形或椭球形，直径 0.8 ～ 1.2μm，根据分裂平面和分裂后排列方式的不同，可把球菌分为双球菌、链球菌和葡萄球菌等。①双球菌：细菌在一个平面上分裂，分裂后菌体成对排列，如脑膜炎奈瑟菌；②链球菌：细菌在一个平面上分裂，分裂后多个菌体呈链状排列，如乙型溶血性链球菌；③葡萄球菌：细菌在多个不规则的平面上分裂，分裂后菌体无规则地堆积在一起似葡萄串状，如金黄色葡萄球菌。各类球菌在标本或培养物中除上述的典型排列方式外，还可以单个菌体分散的方式存在。

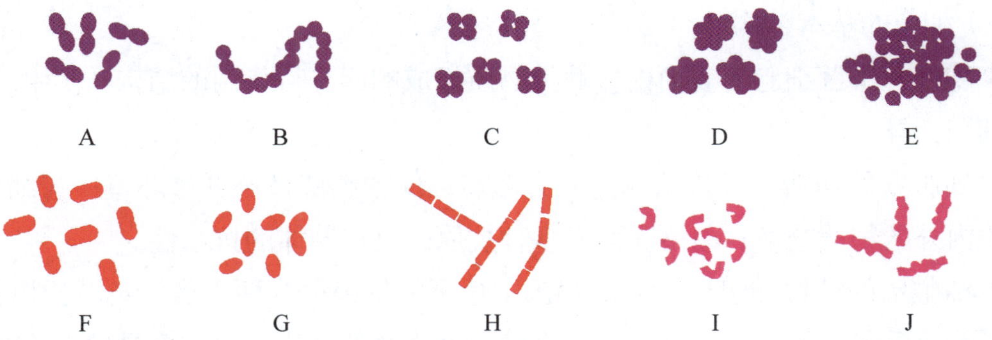

图 1-1　细菌的基本形态

A ～ E. 球菌；F ～ H. 杆菌；I ～ J. 螺旋菌

2. 杆菌（bacillus）　杆菌形态多呈直杆状，也有菌体稍弯，菌体两端多呈钝圆形，少数两端平齐（炭疽杆菌）或两端尖细（梭杆菌）；有的杆菌末端膨大呈棒状，称棒状杆菌（如白喉棒状杆菌）；有的菌体短小，近似椭球形称球杆菌；多数杆菌呈分散排列，也有的杆菌呈链状排列称链杆菌（如炭疽杆菌）；有的杆菌呈分枝生长趋势，称分枝杆菌（如结核分枝杆菌）。有的末端常呈分叉状，称为双歧杆菌。

3. 螺旋菌（spirillum）　细胞为螺旋状的细菌，菌体呈弯曲状，有的菌体长 2 ～ 3μm，只有一个弯曲，形似弧形的称为弧菌，如霍乱弧菌；有的菌体长 3 ～ 6μm，有多个弯曲的称为螺菌，如鼠咬热的小螺菌；有的菌体细长弯曲呈弧形或螺旋形，称为螺杆菌，如幽门螺杆菌。

考点　细菌的基本形态及分类

二、细菌的结构

细菌的结构可分为基本结构和特殊结构。各种细菌都具有的结构称基本结构，包括细胞壁、细胞膜、细胞质和类核；仅某些细菌具有的或在一定条件下才形成的结构称特殊结构，包括鞭毛、菌毛、荚膜和芽孢（图 1-2）。

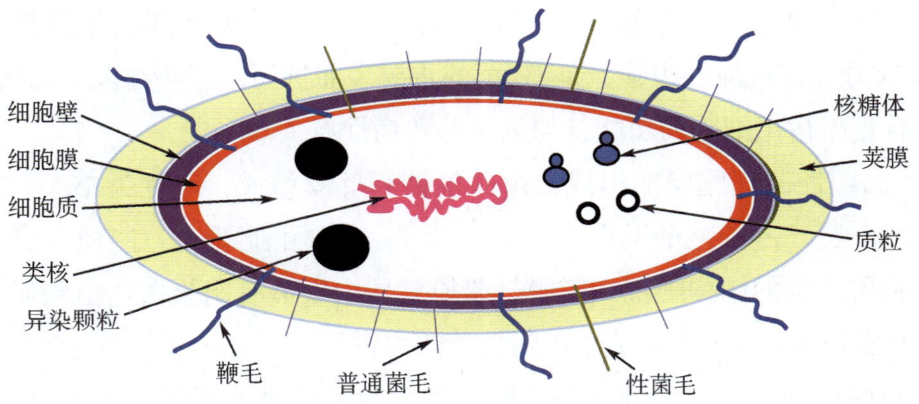

图 1-2　细菌的结构示意图

（一）细菌的基本结构

1. 细胞壁　细菌细胞外表面由多糖类物质组成的起支持作用的结构。其组成较复杂，随不同细菌而异。

（1）细胞壁的功能　维持菌体的固有形态；保护细菌抵抗低渗环境；与细胞膜共同参与菌体内外的物质交换；菌体表面有多种抗原，决定菌体的抗原性。

（2）细胞壁的结构和组成　用革兰氏染色可将细菌分为两大类，革兰氏阳性菌（G^+ 细菌）和革兰氏阴性菌（G^- 细菌）。两类细菌细胞壁的结构和组成差异较大（图 1-3）。

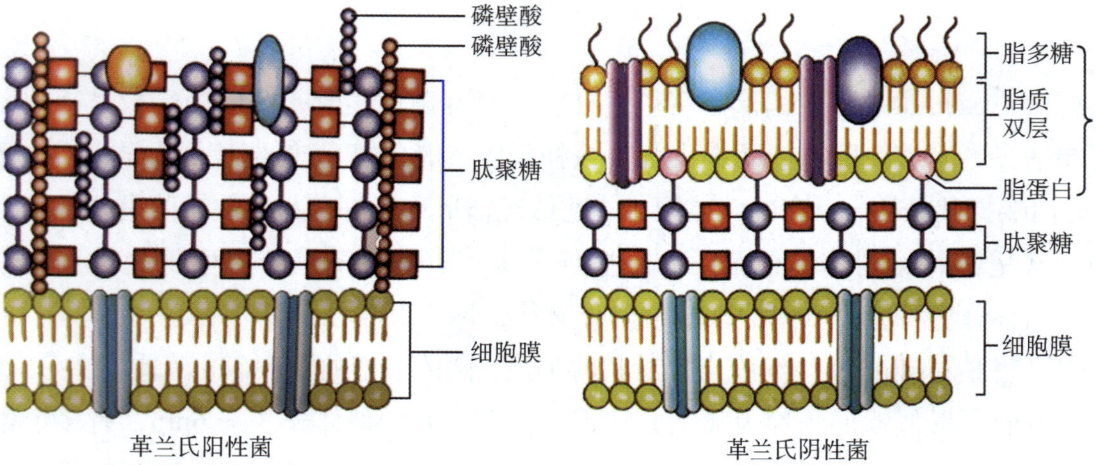

图 1-3　细菌细胞壁结构示意图

肽聚糖又称为黏肽，是细菌细胞壁的主要组分，也是细菌细胞壁的特有成分。革兰氏阳性菌的肽聚糖由聚糖骨架、四肽侧链和五肽交联桥三部分组成，革兰氏阴性菌的肽聚糖只由聚糖骨架和四肽侧链两部分组成。聚糖骨架由 *N*- 乙酰葡糖胺和 *N*- 乙酰胞壁酸交替间隔排列，经 β-1, 4 糖苷键联结而成。各种细菌细胞壁的聚糖骨架均相同。

考点　细菌细胞壁的特有成分

1）革兰氏阳性菌细胞壁的组成：由肽聚糖和磷壁酸组成，厚度为 20 ～ 80nm。其中含肽聚糖 15 ～ 50 层，占细胞壁干重的 50% ～ 80%；磷壁酸穿插于肽聚糖层中，是 G^+ 菌的特有成分，其抗原性很强，是 G^+ 菌的重要表面抗原。某些细菌（如 A 群链球菌）的磷壁酸具有黏附宿主细胞的功能，与细菌的致病性有关。

2）革兰氏阴性菌细胞壁的组成：由肽聚糖和外膜组成，厚度为 10 ～ 15nm。其中含肽聚糖 1 ～ 2 层，占细胞壁干重的 5% ～ 20%；外膜由脂蛋白、脂质双层和脂多糖三部分组成。脂质双层的结构类似细胞膜，脂质双层内镶嵌有脂蛋白。由脂质双层向细胞外伸出的是脂多糖（LPS），是革兰氏阴性菌的内毒素。

革兰氏阳性菌和革兰氏阴性菌细胞壁的结构与组成显著不同（表 1-1），导致这两类细菌在染色性、抗原性、致病性和对药物的敏感性等方面有很大差异。

表1-1 革兰氏阳性菌和革兰氏阴性菌细胞壁的结构与组成比较

细胞壁	革兰氏阳性菌	革兰氏阴性菌
强度	较坚韧	较疏松
肽聚糖层数	多，可达15～50层	少，1～2层
肽聚糖含量	多，占细胞壁干重50%～80%	少，占细胞壁干重5%～20%
磷壁酸	有	无
外膜	无	有

考点 革兰氏阳性菌与革兰氏阴性菌细胞壁的比较

（3）了解细菌细胞壁结构与组成的意义　肽聚糖是保证细菌细胞壁机械强度十分坚韧的化学成分，凡能破坏肽聚糖结构或抑制其合成的物质，均能损伤细胞壁而使细菌变形或裂解。如青霉素和溶菌酶能破坏革兰氏阳性菌的肽聚糖，导致细菌溶解死亡。人体与其他动物的细胞无细胞壁，也无肽聚糖，故青霉素和溶菌酶对人体及其他动物的细胞均无毒性作用。

链接　L型细菌

L型细菌是部分或丧失细胞壁的缺陷型细菌，可连续繁殖，也可恢复为正常细胞。在高渗环境中仍可存活。L型细菌因失去细胞壁形态呈多形性，有球状、杆状和丝状等；一般生长缓慢，2～7天后方可形成中间厚四周薄的“油煎蛋”样小菌落。某些L型细菌仍有致病能力，在临床上可引起慢性感染，如尿路感染、骨髓炎、心内膜炎等疾病，但常规细菌学检查结果阴性。因此，临床上使用某些作用于细胞壁的抗菌药物进行治疗时，遇有症状明显而标本常规培养为阴性时，应考虑L型细菌感染的可能性，宜作L型细菌的专门检验。

2. 细胞膜　是位于细胞壁内侧，包裹细胞质的一层半透膜。其结构与真核细胞相似，主要由磷脂双层结构及镶嵌蛋白组成。细胞膜的功能主要有维持细胞内外物质交换、呼吸作用、生物合成、参与细菌的分裂等。

3. 细胞质　是细胞膜包裹的溶胶状物质，是细菌新陈代谢的主要场所。其基本成分是水、蛋白质、脂类、核酸、少量糖和无机盐；其中还有功能性超微结构。

（1）核糖体　是细菌合成蛋白质的场所，数量可多达数万个。细菌核糖体（70S）与真核生物的核糖体（80S）不同，有些抗生素如链霉素、红霉素能与细菌核糖体结合，干扰其蛋白质合成，从而发挥抗菌作用，但对人体细胞无影响。

（2）质粒　微生物细胞内稳定地独立存在于染色体外，能自我复制并传递到子代的双链DNA分子。随细菌的分裂转移到子代细胞中，质粒并非细菌生命活动必需的遗传物质，质粒还可在细菌间传递（详见第9章）。

（3）胞质颗粒　是细胞质中存在的多种内含颗粒，大多数为贮藏的营养物质。有些细菌含有多聚偏磷酸盐颗粒，因其嗜碱性较强，用亚甲蓝染色着色较深，与细菌其他部分的颜色不同，故称异染颗粒，可作为鉴别细菌（如白喉棒状杆菌）的依据。

考点 质粒和异染颗粒的概念

4. 类核　又叫拟核（nucleoid），原核细胞中 DNA 集中但无核膜包围的区域。是由一条裸露的双股环状 DNA 分子组成，另外还含有少量 RNA、RNA 聚合酶及蛋白质。控制细菌的各种遗传性状。

（二）细菌的特殊结构

1. 鞭毛（flagellum）　某些细菌的菌体上附着的细长呈波状弯曲的丝状物称为鞭毛。通过高速旋转驱动细胞运动，为细菌的运动器官；长 5 ～ 20μm，但直径很纤细，一般经特殊染色法使鞭毛增粗后可在普通光学显微镜下看到。

鞭毛的化学组成为蛋白质，有很强的抗原性，鞭毛抗原称 H 抗原。

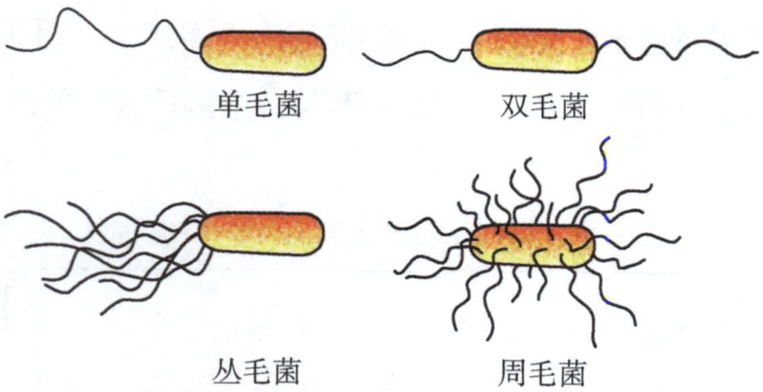

图 1-4　细菌鞭毛的类型模式图

根据鞭毛的数目及部位可将鞭毛菌分成四类：单毛菌如霍乱弧菌、双毛菌如空肠弯曲菌、丛毛菌如铜绿假单胞菌、周毛菌如伤寒沙门菌（图 1-4）。

根据细菌有无鞭毛、鞭毛的数量、部位及其抗原性对细菌鉴定和分类有重要意义；有些细菌的鞭毛与细菌致病性有关，如霍乱弧菌。

2. 菌毛（pilus）　多存在于革兰氏阴性菌细胞表面的丝状中空的蛋白质附属结构。比鞭毛短且细，数量较多，菌毛在普通光学显微镜下不可见，只能用电子显微镜观察（图 1-5）。其化学成分为蛋白质，有抗原性。菌毛可分为以下类型。

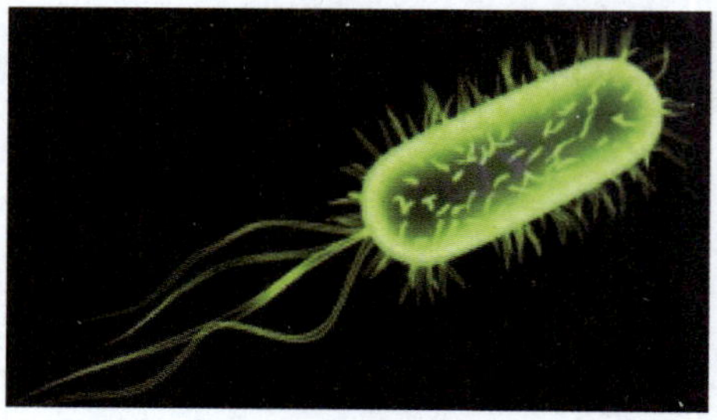

图 1-5　细菌菌毛和鞭毛示意图

（1）普通菌毛　数量多，每菌可有 250 ～ 300 根，普通菌毛与细菌间或细菌和动物细胞间的黏附有关，可黏附于人与动物的红细胞（RBC）和消化道、呼吸道等黏膜上皮细胞表面，从而入侵引起感染，故与细菌的致病性有关。

（2）性菌毛（sex pilus）　在少数革兰氏阴性菌（如大肠埃希菌）接合过程中传递遗传物质的菌毛叫性菌毛。其数量少且较粗而长，一个细菌只有 1 ～ 4 根。大肠埃希菌的性菌毛由 F 质粒编码，可通过性菌毛传递耐药质粒。

3. 荚膜（capsule）　固定在细菌细胞壁外，结构较致密且较厚的黏液性物质。厚度大于 200nm，在普通光学显微镜下清晰可见。一般在动物体内和营养丰富的培养基中才能形成，荚膜不易着色，普通染色法只能在光学显微镜下看到菌体周围有未着色的透明圈，如用荚膜染色法可使荚膜显现更为清楚（图 1-6）。

荚膜的化学组成随菌种而异。大多数细菌的荚膜由多糖组成，如肺炎链球菌；少数细菌为多肽，如炭疽杆菌。荚膜具有抗原性，可作为细菌鉴别与分型的依据。荚膜可抵抗宿主吞噬细胞的吞噬作用，故与细菌的致病性有关。

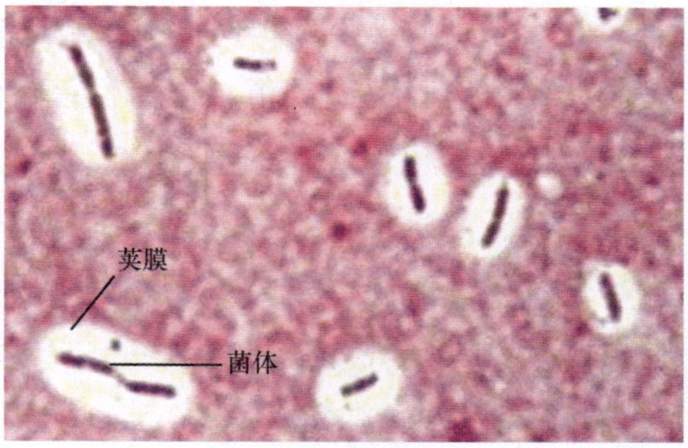

图 1-6　细菌的荚膜（荚膜染色，×1000）

4. 芽孢（spore）　某些细菌在不适宜的环境条件下，细胞质脱水浓缩，在菌体内形成一个圆形或卵圆形的小体称芽孢。芽孢是便于细菌传播的无性休眠体。其代谢缓慢，营养要求低，无繁殖能力。芽孢保留了细菌生存必需的遗传物质和完整的酶系统。芽孢形成后，菌体成为空壳，逐渐崩解消失，芽孢随之脱落游离出来。芽孢遇到适宜环境，可吸水膨胀重新发育为有繁殖能力的菌体，故未形成芽孢的菌体称为繁殖体。不同细菌其芽孢的大小、形态和在菌体内的位置不同，对细菌的分类和鉴定有重要意义（图 1-7）。

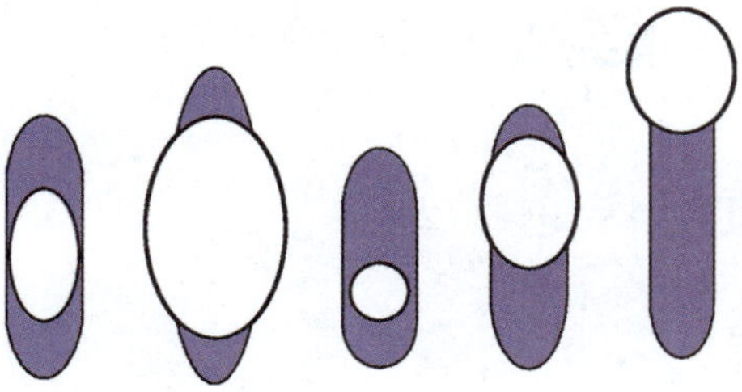

图 1-7　细菌芽孢的形态和位置示意图

成熟的芽孢具有多层膜结构，其折光性很强、壁厚、通透性低，故不易着色。一般染色法后，只能在光镜下观察到菌体有未着色的芽孢，需经芽孢染色法才能使芽孢着色。

芽孢对热、干燥、辐射及消毒剂有很强的抵抗力，在自然界能存活几年甚至几十年，有的细菌芽孢可耐100℃沸水数小时。一旦芽孢污染用具、敷料、手术器械等，用一般物理化学方法不易将其杀死，故常以杀死芽孢作为灭菌的指标。高压蒸汽灭菌法是杀灭芽孢最快速有效的方法。

考点　四种特殊结构的概念和意义

三、细菌的形态检查法

（一）不染色标本检查法

细菌不经染色，直接放在普通光学显微镜或暗视野显微镜下观察，可观察细菌的运动状态和繁殖方式等，常用方法有压滴法和悬滴法。

（二）染色标本检查法

1. 单染色法　只用一种染料给细菌染色，所有细菌都被染成一种颜色，可显示细菌的形态、排列和大小等。

2. 复染色法　用两种或两种以上染料染色，使细菌染上不同的颜色。可观察细菌的形态、排列、大小和染色性，并能鉴别细菌。常用的有革兰氏染色法和抗酸染色法。

（1）革兰氏染色法　用结晶紫和藏红或品红等染料，经过一系列步骤将细菌染成紫色或红色，以确定其为革兰氏阳性菌和革兰氏阴性菌两大类的染色方法，最常用于鉴定细菌。

革兰氏染色法的步骤为：①结晶紫初染；②碘液媒染；③ 95% 乙醇脱色；④稀释复红复染。结果：紫色为革兰氏阳性菌，红色为革兰氏阴性菌。

革兰氏染色法具有重要的实际意义。①鉴别细菌：它将所有的细菌分成革兰氏阳性菌和革兰氏阴性菌两大类，便于初步识别细菌；②选择用药：革兰氏阳性菌和革兰氏阴性菌对抗生素和化学治疗药物的敏感性不同，临床上可根据病原菌的革兰氏染色性选择有效药物进行治疗；③致病特点：大多数革兰氏阳性菌主要以外毒素致病，大多数革兰氏阴性菌主要以内毒素致病。

（2）抗酸染色法　用于抗酸杆菌的染色方法。抗酸染色法的步骤：①苯酚复红加温染色；② 3% 盐酸乙醇脱色；③亚甲蓝复染。结果：结核分枝杆菌等抗酸杆菌被染成红色；非抗酸菌则被染成蓝色。

（3）特殊染色法　细菌的某些结构不易被普通染色法染色，但可通过特殊染色法使之与菌体染上不同颜色，有利于对细菌的观察与鉴别。如细菌的芽孢、荚膜、鞭毛等常需特殊染色法。

考点 革兰氏染色的步骤和意义

第 2 节　细菌的生长繁殖与代谢

一、细菌的生长繁殖

（一）细菌生长繁殖的条件

细菌的种类不同，其生长繁殖的条件也有差异，基本可归纳为以下几方面。

1. 营养物质　充足的营养物质可为细菌新陈代谢及生长繁殖提供必要的原料和能量。细菌生长繁殖基本的营养物质包括水、碳源、氮源、无机盐，某些细菌还需要特殊的生长因子，即细菌生长必需但自身又不能合成的一类营养物质。

（1）水　是细菌细胞的重要组成成分，又是良好的溶媒。细菌所需营养物质必须先溶于水，细菌对物质的吸收、渗透、分泌、排泄，都要以水为媒介，其代谢过程和生化反应也只有在水中才能进行。

（2）碳源　是指含有碳元素的营养物，包括各种碳的无机物或有机物。细菌获取碳源以合成菌体成分并作为能量的主要来源。病原菌主要从有机碳源如糖类获得碳源。

（3）氮源　细菌对氮源的需要量仅次于碳源，其主要功能是作为菌体成分的原料。很多细菌可以利用有机氮化物，病原微生物主要从氨基酸、蛋白胨等有机氮化物中获得氮源。

（4）无机盐　细菌需要各种无机盐以提供细菌生长所需的各种元素，如磷、硫、钾、钠、镁、钙、铁等。各类无机盐的功能如下：①构成有机化合物，成为菌体的成分；②作为酶的组成部分，维持酶的活性；③参与能量的储存和转化；④调节菌体内外的渗透压并维持酸碱平衡。

（5）生长因子　是能够刺激细菌生长或为生长所必需的、自身不能合成、需求量很少的物质。通常为有机化合物，包括维生素、某些氨基酸、嘌呤、嘧啶等。它们主要被细菌用作某些辅酶和辅基的成分或提供细菌不能合成的氨基酸等。

2. 酸碱度　每种细菌都有一个最适生长的 pH 范围，在这一范围内，细菌的酶活性最强，生长繁殖较旺盛。多数病原菌最适 pH 为 7.2 ～ 7.6，在机体内易生存；个别细菌如霍乱弧菌在 pH8.8 ～ 9.0 生长最好；结核分枝杆菌生长的最适 pH 为 6.5 ～ 6.8。

3. 温度　各类细菌对温度的要求不一。可分为嗜冷菌，最适生长温度为 10 ～ 20℃；嗜温菌，最适生长温度为 20 ～ 40℃；嗜热菌，最适生长温度为 50 ～ 60℃。病原菌在长期进化过程中适应人体环境，均为嗜温菌，最适生长温度与人的体温一致，即 37℃。个别细菌可有例外，如耶尔森菌最适生长温度为 28℃；弯曲菌最适生长温度为 42℃。

4. 气体　和细菌生长繁殖有关的气体主要有：氧气与二氧化碳。

（1）氧气　根据细菌对氧气的要求不同，可将细菌分为四类。①需氧菌：在有氧的环境中才能生长繁殖的细菌。具有完善的呼吸酶系统，能进行需氧呼吸，如结核分枝杆菌。②微需氧菌：在低氧分压（低于 5% O_2）条件下生长良好的细菌，如空肠弯曲菌和幽门螺杆菌。③兼性厌氧菌：在有氧、无氧环境中均能生长的细菌。在有氧环境中利用有氧呼吸产能，在无氧环境中利用糖酵解产能，如大肠埃希菌。④厌氧菌：只能在无氧环境中生长的细菌，如破伤风梭菌。

（2）二氧化碳　多数细菌利用自身代谢过程中产生的 CO_2 已能满足需要，但某些细菌初次分离时，必须供给 5% ～ 10%CO_2 才能生长，如脑膜炎奈瑟菌和幽门螺杆菌。

考点　细菌生长繁殖的条件

（二）细菌的繁殖方式和速度

1. 个体生长繁殖　细菌一般以简单的无性二分裂法进行繁殖。在适宜条件下，多数细菌繁殖速度很快，20 ～ 30min 繁殖一代。结核分枝杆菌繁殖速度较慢，繁殖一代需要 18 ～ 20h。

2. 群体生长繁殖规律——生长曲线　细菌培养过程中，以细胞数目或生物量对生长时间作图获得的曲线。生长曲线表示细菌的群体生长繁殖规律，可分为四期（图 1-8）。

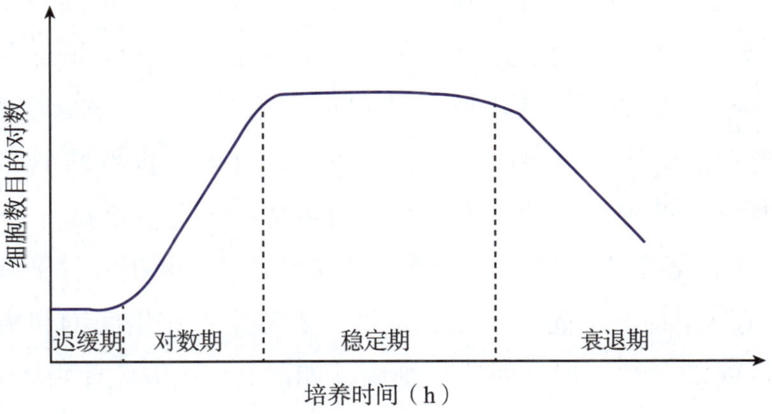

图 1-8　细菌的典型生长曲线图

（1）延滞期（迟缓期） 微生物接入新鲜的培养基后的初期生长阶段。此时细胞代谢发生调整而使细胞数或生物量的增长速度处于最低水平。该期细菌体积增大、重量增加、代谢活跃。延滞期的长短随菌种、菌龄、接种量及营养物质等不同而异，一般为数小时。

（2）对数期（指数期） 微生物生长延滞期之后，细胞数目或生物量呈指数增长的时期。这是细菌繁殖的顶峰阶段。此期细菌的形态、染色性等生物学性状较典型，对外界因素的刺激敏感。故研究细菌的生物学性状和发酵生产的种子应选用该期细菌。

（3）稳定期 微生物生长对数期之后，细胞数目或生物量增长减缓直至停止的时期。这是细菌繁殖数与死亡数相同的阶段，菌体产量达最高点。外毒素和抗生素等代谢产物开始积累，细菌的芽孢开始形成，故收获代谢产物，观察芽孢应选该期细菌。

（4）衰亡期（衰退期） 微生物生长稳定期之后培养物中活细胞数目下降的时期。细菌繁殖越来越慢，死亡数超过活菌数。该期细菌形态多形化，出现衰退或菌体自溶，进一步释放氨基酸、内毒素、抗生素等，芽孢杆菌在此期释放芽孢。

考点 细菌生长曲线的各期特点

（三）细菌的人工培养

依据细菌生长繁殖的条件与规律，可在体外对细菌进行人工培养，以研究细菌的生物学性状，用于对细菌性疾病的诊断、治疗和预防等。

1. 培养基（culture medium） 由人工配制、适合微生物生长繁殖或代谢物产生的混合营养基质。常见培养基的种类如下。

（1）按照培养基物理状态分类

1）液体培养基：不加凝固剂而保持液态的培养基。主要用于实验室和生产实践中的大规模生产微生物。

2）半固体培养基：只加入少量凝固剂而维持一定形状，便于观察微生物运动或某些特定性状的机械强度较小的培养基。一般加入 0.3% ～ 0.5% 的琼脂，主要用于观察细菌的动力，也可用于一般菌种的保存。

3）固体培养基：以琼脂等凝固剂和天然固体形态的材料制备而成的外观呈固体状态培养基。加入 2% ～ 3% 的琼脂，用于菌种的分离鉴定、菌种保藏和微生物的大规模生产。

（2）按照培养基功能不同分类 可分为基础培养基、营养培养基、鉴别培养基、选择培养基和厌氧培养基等。下面重点介绍药剂常用的选择培养基和鉴别培养基。

1）选择培养基：用来促进或抑制一定类型的细菌等而设计的培养基。如培养肠道致病菌的 SS 琼脂培养基，其中的胆盐能抑制革兰氏阳性菌，枸橼酸钠和煌绿能抑制大肠埃希菌，因而使标本中的致病性沙门菌和志贺菌容易被分离培养。

2）鉴别培养基：根据培养特征区分微生物的培养基。利用各种细菌对糖类和蛋白质的分解能力及其代谢产物的不同，在培养基中加入特定的作用底物和指示剂，观察细菌在其中生长后对底物的分解情况从而鉴别细菌，如伊红 - 亚甲蓝琼脂培养基。

《中华人民共和国药典》中用于细菌生化反应的培养基有：糖发酵培养基、磷酸盐葡萄糖胨水培养基、半固体营养琼脂培养基和尿素培养基等。

考点 培养基的概念及种类

2. 细菌在培养基中的生长现象

（1）在液体培养基中的生长现象　细菌在液体培养基中有三种生长现象：①浑浊生长，大多细菌在液体培养基中的生长呈均匀浑浊，如葡萄球菌；②沉淀生长，试管底有沉淀物，如乙型溶血性链球菌；③菌膜（表面）生长，多数专性需氧菌液面有菌膜，如结核分枝杆菌。液体药剂中发现有上述现象时，应该考虑是否有细菌污染。

（2）在半固体培养基中的生长现象　常用于检查细菌的动力，称动力试验。将细菌穿刺接种于半固体培养基中，经培养后，无鞭毛的细菌只沿穿刺线生长，穿刺线清晰，培养基仍然透明；有鞭毛的细菌则沿穿刺线向周围扩散生长，穿刺线模糊不清，培养基出现浑浊。

（3）在固体培养基上的生长现象　在固体基质表面或内部形成的紧密生活在一起肉眼可见的同一微生物物种的群体，或来源于同一细胞的一群细胞叫菌落（colony）。在固体培养基上长成的一片密集的菌落叫菌苔。一般来说，单个细菌经过 18 ～ 24h 培养后可见菌落。各种细菌形成菌落的大小、形状、颜色、气味、透明度、表面光滑度、湿润程度、边缘整齐与否、溶血情况等均有差异，根据细菌的菌落特点可鉴定细菌（图 1-9）。

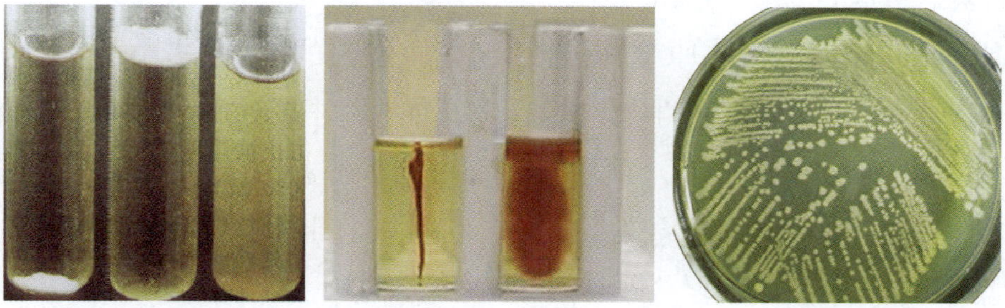

沉淀、菌膜和浑浊　　沿穿刺线生长、扩散生长　　菌落和菌苔

图 1-9　细菌在不同状态培养基的生长现象

考点 细菌在不同培养基上的生长现象

3. 人工培养细菌的意义

人工培养细菌对疾病的诊断、预防、治疗和细菌学的研究都具有重要意义。

（1）传染病的病原学诊断　要明确传染病的病原菌必须取患者有关标本进行细菌分离培养、菌种鉴定和药物敏感试验，其结果可指导临床用药。

（2）细菌学的研究　对细菌生理、遗传变异、致病性和耐药性等的研究也需做细菌的培养和保存。

（3）生物制品的制备　供免疫学防治用的疫苗、类毒素、抗毒素及供诊断用的菌液、抗血清等生物制品均来自人工培养细菌或其代谢产物。

二、细菌的代谢

细菌的代谢包括分解代谢和合成代谢。分解代谢是将复杂的营养物质降解并转化能量的过程。合成代谢是将简单的小分子物质合成复杂的菌体成分，同时消耗能量的过程。两种代谢过程均可产生多种中间代谢产物，其中有些代谢产物在医药学上有重要意义。

（一）细菌的分解代谢产物及生化反应

各种细菌所具有的酶不同，对营养物质的分解能力也不一样，因而其代谢产物也各有差异，据此利用生物化学方法来鉴别细菌称为细菌的生化反应（生化试验）。常用的生化反应有：糖发酵试验、VP 试验、甲基红试验等，主要用于鉴别细菌，尤其对形态、染色反应和培养特性相同或相似的细菌更为重要。

链接 细菌的酶

按照存在部位的不同可把细菌的酶分为胞内酶和胞外酶两种：胞内酶产生并存在于细菌内，催化细菌内的各种生化反应，参与各种代谢，如氧化还原酶、转移酶、裂解酶等；胞外酶由细菌合成后转运至细菌外发挥作用，如水解多糖（淀粉）和寡糖（乳糖）的酶、蛋白酶和酯酶等，这些酶与细菌的吸收、利用营养物有关，可将细菌外的大分子物质降解为小分子，易于通过细胞膜被细菌吸收，也可鉴别细菌；某些病原菌产生的胞外酶，如透明质酸酶、溶纤维蛋白酶，还与细菌的毒力有关。

（二）细菌的合成代谢产物及其意义

1. 致热原（又叫热原质或热原） 是能引起宿主发热的物质。多由革兰氏阴性菌产生，如细胞壁脂多糖；有些革兰氏阳性菌也能产生，如枯草杆菌等。致热原耐高温，高压蒸汽灭菌 121.3℃，30min 不被破坏；须用吸附剂、石棉滤板或 250℃干烤 30min 才能除去或破坏致热原，蒸馏法去除致热原效果最好。因此，在制备和使用注射药品过程中应严格遵守无菌操作，防止细菌污染。

2. 毒素与侵袭性酶 细菌可产生外毒素和内毒素，这两类毒素在细菌致病作用中甚为重要。外毒素是细菌在代谢过程中分泌到菌体外的毒性蛋白质，内毒素是革兰氏阴性菌菌体死亡崩解后游离出来的细胞壁脂多糖。某些细菌尚可产生具有侵袭性的酶，如产气荚膜梭菌的卵磷脂酶，链球菌的透明质酸酶，这些酶能损伤机体组织，促使细菌侵袭和扩散，也是细菌重要的致病物质。

3. 色素 不同细菌在适宜环境中能产生不同色素，有助于鉴别细菌。细菌产生的色素有两类：①水溶性色素，能弥散到培养基或周围组织，如铜绿假单胞菌的色素能使培养基呈蓝绿色；②脂溶性色素，不溶于水，只能使菌落显色而培养基颜色不变，如金黄色葡萄球菌的色素使菌落呈金黄色。

4. 抗生素 微生物生命过程中产生的具有生理活性的次生代谢产物及其衍生物，在低浓度下有选择性地抑制或干扰其他生物的正常生命活动，而对其自身无害。抗生素大多由放线菌和真菌产生。制药工业上可用微生物生产抗生素。

链接　细菌素与人类健康

细菌素是一种由微生物核糖体合成的抗菌肽，一般作为食品防腐剂使用。近年来，科学家挑选少数细菌素进行深入的研究，开辟了细菌素新的研究领域，并拓宽了其应用范围。随着遗传学和纳米技术的快速发展，细菌素极有可能发展成为下一代新型抗生素、新型载体分子和肿瘤治疗的药物等。同时，科学家发现一些细菌素具有调节群体感应的功能，这一发现表明细菌素具有应用到新领域的可能性。目前，革兰氏阴性菌产生的细菌素主要用于细菌素翻译修饰研究，而革兰氏阳性菌（如乳酸菌）产生的细菌素主要进行细菌素应用方面的研究。当前，细菌素的应用正从食品领域扩展至人类健康方面。

5. 细菌素　是某些细菌产生的可特异性抑制或杀灭亲缘关系较近的敏感菌的多肽或蛋白质。与抗生素比较，细菌素的抗菌谱狭窄，故多用于细菌分型和流行病学调查，细菌素一般按产生菌命名，如大肠埃希菌产生的细菌素称为大肠菌素。

6. 维生素　是一类在体内含量极微的维持人体生命所必需的有机物质。它是保持人体健康的重要活性物质。细菌能合成某些维生素，除供自身需要外，还能分泌至周围环境中，如人体肠道内的大肠埃希菌能合成维生素 B 和维生素 K 供人体吸收利用。制药工业上可用细菌生产维生素。

考点　细菌合成代谢产物的医学意义

细菌各种代谢产物在医药学上的重要意义见表 1-2。

表 1-2　细菌代谢产物的种类及意义

代谢产物	种类	意义
合成代谢产物	毒素和侵袭性酶	与致病性有关
	致热原	与致病性有关
	抗生素	与治疗有关，用于制药
	维生素	提供营养，与治疗有关，用于制药
	色素	鉴别细菌
	细菌素	用于细菌的分型，流行病学调查
分解代谢产物	生化试验	鉴别细菌

第 3 节　细菌的致病性与感染

致病性是指病原体能够使宿主致病的性能。具有致病性的细菌称致病菌或病原菌。致病性是针对特定宿主而言的，有的只对人类致病，而有的只对动物致病，有的则对人和动物都能致病。病原菌能否引起疾病，与病原菌的致病因素、机体的免疫力、环境因素（自然因素与社会因素）等有关。病原菌进入机体后能否引起疾病，主要取决于病原菌的致病因素和机体的免疫力。

一、细菌的致病性

病原菌的致病性是由细菌的毒力、侵入数量和侵入门户决定的。

（一）毒力

病原体能够使宿主致病的能力称为毒力。各种病原体的毒力不同，同种病原体的毒力也因型和株的不同而存在差异。根据毒力的强弱程度，可将同一种病原体分为强毒株、弱毒株和无毒株。毒力是致病性量的概念，常用半数致死量（LD_{50}）表示；细菌的毒力由侵袭力和毒素构成。

1. 侵袭力　病原体侵入宿主的能力。构成侵袭力的物质包括以下几类。

（1）荚膜及类荚膜物质　如肺炎链球菌的荚膜，化脓性链球菌的 M 蛋白、伤寒沙门菌的 Vi 抗原、某些大肠埃希菌的 K 抗原等这些类荚膜物质均有抗吞噬、抗消化和抗杀菌物质的作用。

（2）菌毛　可使病原菌黏附于机体黏膜上皮细胞表面，有利于侵入机体。

（3）侵袭性酶　病原菌的侵袭性酶本身无毒性，但在感染的过程中起到破坏机体组织屏障的作用，有利于病原菌向深层组织扩散，常见的有：①某些病原菌能产生增强细菌致病能力的侵袭性物质，如金黄色葡萄球菌的血浆凝固酶，能使血浆中的纤维蛋白原变成纤维蛋白，包绕在细菌表面来保护细菌不被吞噬；② A 群链球菌产生的透明质酸酶，能水解细胞间质透明质酸，而利于细菌在组织中扩散。

2. 毒素（toxin）　微生物产生的对他种生物体有毒性的产物。细菌的毒素有外毒素和内毒素两种。

（1）外毒素（exotoxin）　是微生物分泌到胞外的毒素。通常有特异性和剧毒，产生外毒素的细菌主要是革兰氏阳性菌，如破伤风梭菌、金黄色葡萄球菌；少数革兰氏阴性菌，如霍乱弧菌。外毒素的主要特点如下。

1）化学成分：蛋白质，性质不稳定，对热、酸碱、蛋白酶等敏感。

2）毒性作用：①毒性强，1mg 肉毒毒素纯品能杀死 2 亿只小鼠，比氰化钾毒性强 1 万倍，是目前已知的毒性最强的毒物。②不同细菌产生的外毒素，对机体组织器官具有高度的选择性，引起特殊的病变和症状，如肉毒毒素能阻断胆碱能神经末梢乙酰胆碱的释放，引起眼、咽等肌肉松弛性麻痹，出现软瘫，严重者可因呼吸麻痹而死亡；而破伤风痉挛毒素结合抑制性神经突触前膜，阻断抑制性神经递质释放，引起骨骼肌强直性痉挛。③根据对宿主细胞的亲和性及作用方式可将外毒素分为：神经毒素（破伤风痉挛毒素、肉毒毒素）、细胞毒素（白喉毒素）和肠毒素（霍乱肠毒素）。

3）免疫原性：强，刺激机体可产生抗毒素。外毒素经甲醛处理可脱去毒性而保留免疫原性即为类毒素，类毒素注入机体后可刺激机体产生抗毒素。

（2）内毒素（endotoxin）　是革兰氏阴性菌裂解时释放的毒素，主要成分为脂多糖或脂多糖与外膜蛋白的复合物。

1）化学成分：脂多糖，理化性质稳定，加热至 160℃维持 2 ～ 4h，或用强碱、强酸或强氧化剂加热煮沸 30min 才可被破坏。生物制品等一旦受污染，即使随后灭菌，其崩解释放的内毒素也很难除去。《中华人民共和国药典》规定：用于静脉注射剂、冲洗剂等的药用辅料需进行细菌内毒素检查，应符合相应标准。

2）毒性作用：较弱，对机体组织器官无选择性，各种细菌释放的内毒素的致病作用相似，均可引起以下临床症状：①发热反应，极微量内毒素就可致机体引起发热反应；②白细胞反应，开始短暂降低，1 ～ 2h 后迅速持续升高；③内毒素血症与内毒素休克，内毒素入血导致内毒素血症，表现为微循环衰竭、血压下降、组织器官血液灌注不足，进而发展为以微循环衰竭和低血压为特征的内毒素休克；④弥散性血管内凝血（DIC），内毒素可激活凝血因子，并刺激血小板聚集、释放介质引起广泛性血管内凝血和因大量凝血因子迅速消耗而导致的广泛性出血。

3）免疫原性：较弱，不能用甲醛脱毒成为类毒素。

外毒素与内毒素的主要区别详见表 1-3。

表 1-3　外毒素与内毒素的主要区别

区别要点	外毒素	内毒素
来源	多数革兰氏阳性菌 少数革兰氏阴性菌	革兰氏阴性菌
存在部位及释放方式	由活菌分泌或少数菌崩解后释放	细胞壁组分，菌体裂解后释放
化学成分	蛋白质	脂多糖
稳定性	不耐热，60 ～ 80℃，30min 被破坏	耐热，160℃，2 ～ 4h 被破坏
毒性作用	强，不同细菌的外毒素对组织器官有选择性的毒害作用，引起特殊临床表现	较弱，各种细菌内毒素作用大致相同：发热、白细胞升高、内毒素休克和弥散性血管内凝血
免疫原性与甲醛脱毒	强，刺激机体产生抗毒素，可中和外毒素；甲醛液处理脱毒形成类毒素	弱，刺激机体产生的中和抗体作用弱；甲醛液处理不形成类毒素

（二）侵入数量

一般细菌感染所需的数量与其毒力成反比，毒力越强，所需的菌量越小；反之则需菌量越大，如毒力强的鼠疫耶尔森菌，数个菌侵入就可引发鼠疫；而沙门菌毒力弱，数亿个细菌入侵才能引起食物中毒。

（三）侵入门户

病原菌只有通过特定的侵入门户、到达特定的组织细胞才能引起感染，否则即使有一定的毒力和足够的数量，仍不能引起感染。如痢疾志贺菌必须经口感染才能引起细菌性痢疾，通过破损的皮肤不能引起细菌性痢疾。也有些病原菌如结核分枝杆菌有多种侵入门户可造成感染。

考点　病原菌的致病性

二、细菌感染

感染（infection）是指人体与病原体相互作用、相互斗争的过程。引起感染的病原体可来自宿主体外，也可来自宿主体内。

（一）感染的来源与传播途径

1. 感染的来源　感染按其来源可分为外源性感染和内源性感染两种。

（1）外源性感染　在外环境中（包括动物和禽类等）存在的病原体，通过某种途径侵入人体而引起的感染。包括从其他患者、患者陪伴人员、医务人员、医院环境等处获得的感染。

（2）内源性感染　患者自身皮肤或腔道等处定植的条件致病菌，或从外界获得的定植菌由于数量或定植部位改变而引起的感染。由于患者抵抗力降低，对自身现有的细菌感受性增加而发病。

2. 传播途径　病原体离开传染源后，传播到达另一个易感者的途径。常见的传播途径有以下几种。

（1）呼吸道传播　病原体由患者的口鼻处排出，以空气为媒介，再经其他人的呼吸道吸入引起传播的方式，也可经气溶胶传播，如肺结核、百日咳和军团菌病等。

（2）消化道传播　病原体通过污染食物和饮水经消化道传播的方式。如伤寒、细菌性痢疾、霍乱等消化道传染病，蝇是消化道传染病的重要传播媒介。

（3）接触传播　病原体通过直接接触或间接接触传播的方式，如淋病、布鲁氏菌病等。

（4）节肢动物传播　通过节肢动物而造成的疾病传播。传播方式包括机械性虫媒传播和生物性传播。如人类鼠疫是由鼠蚤传播的。

（5）血液传播　经接触带有病原体的血液而感染的方式。血液传播主要是通过输血和血液制品或注射针头引起传播。

另外，有些细菌可通过多种途径传播引起感染，如结核分枝杆菌、炭疽杆菌等。

（二）感染的类型

感染的发生、发展和结局取决于：在一定条件下，病原菌的致病性与机体的免疫力相互斗争的结果。根据双方斗争的情况，感染的类型可分为隐性感染、显性感染和带菌状态三种。

1. 隐性感染（inapparent infection）　又叫亚临床感染（subclinical infection），病原体侵入人体后，仅引起机体产生特异性免疫应答，不引起或仅有轻微的组织损伤，临床上无症状、体征表现，需通过免疫学或病原学检查才能发现的感染。如结核分枝杆菌、白喉棒状杆菌、脑膜炎奈瑟菌常引起隐性感染。

2. 显性感染（apparent infection）　又叫临床感染（clinical infection），病原体侵入人体后，不但引起机体发生免疫应答，而且通过病原体本身的作用或机体的超敏反应，导致组织损伤，引起病理改变和临床表现的感染。

显性感染按感染部位及性质可分为两种类型。

（1）局部感染　是指病原菌侵入机体后，在一定部位定居下来，生长繁殖，产生毒性产物，不断侵害机体的感染过程。如金黄色葡萄球菌引起的疖、痈等。

（2）全身性感染　发生于全身多个部位的感染。

1）毒血症：血液循环中存在大量毒素和炎症介质并引起全身中毒反应。表现为寒战、高热，严重时可发生心、肝、肾等实质器官损害，甚至休克，如白喉和破伤风。

2）菌血症：病原菌在感染部位生长繁殖，不断入血做短暂停留，并不出现明显临床症状。即血液中存在活菌，可能为暂时性、自限性，也可能引起毒血症，如伤寒早期的菌血症。

3）败血症：细菌或真菌侵入血液循环，持续存在和繁殖，其组分、毒素及代谢产物等在体内诱生大量炎症介质，引起全身中毒症状。表现为寒战、高热、呼吸急促、心动过速、皮疹、出血、淋巴结及肝脾大、白细胞增高等，如铜绿假单胞菌引起的败血症。

4）脓毒血症：局部化脓性病灶伴毒血症，病原菌尚未进入血液时的病症。通常是短暂的过渡过程，很快演变为典型的脓毒败血症。

5）脓毒败血症：化脓菌感染或伴有局部化脓性病灶的败血症。即化脓菌先在局部感染引起化脓性炎，而后在血液内大量繁殖、播散到全身各器官组织，形成多发性的转移性化脓病灶，如金黄色葡萄球菌引起的脓毒血症。

考点 全身性感染五症的概念

3. 带菌状态　在显性或隐性感染后，有时病原菌未及时消除，而在体内继续存在一定时间，与机体免疫力处于相对平衡状态，称为带菌状态。

携带病原菌，但没有临床症状的个体称带菌者。隐性感染形成的带菌者称为健康带菌者；显性感染病愈后形成的带菌者称为恢复期带菌者。带菌者是重要的传染源，健康带菌者是最危险的传染源；及时发现带菌者并对其隔离和治疗，对于控制传染病的流行具有重要意义。

考点 感染的类型

三、医院感染

（一）医院感染的概念

医院感染是指发生在医院中的一切感染，包括在医院内感染而在院外发病或转院后发病的患者，但不包括在医院外感染而在医院内发病的患者。

（二）医院感染的特点

1. 感染的对象　是一切在医院活动的人群。包括住院患者、门诊患者、探视者、陪护人员及医院工作人员等，主要为住院患者。

2. 感染发生的时间界限 是指患者在医院期间发生的感染。

3. 感染的病原体 主要是条件致病菌；感染途径以接触为主，如侵入性治疗技术。

4. 感染的治疗 病原体较难确定，且易产生耐药性，治疗较为困难。

（三）医院感染的危险因素

1. 易感对象因素 老年人和婴幼儿、免疫缺陷或免疫功能紊乱原发病患者、基础疾病患者抗感染能力均低下者等。

2. 诊疗技术及侵入性检查与治疗因素 诊疗技术中易引起医院感染的主要有器官移植、血液透析和腹膜透析；侵入性检查与治疗操作。

3. 损害免疫系统的因素 放射治疗、化学治疗及激素的应用。

另外滥用抗生素、进行外科手术和住院时间过长也是医院感染的危险因素。

（四）医院感染的预防和控制

1. 医疗机构严格遵守医疗器械和器具的消毒技术规范。

2. 严格遵守隔离技术规范，根据病原体传播途径，采取相应的隔离措施。

3. 制订具体措施，对医院感染的危险因素进行控制；制订医务人员职业卫生防护工作的具体措施，提供必要的防护物品，保障医务人员的职业健康。

4. 加强抗菌药物临床使用和耐药菌监测管理。

5. 建立有效的医院感染监测制度，及时发现医院感染病例和医院感染的暴发，分析感染源、感染途径，采取有效的处理和控制措施，积极救治患者。

考点 医院感染的概念和防控

自 测 题

一、名词解释

1. 荚膜 2. 鞭毛 3. 菌毛 4. 芽孢 5. 质粒 6. 生长曲线 7. 培养基 8. 菌落 9. 生化试验 10. 致热原 11. 毒力 12. 感染 13. 菌血症 14. 毒血症 15. 败血症 16. 带菌者 17. 医院感染

二、单项选择题

1. 具有抗吞噬作用的细菌特殊结构是（ ）
A. 菌毛 B. 荚膜 C. 芽孢
D. 鞭毛 E. 性菌毛

2. 可黏附某些细胞的细菌结构是（ ）
A. 菌毛 B. 荚膜 C. 芽孢
D. 鞭毛 E. 中介体

3. 革兰氏阴性菌细胞壁特有的物质是（ ）
A. 肽聚糖 B. 磷壁酸
C. 四肽侧链 D. 外膜
E. 五肽交联桥

4. 光学显微镜下无法看到的细菌特殊结构是（ ）
A. 芽孢 B. 鞭毛
C. 荚膜 D. 菌毛
E. 细胞膜

5. 下列哪项不是细菌生命所必需的（ ）
A. 细胞膜 B. 核糖体
C. 质粒 D. 类核
E. DNA

6. 革兰氏阳性菌细胞壁特有的物质是（　　）
A. 肽聚糖　B. 磷壁酸
C. 四肽侧链　D. 脂多糖
E. 外膜

7. 青霉素的杀菌原理是破坏细菌的（　　）
A. 细胞质　B. 细胞膜
C. 细胞壁　D. 细胞核
E. 细胞器

8. 链霉素的杀菌原理是破坏细菌的（　　）
A. 肽聚糖　B. 蛋白质
C. 质粒　D. 核糖体
E. 核糖核酸

9. 可传递耐药质粒的细菌特殊结构是（　　）
A. 普通菌毛　B. 荚膜
C. 芽孢　D. 鞭毛
E. 性菌毛

10. 多数细菌生长繁殖的最适 pH 是（　　）
A. 7.2 ～ 7.6　B. 6.5 ～ 6.8
C. 8.4 ～ 9.2　D. 4.4 ～ 4.6
E. 5.5 ～ 6.2

11. 细菌生长繁殖的条件不包括（　　）
A. 营养物质　B. 适宜的酸碱度
C. 合适的温度　D. 足够的光线
E. 必要的气体

12. 用细菌的分解代谢产物进行的生化反应主要用于（　　）
A. 鉴别细菌　B. 提供营养
C. 治疗　D. 制药
E. 流行病学调查

13. 易被忽视的重要传染源是（　　）
A. 患者　B. 恢复期带菌者
C. 健康带菌者　D. 带菌动物
E. 患病动物

14. 下列构成细菌侵袭力的因素不包括（　　）
A. M 蛋白　B. Vi 抗原
C. 透明质酸酶　D. 热原质
E. 链激酶

15. 与细菌毒力无关的物质是（　　）
A. 侵袭性酶　B. 毒素
C. 荚膜　D. 芽孢
E. 菌毛

16. 毒性最强的毒素是（　　）
A. 白喉外毒素　B. 蛇毒素
C. 黄曲霉毒素　D. 破伤风痉挛毒素
E. 肉毒毒素

17. 有助于细菌在体内扩散的物质是（　　）
A. 菌毛　B. 血浆凝固酶
C. 透明质酸酶　D. 神经氨酸酶
E. 荚膜

三、简答题

1. 列表比较革兰氏阳性菌和革兰氏阴性菌的细胞壁。
2. 细菌的特殊结构在医学上有何重要意义?
3. 简述细菌细胞壁结构的医学意义。
4. 简述革兰氏染色法的步骤和实际意义。
5. 简述细菌生长繁殖的条件。
6. 简述人工培养细菌的实际意义。
7. 简述细菌合成代谢产物的意义。
8. 病原菌引起疾病与哪些因素有关?
9. 简述感染的类型。
10. 列表比较细菌的外毒素和内毒素。

（白　洁　闫荟静）

第 2 章
免疫学基础

学习目标

1. 素质目标　具有科学严谨的职业素养、依法从事医药工作的法律观念、为人民健康服务的精神。

2. 知识目标　掌握抗原的概念和特性、医学上重要的抗原、免疫细胞、免疫球蛋白的特性与生物学作用、免疫应答的类型和作用；掌握超敏反应的概念、Ⅰ型超敏反应的发生机制、各型超敏反应的临床常见疾病、免疫学检测与防治。熟悉抗原的特异性和佐剂、免疫器官、免疫球蛋白的结构；熟悉Ⅱ型、Ⅲ型、Ⅳ型超敏反应的发生机制及超敏反应的防治原则。了解抗原的分类、免疫分子、免疫耐受与免疫调节、人工制备的抗体。

3. 能力目标　提高预防超敏反应的能力、免疫学检测与防治的能力。

免疫学基础是研究免疫系统的结构与功能及其在免疫应答过程中所产生的免疫保护与免疫损伤机制的学科。药物的研发和治疗往往会涉及人体的免疫反应过程，免疫学的基础原理和技术为临床防病、诊病、治病、用药提供有效依据。

第 1 节　抗原与佐剂

抗原是机体产生免疫效应的导火索，没有抗原的刺激就没有免疫应答的产生。在人们的日常生活中，常会因为接触到花粉、牛奶、海鲜、细菌等而产生不同程度的免疫反应，因为它们对机体来说都可成为抗原物质。

一、抗原的概念、特性与分类

（一）抗原的概念

抗原（antigen，Ag）是指一类能刺激机体的免疫系统发生免疫应答，产生抗体或效应 T 细胞，并且能够与所产生的抗体或效应 T 细胞在体内外发生特异性结合的物质。

（二）抗原的特性

抗原具有两大特性（图 2-1）：免疫原性、免疫反应性（抗原性）。

1. 免疫原性　是指抗原刺激机体免疫系统发生免疫应答，产生抗体或效应 T 细胞的特性。

2. 免疫反应性　是指抗原与其刺激机体发生免疫应答而产生的产物（抗体或效应 T

细胞）发生特异性结合的特性。

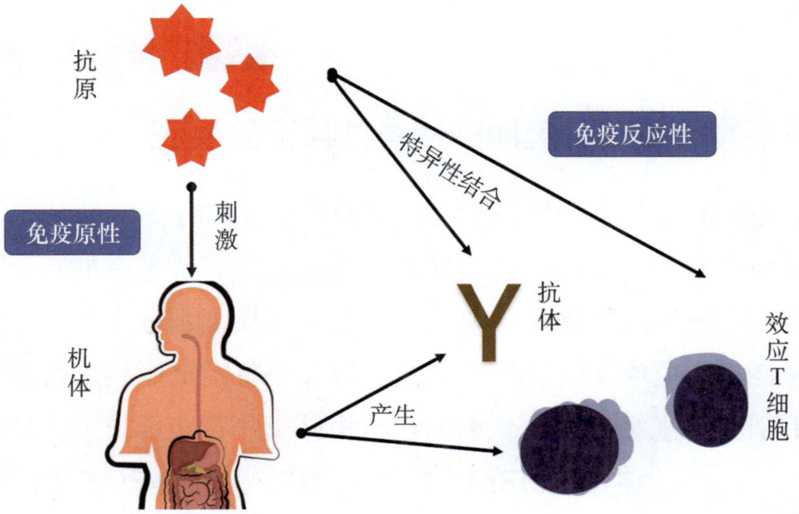

图 2-1　抗原的特性

考点　抗原的特性

（三）抗原的分类

抗原的种类繁多，可以从不同的角度对其进行分类。

1. 根据抗原的特性分类

（1）完全抗原　是指同时具有免疫原性和免疫反应性的物质，如大多数蛋白质、细菌、病毒、细菌外毒素、异种动物血清等。

（2）半抗原　又称不完全抗原，是指具有免疫反应性但没有免疫原性的物质。如大多数多糖、磷脂、核酸等。半抗原可与载体结合增加分子量和体积，形成完全抗原。

2. 根据抗原在刺激 B 淋巴细胞产生抗体时是否需要 T 淋巴细胞辅助分类

（1）胸腺依赖性抗原（TD-Ag）　此类抗原需在 T 淋巴细胞的辅助下才能激活 B 淋巴细胞产生抗体，故又称 T 淋巴细胞依赖性抗原。绝大多数抗原属于 TD-Ag，此类抗原多为外源性抗原，如蛋白质、细菌、病毒和细胞等。

（2）非胸腺依赖性抗原（TI-Ag）　此类抗原不需要 T 淋巴细胞的辅助即可刺激机体产生抗体。此类抗原较少，多为内源性抗原，如细菌脂多糖、菊粉等。

3. 根据抗原与机体的亲缘关系分类

（1）异种抗原　是指存在于不同种属间的抗原物质。

（2）同种异型抗原　是指存在于同一种属间不同基因个体之间的抗原。

（3）自身抗原　是指能诱发宿主发生自身免疫应答的自身组织或细胞成分。

（4）嗜异性抗原　是指存在于人、动物、植物及微生物等不同种属间的共同抗原。

4. 其他分类方式　根据抗原的获得方式分为天然抗原和人工抗原；根据抗原的理化性质分为颗粒性抗原和可溶性抗原；根据抗原的化学性质分为蛋白质抗原、多糖抗原及多肽抗原等；根据抗原诱导不同的免疫应答分为肿瘤抗原、变应原、过敏原及耐受原等。

考点 抗原、完全抗原、半抗原的概念

二、抗原的特异性与交叉反应

特异性（specificity）就是物质间相互作用的针对性和专一性。

抗原的特异性决定了免疫应答的特异性，是免疫应答最基本的特点，主要表现在以下两个方面。①免疫原性的特异性：即某一特定抗原只能刺激机体产生针对该特定抗原的特异的免疫应答。②免疫反应性的特异性：即某一特定抗原只能与其相应的特异抗体和（或）效应 T 细胞产生结合反应。例如。乙型肝炎病毒表面抗原（HBsAg）能诱导机体产生 HBsAg 特异性抗体，该抗体仅与 HBsAg 特异性结合，不会与乙型肝炎病毒的其他抗原或其他病毒抗原结合。

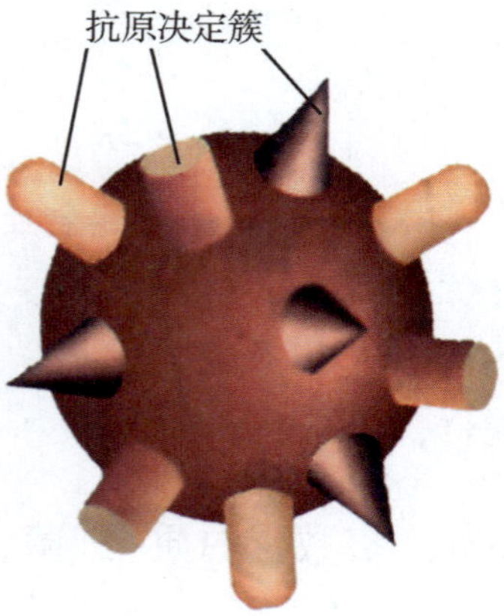

图 2-2　抗原决定簇

（一）抗原特异性的物质基础

决定抗原特异性的物质基础是抗原决定簇（antigenic determinant），又称抗原表位，是暴露于抗原分子表面的决定抗原特异性的特殊化学基团，是和相应抗体或效应 T 细胞发生特异性结合的部位（图 2-2）。

不同抗体高变区的变异性使沟槽形状千变万化，只有与其空间结构互补的抗原表位才能如楔状嵌入。形同钥匙与锁一样，因此抗原抗体反应具有高度的特异性。

由于抗原表位的化学组成与空间结构不同，抗原的特异性也不同，一个抗原分子常携带一种或多种不同抗原表位，可刺激机体对应产生一种或多种不同的抗体或效应 T 细胞。

考点 决定抗原特异性的物质基础

（二）共同抗原与交叉反应

1. 共同抗原　一般不同的抗原携带不同的抗原表位，刺激机体产生不同的抗体或效应 T 细胞。但两种不同的抗原间携带结构相同或相似的抗原表位，则称为共同抗原（也称为交叉抗原）。

2. 交叉反应　在具有共同抗原的条件下，一种抗原刺激机体产生的抗体可以与另一种抗原发生反应，这种现象叫交叉反应（图 2-3）。

三、决定抗原免疫原性的条件

多种因素影响抗原的免疫原性，但主要取决于抗原自身的异物性和理化性质，也与机体的遗传、年龄、性别、生理状态及抗原进入机体的方式有关。

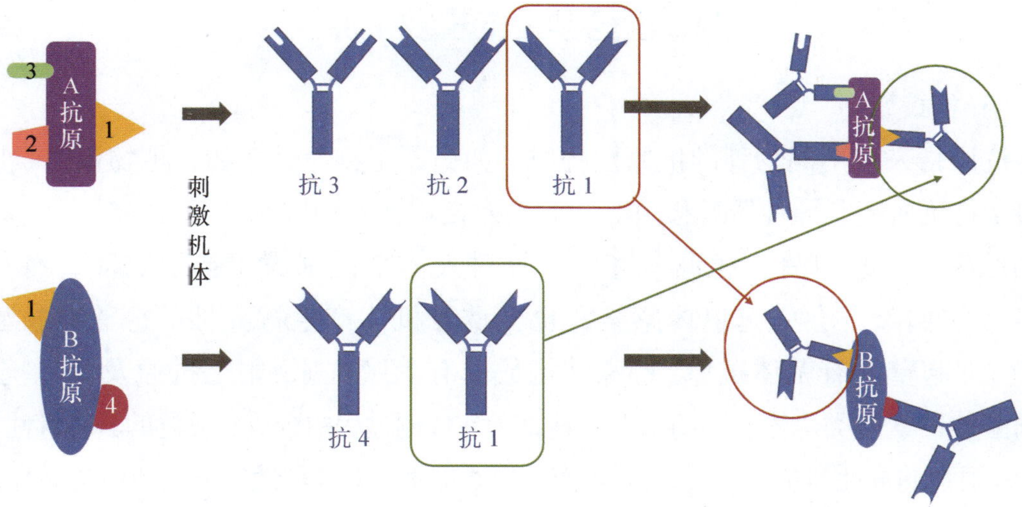

图 2-3　共同抗原和交叉反应

（一）抗原的异物性

异物性是一种物质成为抗原的首要条件，异物即非己的物质。凡在胚胎期未与机体免疫活性细胞接触过的物质，都可视为异物，其中也包括部分自身物质。抗原与机体之间的亲缘关系越远，组织结构差异越大，异物性越强，其免疫原性就越强，如鸡卵蛋白对鸭是弱抗原，免疫原性弱，但对兔等哺乳动物则是强抗原，免疫原性强。自身成分如发生改变，也可被机体视为异物；即使自身成分未发生改变，但在胚胎期未与免疫活性细胞充分接触，也具有免疫原性，如精子、脑细胞、眼晶状体蛋白等。

（二）抗原的理化性质

1. 分子量　抗原的分子量通常在 10 千道尔顿（10kDa）以上。通常抗原的分子量越大，含有的抗原表位越多，结构越复杂，免疫原性越强。大于 100kDa 为强抗原，小于 10kDa 的通常免疫原性较弱。

2. 化学组成和结构　抗原免疫原性也受抗原的化学组成和结构的影响。抗原的化学组成与结构越复杂，分子结构越稳定，免疫原性越强。例如，明胶分子量为 100kDa 以上，但其免疫原性却很弱，原因在于明胶是由直链氨基酸组成；胰岛素分子仅 5.7kDa，但其结构中含芳香族氨基酸，故免疫原性较强。

（三）机体因素

1. 遗传因素　机体对抗原的应答是受遗传控制的。个体基因不同，对同一抗原的免疫应答与否及应答的程度也不同。

2. 年龄、性别、生理状态　一般来说，免疫应答的强度规律为：青壮年强于幼年和老年，雌性强于雄性，怀孕期间免疫应答能力受到抑制。

（四）免疫方式

抗原进入机体的数量、途径、次数、两次免疫的间隔时间，以及免疫佐剂的应用和佐剂类型等，都一定程度影响机体对抗原的应答。

考点　决定抗原免疫原性的条件

四、医药学上的重要抗原

（一）异种抗原

异种抗原指来自不同物种的抗原性物质。如病原生物及其产物、植物蛋白、用于治疗目的的动物抗血清及异种器官移植等，对人而言均为异种抗原。

1. 病原生物　如细菌、病毒、寄生虫等对人体来说都属于抗原物质，有很强的免疫原性。它们除了会引起机体感染，也会诱导机体产生特异性的应答和抗感染能力。如细菌细胞壁上有菌体抗原，特殊结构成分有荚膜抗原、鞭毛抗原及菌毛抗原等。

2. 细菌外毒素与类毒素　外毒素是某些细菌在代谢过程中合成和分泌的具有毒性作用的蛋白质，有很强的毒性与免疫原性；外毒素经甲醛处理后失去毒性，但保留免疫原性，就成了类毒素。类毒素和外毒素均能刺激机体产生相应的抗体即抗毒素，可中和外毒素的毒性作用。

3. 动物免疫血清　用类毒素免疫动物后制备的免疫血清或精制抗体即属于此类。动物免疫血清具有两重性，如马血清抗毒素，一方面是特异性抗体，有中和毒素的作用，另一方面也是一种抗原，可刺激机体产生抗马血清抗体，反复使用可导致超敏反应的发生。因此临床使用动物免疫血清前必须做皮肤过敏试验。

（二）同种异型抗原

同种异型抗原是指同一种属不同个体间所存在的抗原，亦称同种抗原或同种异体抗原。常见的人类同种异型抗原有血型抗原和人类白细胞抗原（human leucocyte antigen，HLA）。

1. 血型抗原　指存在于红细胞表面的同种异型抗原。有 40 余种抗原系统，常见的有 ABO 血型抗原和 Rh 血型抗原。

（1）ABO 血型抗原　根据人类红细胞表面所含 A、B 抗原种类的不同，将人类血型分为 A、B、AB 和 O 四种类型。每个人血清中不含有与本人血型相对应的天然抗体（表 2-1）。

表 2-1　ABO 血型系统抗原与抗体分布

血型	红细胞表面所含抗原	血清中所含抗体
A 型	A 抗原	抗 B 抗体
B 型	B 抗原	抗 A 抗体
AB 型	A 抗原、B 抗原	无抗 A 抗体、无抗 B 抗体
O 型	无 A 抗原、无 B 抗原	抗 A 抗体、抗 B 抗体

若不同血型个体间相互输血，可发生溶血性输血反应，因此输血前须进行交叉配血试验。

（2）Rh 血型抗原　在人类红细胞膜上有一些成分与印度恒河猴红细胞膜上的抗原成分相同，称为 Rh 抗原（即 D 抗原）。多数人红细胞表面有 D 抗原，称为 Rh 阳性，少数人无 D 抗原，称为 Rh 阴性。Rh 阴性者的血清中不存在抗 Rh 抗原的天然抗体。若 Rh 阴性者在免疫情况下机体产生了 Rh 抗体，再次输入 Rh 阳性血时，可发生输血反应，如 Rh 阴性妇女第二次怀 Rh 阳性的胎儿，可引起流产或新生儿溶血病。

2. 人类白细胞抗原（HLA）　又叫人类主要组织相容性抗原（major histocompatibility antigen，MHC）或人类 MHC 分子。因首先在人类白细胞表面发现，故称为人类白细胞抗原（HLA）。其是人类最为复杂的同种异型抗原。其编码基因是一群紧密连锁、高度多态性的基因群，称为主要组织相容性复合体（major histocompatibility complex），分为Ⅰ类、Ⅱ类和Ⅲ类基因，是人体多态性最丰富的基因系统。MHC 参与抗原的提呈，启动并调控免疫应答。除了单卵双生者外，其他个体之间的 HLA 不完全相同，临床上因供者和受者 HLA 型别不同，可导致移植排斥。

（三）自身抗原

正常情况下，机体对自身组织细胞不会产生免疫应答，即自身耐受。但是在感染、外伤、服用某些药物等影响下，隔离抗原（如脑组织、晶状体蛋白、精子等）被释放或改变和修饰了的自身组织细胞，可诱发机体免疫系统对其产生免疫应答，这些可诱导特异性免疫应答的自身成分称为自身抗原。

（四）异嗜性抗原

异嗜性抗原是一类与种属特异性无关，存在于人、动植物及微生物等之间的共同抗原。某些异嗜性抗原与疾病有关，如乙型溶血性链球菌的某些菌体成分与人的肾小球基底膜及心肌组织存在共同抗原，故链球菌感染产生相应抗体后，可与自身肾脏和心肌组织中的共同抗原发生交叉反应，引起急性肾小球肾炎或心肌炎的发生。

（五）肿瘤抗原

肿瘤抗原是细胞癌变过程中出现的新抗原或过度表达的抗原物质的总称。根据肿瘤抗原特异性分为肿瘤特异性抗原（TSA）和肿瘤相关抗原（TAA）两大类。检测肿瘤抗原对肿瘤的早期诊断、鉴别诊断、疗效评价和复发预测等具有重要的临床意义。

1. 肿瘤特异性抗原　是指只存在于肿瘤细胞表面而不存在于正常细胞表面的新抗原。肿瘤特异性抗原大多数为基因突变的产物。目前，已在人类黑色素瘤、结肠癌等肿瘤细胞表面检测出此类抗原的存在。

2. 肿瘤相关抗原　是指肿瘤细胞和正常细胞都可以存在的抗原，在正常细胞只有微量表达，但在细胞癌变时含量会明显增加。此类抗原非肿瘤细胞特有，仅发生量的改变，因此称为肿瘤相关抗原。例如，正常人血清中甲胎蛋白（AFP）含量低于 20ng/ml，而原发性肝癌患者血清中 AFP 的含量多在 300ng/ml 以上。

考点　医学上重要的五种抗原

五、佐　　剂

佐剂是一类非特异性免疫增强剂，将其预先或与抗原同时注入机体，可增强机体对该抗原的免疫应答或改变免疫应答的类型。

1. 佐剂的分类　佐剂的种类有很多，主要分为以下几类（表 2-2）。

表 2-2 佐剂的分类及常见佐剂

佐剂类型	常见佐剂
生物性佐剂	卡介苗（BCG）、短小棒状杆菌（CP）、脂多糖（LPS）等
无机化合物佐剂	氢氧化铝 [$Al(OH)_3$]
人工合成佐剂	双链多聚腺苷酸：如尿苷酸（polyA：U） 双链多聚肌苷酸：如胞苷酸（polyI：C）
其他佐剂	矿物油、弗氏佐剂等

2. 佐剂的作用机制

（1）改变抗原物理性状，延缓抗原降解和排出，延长抗原在体内潴留时间。

（2）刺激单核吞噬细胞系统，增强其对抗原的加工和提呈能力。

（3）刺激淋巴细胞的增殖分化，提升免疫应答能力。

3. 佐剂的用途　由于佐剂具有增强免疫应答的作用，故其应用非常广泛，主要用途包括两方面。

（1）增强特异性免疫应答，用于预防接种和制备动物抗血清。

（2）作为非特异性免疫增强剂，用于抗肿瘤和抗感染的辅助治疗。

考点 佐剂的概念及分类

链接　超抗原

通常，普通蛋白质抗原可激活机体总 T 淋巴细胞中万分之一至百万分之一的 T 淋巴细胞。然而，某些物质只需要极低浓度（1 ～ 10ng/ml）即可激活 2% ～ 20%T 淋巴细胞克隆，产生极强的免疫应答，这类抗原被称为超抗原（super antigen，SAg）。

超抗原的生物学意义：①毒性作用及诱导炎症反应；②导致自身免疫性疾病；③免疫抑制。

超抗原与普通抗原特性对照见表 2-3。

表 2-3 超抗原与普通抗原特性对照表

	超抗原	普通抗原
化学性质	细菌外毒素、反转录病毒蛋白等	普通蛋白质、多糖等
MHC 结合部位	非多态区	多肽区肽结合槽
MHC 限制性	无	有
识别方式	直接刺激 T 淋巴细胞	抗原提呈细胞处理后提呈给 T 淋巴细胞
反应细胞	$CD4^+$T 淋巴细胞	T、B 淋巴细胞

第 2 节　免疫系统

免疫系统是机体执行免疫应答、发挥免疫功能的重要系统，是机体在长期进化过程中逐渐形成的，由免疫器官、免疫细胞、免疫分子三部分组成（图 2-4）。

考点 免疫系统的组成

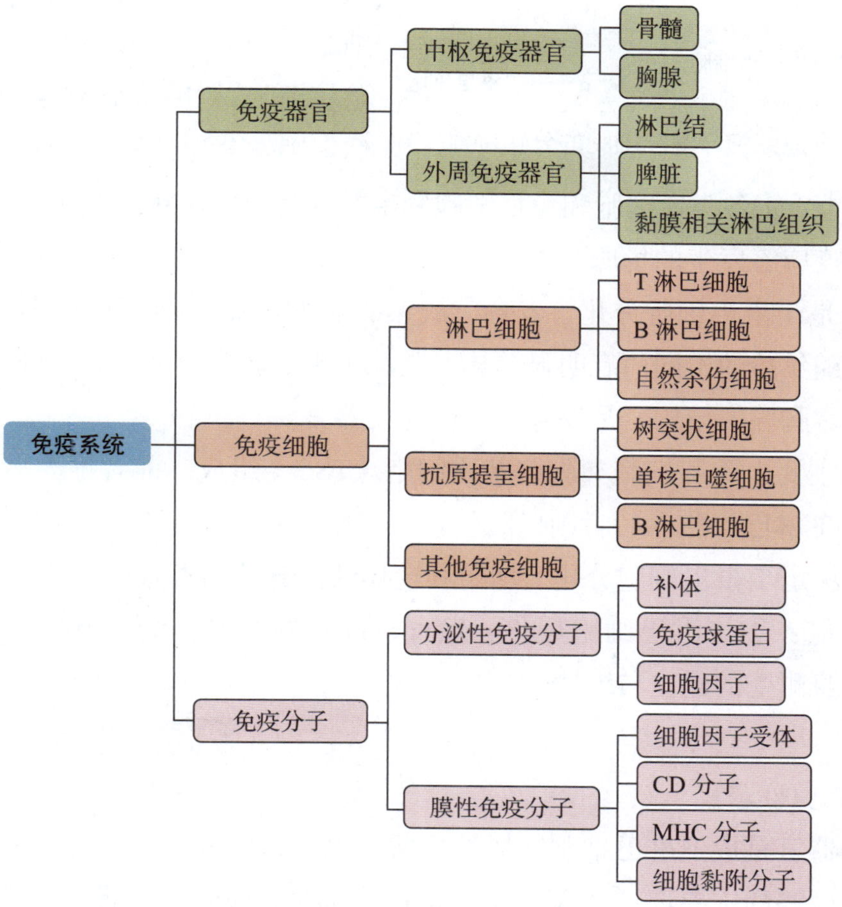

图 2-4　免疫系统的组成

一、免疫器官

免疫器官按照其功能不同，可分为中枢免疫器官和外周免疫器官（图 2-5）。

（一）中枢免疫器官

中枢免疫器官是免疫细胞发生、分化、发育和成熟的场所。人或其他哺乳类动物的中枢免疫器官包括骨髓和胸腺。

1. 骨髓　是各类血细胞和免疫细胞发生及成熟的场所，同时也对外周免疫器官的发育起着主导作用。因此，骨髓不仅是主要的造血器官，也是各种免疫

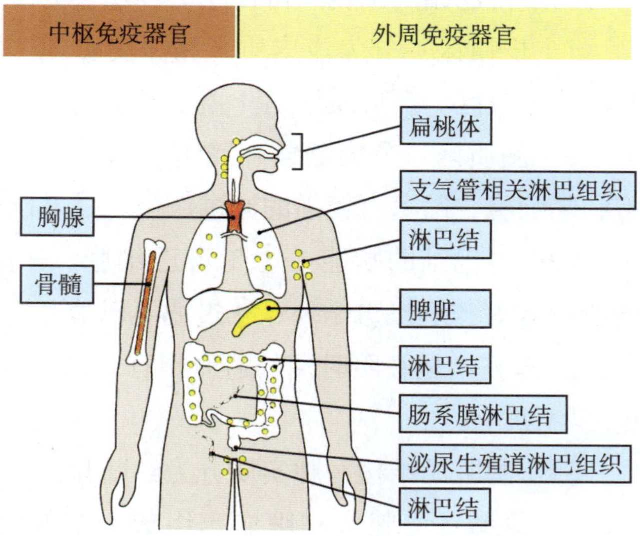

图 2-5　免疫器官及组织在全身的分布

细胞的发源地。

骨髓中的多能造血干细胞可在骨髓微环境中分化为髓样祖细胞和淋巴样祖细胞。前者进一步分化成熟为粒细胞、单核细胞、树突状细胞、红细胞和血小板，后者则发育为各种淋巴细胞（图 2-6）。

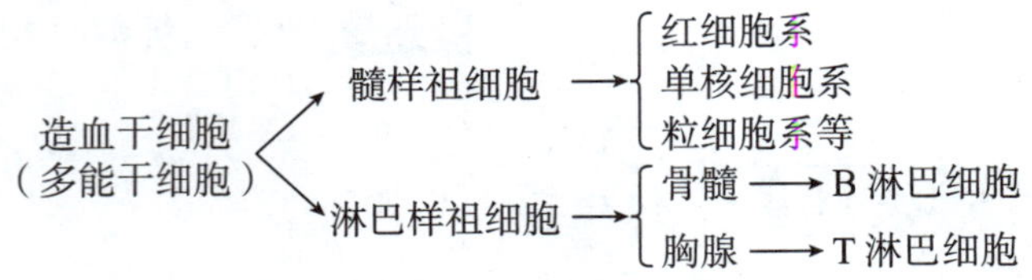

图 2-6　骨髓中血细胞与淋巴细胞的分化过程

骨髓的功能：①各类血细胞和免疫细胞发生的场所；②B 淋巴细胞分化成熟的场所；③再次体液免疫应答发生的场所。

2. 胸腺　是 T 淋巴细胞分化、发育、成熟的场所。人的胸腺位于胸骨后心脏上方，其大小和结构随年龄的不同而有明显差异。胸腺出现于胚胎第 9 周，在胚胎第 20周发育成熟并具有正常胸腺的结构，是发生最早的免疫器官。

胸腺实质主要由胸腺细胞和胸腺基质细胞（TSC）组成。前者绝大多数为不同分化阶段的未成熟 T 淋巴细胞。后者则以胸腺上皮细胞为主，还包括树突状细胞和成纤维细胞等，构成了决定 T 淋巴细胞分化、增殖和选择性发育的胸腺微环境。

胸腺的功能：① T 淋巴细胞分化、发育、成熟的场所；②调节外周免疫器官和免疫细胞；③自身耐受的建立与维持。

考点 中枢免疫系统的组成及功能

（二）外周免疫器官

外周免疫器官是成熟淋巴细胞定居的场所，也是这些淋巴细胞针对外来抗原刺激后启动初次免疫应答的主要部位。人或其他哺乳类动物的外周免疫器官包括淋巴结、脾脏和黏膜相关淋巴组织等。

1. 淋巴结　人体全身有 500 ～ 600 个淋巴结，是结构最完备、全身数量最多的外周免疫器官，广泛存在于全身非黏膜部位的淋巴通道上。

（1）淋巴结的结构　淋巴结的实质分为皮质区和髓质区两个部分。

1）皮质区：分为浅皮质区和深皮质区。浅皮质区是 B 淋巴细胞定居的场所，称为非胸腺依赖区。深皮质区是 T 淋巴细胞定居的场所，称为胸腺依赖区。

2）髓质区：分为髓索和髓窦。髓索由致密聚集的淋巴细胞组成，主要为 B 淋巴细胞和浆细胞。髓窦有较强的滤过作用，是淋巴循环的通道。

（2）淋巴结的功能　① T 淋巴细胞、B 淋巴细胞定居的场所；②免疫应答发生的场所；③参与淋巴再循环；④过滤淋巴液：清除抗原性异物的作用。

2. 脾脏　是胚胎时期的造血器官，自骨髓开始造血后，脾脏演变成人体最大的外周免疫器官。

（1）脾脏的结构　脾实质分为红髓和白髓。

1）红髓：由脾索和脾血窦组成。主要含 B 淋巴细胞、巨噬细胞、树突状细胞和红细胞。

2）白髓：由围绕中央动脉分布的动脉周围淋巴鞘、脾小体和边缘区组成。富含巨噬细胞、T 淋巴细胞和 B 淋巴细胞等。

（2）脾脏的功能　①T 淋巴细胞、B 淋巴细胞定居的场所；②免疫应答发生的场所；③合成某种生物活性物质：如某种补体成分；④过滤血液：脾脏中的巨噬细胞等可吞噬清除细菌等异物和自身衰老损伤的血细胞。

3. 黏膜相关淋巴组织（mucosal-associated lymphoid tissue，MALT）　又称黏膜免疫系统（mucosal immune system）。主要指呼吸道、胃肠道及泌尿生殖道黏膜固有层和上皮细胞下散在的无被膜淋巴组织以及某些带有生发中心的器官化的淋巴组织，如扁桃体、阑尾等。

人体黏膜的表面积约 400m^2，是病原微生物等抗原性异物入侵机体的主要途径，故 MALT 是人体重要的防御屏障。另外，机体近 50% 的淋巴组织分布于黏膜系统，因此 MALT 又是发生局部特异性免疫应答的主要部位。

考点 外周免疫系统的组成及功能

链 接　淋巴细胞的归巢与再循环

成熟淋巴细胞离开中枢免疫器官后，经血液循环趋向性迁移并定居于外周免疫器官或组织的特定区域，称为淋巴细胞归巢。定居在外周免疫器官淋巴结的淋巴细胞，可进入血液循环，淋巴细胞随血液循环到达外周免疫器官后，重新分布于全身淋巴器官和组织。淋巴细胞在血液、淋巴液、淋巴器官或组织间反复循环的过程，称为淋巴细胞再循环。

生物学意义：①增加淋巴细胞与抗原、抗原提呈细胞的接触机会；②记忆细胞也可参与再循环，接触相应抗原后发生快而强的再次免疫应答；③淋巴组织可不断从循环池中补充新的淋巴细胞，以增强整个机体的免疫功能；④有利于动员各种免疫细胞和效应细胞迅速迁移至抗原异物所在部位，发挥免疫效能。

二、免疫细胞

免疫细胞是指参与免疫应答或与免疫应答有关的细胞。包括淋巴细胞（T 淋巴细胞、B 淋巴细胞、自然杀伤细胞）、抗原提呈细胞（单核巨噬细胞、树突状细胞、B 淋巴细胞等）、其他免疫相关细胞（粒细胞、红细胞、肥大细胞、血小板等）三大类（图 2-7）。

（一）淋巴细胞

淋巴细胞群是一类能识别特异性抗原的免疫细胞，一旦被激活则显示出特异性应答功能。主要包括 T 淋巴细胞、B 淋巴细胞、自然杀伤细胞。

1. T 淋巴细胞　简称 T 细胞，来源于骨髓中的淋巴样干细胞，在胸腺中发育成熟，因此又称胸腺依赖性淋巴细胞。T 淋巴细胞可介导适应性细胞免疫应答，在胸腺依赖性抗原诱导的体液免疫应答中也发挥重要的辅助作用。T 淋巴细胞在外周血中占淋巴细胞总数的 65% ～ 80%。

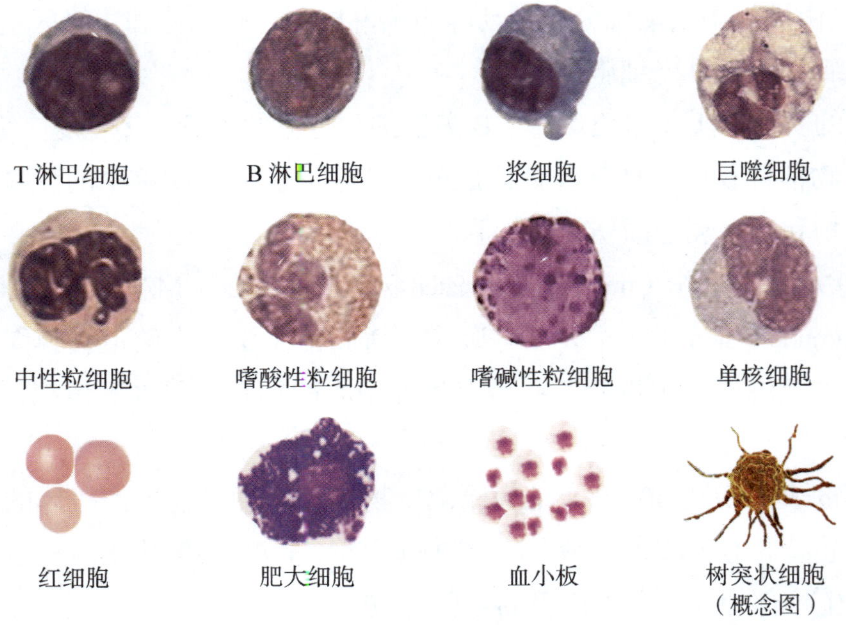

图 2-7　主要免疫细胞

（1）T 淋巴细胞的表面标志及其作用　T 淋巴细胞表面具有许多重要的分子，如 T 淋巴细胞受体（TCR）、CD3、CD4 及 CD8 等分子，它们表达的水平与其功能密切相关，而这些分子的表达是在 T 淋巴细胞分化发育的不同阶段经受复杂严密的调节下进行。

1）T 淋巴细胞受体：是 T 淋巴细胞表面特异性识别和结合抗原的结构，是 T 淋巴细胞最具特征性的标志。

2）白细胞分化抗原：是白细胞（包括血小板、血管内皮细胞等）在分化发育过程中出现或消失的细胞表面标志，以 CD 编号，也可称为分化簇或分化群（CD 分子）。

CD3：是成熟 T 淋巴细胞的标志，与 TCR 结合形成 TCR-CD3 复合物，转导 TCR 识别抗原所产生的活化信号。

CD4 和 CD8：成熟的 T 淋巴细胞一般只表达 CD4 或 CD8 中的一种，分别称为 $CD4^+$T 淋巴细胞和 $CD8^+$T 淋巴细胞。CD4 和 CD8 的主要功能是辅助 TCR 识别抗原和参与 T 淋巴细胞活化信号的转导。$CD4^+$T 淋巴细胞与抗原提呈细胞表面的 MHC Ⅱ类分子结合，主要识别外源性抗原。$CD8^+$ T 淋巴细胞与靶细胞表面的 MHC Ⅰ类分子结合，主要识别内源性抗原。

CD2：又称淋巴细胞功能相关抗原 -2（LFA-2），表达在 95% 成熟 T 淋巴细胞、20% ～ 70% 胸腺细胞以及部分自然杀伤细胞表面。其可产生协同刺激信号，诱导 T 淋巴细胞活化。CD2 又称绵羊红细胞受体（E 受体），若将绵羊红细胞在体外与 T 淋巴细胞混合，绵羊红细胞可与 T 淋巴细胞上的受体结合，呈花环状，称 E 玫瑰花环，可用于鉴别 T 淋巴细胞。

（2）T 淋巴细胞的分类　T 淋巴细胞具有高度的异质性，根据其表面标志和功能特性，可分不同的亚群，各亚群之间相互调节，共同发挥其免疫学功能。根据 T 淋巴细胞的免疫效应功能和表面 CD 分子的表达，将 T 淋巴细胞分为三类：辅助性 T 淋巴细胞（Th 细胞）、细胞毒性 T 淋巴细胞（Tc 细胞，CTL）、调节性 T 淋巴细胞（Tr 细胞）（表 2-4）。

表 2-4　T 淋巴细胞亚群及其功能

T 淋巴细胞亚群	按功能分类	主要功能
$CD4^+$T 淋巴细胞	Th1 细胞	分泌细胞因子增强抗感染免疫，介导迟发型超敏反应
	Th2 细胞	辅助 B 淋巴细胞活化和抗体的生成
$CD8^+$T 淋巴细胞	Tc 细胞	特异性杀伤靶细胞，尤其是被胞内病原体感染的细胞和肿瘤细胞
	Tr 细胞	抑制 $CD4^+$T 淋巴细胞和 $CD8^+$T 淋巴细胞的活化与增殖，达到免疫负调节作用

2. B 淋巴细胞　简称 B 细胞，哺乳动物的 B 淋巴细胞是在骨髓中发育成熟的，因此又称骨髓依赖性淋巴细胞。骨髓中髓质细胞所表达的细胞因子和黏附分子是诱导 B 淋巴细胞发育的必要条件。B 淋巴细胞不仅能通过产生抗体发挥特异性免疫应答，也是重要的抗原提呈细胞。约占外周血淋巴细胞总数的 20%。

（1）B 淋巴细胞的表面标志及其作用

1）B 淋巴细胞受体（BCR）：是镶嵌在细胞膜中的免疫球蛋白，即膜免疫球蛋白（smIg），是 B 淋巴细胞最具特征性的标志。B 淋巴细胞通过 B 淋巴细胞受体识别抗原，接受抗原刺激，启动体液免疫应答。

2）补体受体：多数 B 淋巴细胞表达补体 C3b 受体（C3bR，CD35），可与相应补体成分结合后，促使 B 淋巴细胞活化。

3）IgG Fc 受体：是 B 淋巴细胞表面能与 IgG Fc 段结合的结构，可与 IgG 结合，促进 B 淋巴细胞捕获抗原及 B 淋巴细胞的活化。

（2）B 淋巴细胞的分类　根据是否表达 CD5 分子，B 淋巴细胞分为 B1（$CD5^+$）细胞和 B2（$CD5^-$）细胞（表 2-5）。

1）B1 细胞：对抗原应答不需 Th 细胞辅助，产生低亲和力抗体。

2）B2 细胞：对抗原应答需 Th 细胞辅助，产生高亲和力抗体，介导体液免疫，通常所称的 B 淋巴细胞即是此类。

表 2-5　B1 细胞与 B2 细胞的特点

特点	B1 细胞	B2 细胞
识别抗原类型	多糖抗原	蛋白质抗原为主
产生抗体种类	IgM 为主	IgG 为主
发生早晚	早	晚
细胞更新	自我更新	骨髓新生
免疫记忆	无	有

考点　T、B 淋巴细胞表面标志，亚群及功能

3. 自然杀伤细胞（natural killer cell，NK 细胞） 来源于骨髓淋巴样祖细胞，分化成熟依赖骨髓和胸腺微环境，主要分布于外周血和脾，是参与机体免疫应答的重要淋巴细胞，占外周血淋巴细胞总数的 5% ～ 10%。NK 细胞杀伤靶细胞的作用如下。

（1）自然杀伤作用 无须抗原预先致敏，即可直接识别、杀伤靶细胞，因而在机体抗肿瘤、早期抗病毒的免疫应答中发挥重要作用。

（2）抗体依赖细胞介导的细胞毒作用（ADCC） NK 细胞表面有 IgG 抗体的 Fc 受体，可通过 IgG 抗体的介导与靶细胞结合，从而杀伤靶细胞。

考点 NK 细胞的杀伤机制

（二）抗原提呈细胞

抗原提呈细胞（antigen presenting cell，APC）是指能捕捉和加工处理抗原，并将抗原提呈给 T 淋巴细胞的一类免疫细胞，又称辅佐细胞。其共同特征是在细胞膜表面有 MHC Ⅱ类分子。

专职 APC 包括：单核巨噬细胞、树突状细胞和 B 淋巴细胞，它们均可表达 MHC Ⅱ类分子。

1. 单核巨噬细胞（mononuclear phagocyte） 包括骨髓内的前单核细胞、外周血中的单核细胞和组织内的巨噬细胞。单核巨噬细胞由骨髓干细胞衍生而来。骨髓中的髓样干细胞发育成单核细胞进入血液，短暂停留即移行到全身各组织器官内，发育为巨噬细胞。单核巨噬细胞的典型的表面标志是 CD14。

2. 树突状细胞（dendritic cell，DC 细胞） 来源于髓系和淋巴系，因其成熟时呈许多树枝状突起而得名。其含量少，但提呈效率高，少量即可激活 T 淋巴细胞，是提呈能力最强的一种专职 APC。

3. B 淋巴细胞 膜上的抗原受体能有效捕获并提呈可溶性抗原，将抗原与 MHC Ⅱ类分子连接后提呈给 Th 细胞，促使 Th 细胞和自身活化。

除了上述专职 APC 外，还有包括内皮细胞、上皮细胞和激活的 T 淋巴细胞等非专职 APC，它们在某些因素刺激下也可表达 MHC Ⅱ类分子，并具有抗原提呈功能。另外，所有表达 MHC Ⅰ类分子并具有提呈内源性抗原能力的细胞，广义上也属于 APC。

考点 APC 的概念

（三）其他免疫细胞

除上述淋巴细胞和抗原提呈细胞外，血液中的其他细胞（如中性粒细胞、嗜酸性粒细胞、嗜碱性粒细胞、血小板等）及组织中的肥大细胞也作为效应细胞参与炎症反应、超敏反应等不同程度的免疫应答，亦属于免疫细胞。

三、免疫分子

免疫分子是具有免疫效应或信息识别及传递作用的蛋白质及小分子多肽，在免疫应答的各个环节中相互调节、相互作用。主要包括两类免疫分子。①分泌性免疫分子：由免疫细胞产生的，如免疫球蛋白、补体、细胞因子等。②膜性免疫分子：在免疫细胞表面表达，如 CD 分子、细胞黏附分子、MHC 分子、细胞因子受体等。

（一）补体系统

补体（complement，C）是存在于正常人和动物血清、组织液和细胞膜表面的一组不耐热、经活化后具有酶活性的蛋白质，由 30 余种成分组成，故又称补体系统。血浆中的补体成分在被激活前无生物学功能，由多种微生物成分、抗原抗体复合物以及其他外源性或内源性物质，循三条既独立又交叉的途径被激活形成活化产物，导致病原微生物裂解或被吞噬。

1. 补体三大激活途径　经典途径、旁路途径和 MBL 途径。

2. 补体生物学功能　调理吞噬、溶解细胞、介导炎症、调节免疫应答和清除免疫复合物等。

补体不仅是机体固有免疫防御的重要部分，也是抗体发挥免疫应答的主要机制之一，并对免疫系统的功能具有调节作用。补体缺陷、功能障碍或过度活化，与多种疾病的发生和发展密切相关。

考点 补体的概念

（二）细胞因子

细胞因子是由免疫原、丝裂原或其他因子刺激免疫细胞（单核巨噬细胞、T 淋巴细胞、B 淋巴细胞、NK 细胞等）或非免疫细胞（表皮细胞、成纤维细胞、血管内皮细胞等）合成和分泌的低分子量可溶性蛋白质，为细胞之间的生物信息传递分子。

1. 生物学功能　调节固有免疫和适应性免疫，抗感染、抗肿瘤，促进骨髓造血功能，刺激细胞活化、增殖和分化等功能。

2. 细胞因子的种类与功能　见表 2-6。

表 2-6　细胞因子的种类与功能

种类	功能
白细胞介素（IL）	在白细胞间发挥调节作用
干扰素（IFN）	抑制病毒的感染和复制，抗病毒、抗肿瘤
肿瘤坏死因子（TNF）	能使肿瘤出血、坏死 调节适应性免疫、杀伤靶细胞、诱导细胞凋亡
集落刺激因子（CSF）	刺激多能造血干细胞和不同发育阶段的造血祖细胞增殖、分化
趋化因子（chemokine）	对免疫细胞有趋化和激活作用
生长因子（GF）	促进相应细胞增殖，促进创伤修复

考点 免疫分子的种类

第 3 节　免疫球蛋白

案例 2-1

一位乙肝病毒表面抗原（HBsAg）阳性的母亲怀孕后顺产，新生儿在出生后 24h 内注射了乙肝病毒免疫球蛋白（HBIg），同时接种了乙肝疫苗，因而显著提高了阻断垂直传播的效果。间隔 1 个月和 6 个月后，再次分别接种第 2 针和第 3 针乙肝疫苗。经研究发现，新生儿出生后应用乙肝疫苗和免疫球蛋白联合免疫，其阻断垂直传播的效果高达 95% ～ 97%。

问题：什么是免疫球蛋白？免疫球蛋白是如何阻断乙型肝炎垂直传播的？

一、抗体和免疫球蛋白的概念与关系

抗体（antibody，Ab）是指能与相应抗原特异性结合的具有免疫功能的球蛋白，主要存在于血清中，也可分布于组织液、外分泌液及某些细胞膜表面。

免疫球蛋白(immunoglobulin, Ig)是指具有抗体活性或化学结构与抗体相似的球蛋白。

抗体是强调生物学功能，而免疫球蛋白则是化学结构的概念，因此抗体都是免疫球蛋白，而免疫球蛋白不一定都是抗体。

考点 Ab、Ig 的概念

二、免疫球蛋白的结构

（一）免疫球蛋白的基本结构

免疫球蛋白的基本结构是由两对相同的多肽链通过二硫键连接而成。其中，长的一对多肽链称为重链（H 链），短的一对称为轻链（L 链）。两条重链之间通过二硫键连接，呈 Y 形或 T 形，而两条轻链则通过二硫键分别连接在两条重链氨基端的两侧，此结构称为单体。

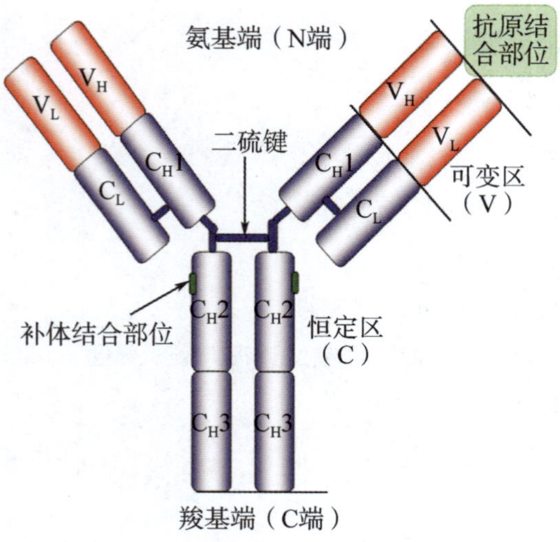

图 2-8　免疫球蛋白的基本结构

重链由 450 ～ 550 个氨基酸残基组成，轻链大约由 214 个氨基酸残基组成。每条重链和轻链都可分为两部分，靠近氨基端包括重链的 1/4 与轻链的 1/2 区域，氨基酸的组成及排列顺序高度可变，称为可变区（V 区），可变区能与种类繁多的抗原表位结合，故 V 区为抗原的结合区。靠近羧基端包括重链的 3/4 与轻链的 1/2 区域，氨基酸的组成及排列顺序基本不变，称为恒定区（C 区）（图 2-8）。

考点 Ig 的基本结构

1. 种类　根据重链恒定区氨基酸组成和排列

顺序的不同（即免疫原性不同），将 Ig 的重链分为 γ、α、μ、δ、ε 等五类，由它们组成的 Ig 分别称为：IgG（γ）、IgA（α）、IgM（μ）、IgD（δ）、IgE（ε）。IgG、IgD、IgE 和血清型 IgA 均为单体，而分泌型 IgA（sIgA）为二聚体，IgM 为五聚体（图 2-9）。

考点 Ig 的种类

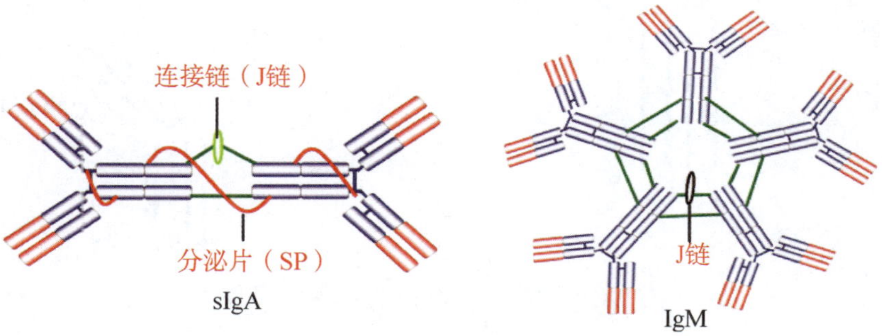

图 2-9　免疫球蛋白双体和五聚体的结构

2. 功能区　Ig 的 H 链和 L 链借其链内二硫键折叠成若干球形结构，称为功能区，每一个功能区约由 110 个氨基酸残基组成。轻链有两个功能区，即 V_L 和 C_L，不同类型 Ig 的重链均有一个 V_H 功能区，但 C_H 功能区存在一些差异。IgG、IgA 和 IgD 有 C_H1、C_H2 和 C_H3 三个功能区，而 IgM 和 IgE 有 C_H1、C_H2、C_H3 和 C_H4 四个功能区。

3. 铰链区　位于 C_H1 和 C_H2 之间。IgG、IgA 和 IgD 有铰链区，IgM 和 IgE 无铰链区。此处的肽链含有大量脯氨酸，具有弹性，易于伸展、弯曲，有利于抗体与不同的抗原表位结合，也易使补体结合位点暴露，有利于启动补体活化。

（二）免疫球蛋白的其他结构

1. J 链　由浆细胞合成的多肽链，主要起连接和稳定 Ig 多聚体的作用。IgM 由二硫键和一条 J 链连接成五聚体，sIgA 由二硫键和一条 J 链连接成二聚体。

2. 分泌片（SP）　是由黏膜上皮细胞合成和分泌的多肽，是 sIgA 分子的辅助成分，主要功能是保护 sIgA 免受环境中蛋白酶的破坏，并将 sIgA 由黏膜下转运到黏膜表面（图 2-9）。

（三）免疫球蛋白的水解片段

1. 木瓜蛋白酶水解片段　用木瓜蛋白酶水解 IgG，将 IgG 铰链区二硫键的近 N 端侧切断，获得 3 个片段：2 个相同的 Fab 段和 1 个 Fc 段。① Fab 段能和抗原特异性结合，称为抗原结合片段（Fab）。② Fc 段不能和抗原特异性结合，但可形成结晶，称为可结晶片段（Fc），保留了激活补体及与细胞表面 Fc 受体结合的能力（图 2-10）。

2. 胃蛋白酶水解片段　用胃蛋白酶水解 IgG，在铰链区二硫键近羧基端可将 IgG 断裂为大小不同的两个片段，一个是含两个 Fab 段的双体，称为 $F(ab')_2$，功能与 Fab 完全相同，但为二价，可以产生肉眼可见的沉淀或凝集现象。另一个是似 Fc 的小片段，很快会被水解为多肽，称为 pFc′，无任何生物学活性（图 2-10）。

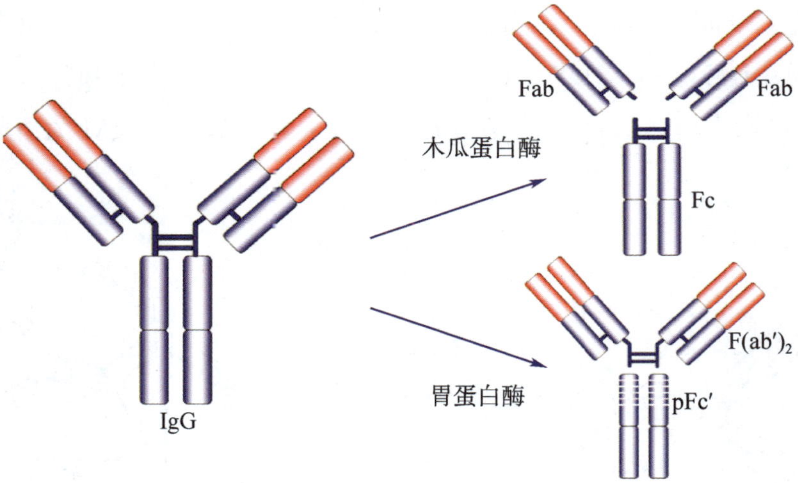

图 2-10 免疫球蛋白的水解示意图

对 Ig 水解片段的研究，不仅对阐明 Ig 的结构和生物学特性有重要理论意义，而且对制备免疫制品和医疗实验也具有实际意义。如破伤风抗毒素用胃蛋白酶降解后，可降低其免疫原性，减少引起过敏反应的发生，但对个别人仍有可能引起过敏反应。

考点 免疫球蛋白的水解片段及功能

三、免疫球蛋白的生物学作用

（一）特异性结合抗原

识别并特异性结合抗原是抗体的主要作用。抗体的 V 区可结合病原微生物及其产物，具有中和毒素、阻断病原体入侵等功能。与相应外毒素特异性结合后，毒素的毒性被中和；抗体与病毒结合后，可阻止病毒进入细胞；sIgA 与细菌结合，可阻止细菌黏附在黏膜上皮细胞表面。

（二）激活补体

抗体与相应抗原结合后，免疫球蛋白的构型发生改变，使其重链上的补体结合位点暴露，从而激活补体，发挥补体的溶菌、溶细胞等多种生物学作用（补体的作用详见本章第 2 节）。

（三）结合 Fc 受体

1. 调理作用　IgG 以其 Fab 段与相应抗原结合，以其 Fc 段与巨噬细胞或中性粒细胞表面的 Fc 受体结合，通过 IgG 的“桥联”作用，促进吞噬细胞对抗原的吞噬。

2. 抗体依赖细胞介导的细胞毒作用（ADCC）　是指抗体的 Fab 段结合靶细胞表面的抗原，其 Fc 段与 NK 细胞、巨噬细胞等表面的 Fc 受体（FcR）结合，介导对靶细胞的杀伤作用。

3. 介导 I 型超敏反应　变应原刺激机体产生的 IgE，其 Fc 段可与肥大细胞和嗜碱性粒细胞表面的 Fc 段受体结合。当相同变应原再次进入机体时，可引起 I 型超敏反应。

（四）穿过胎盘和黏膜

IgG 的 Fc 段能与胎儿滋养层细胞可逆性结合，使 IgG 通过胎盘转移给胎儿。这是一种重要的自然被动免疫，对新生儿抗感染具有重要意义。此外，sIgA 可转运到消化道、呼吸道黏膜表面，发挥黏膜局部免疫作用。

免疫球蛋白的生物学作用见图 2-11。

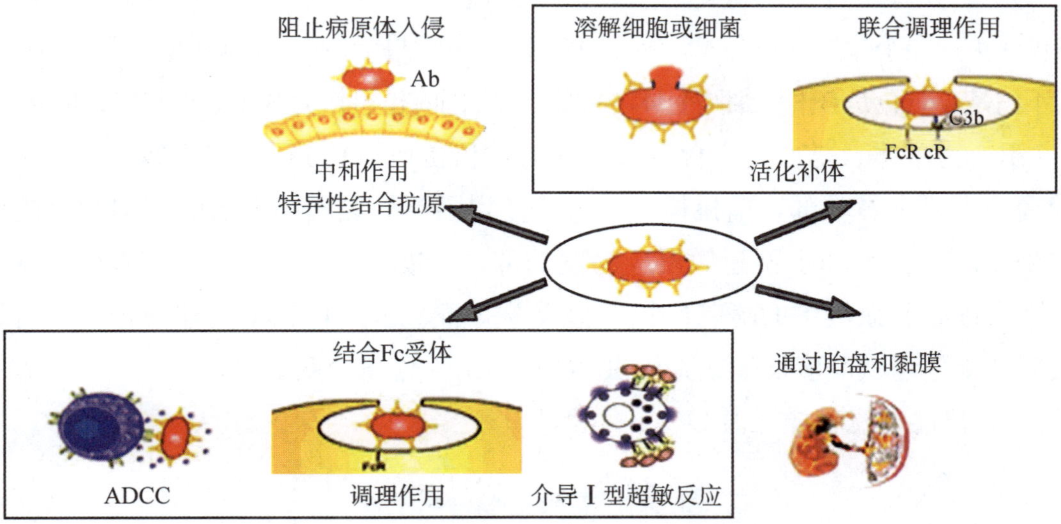

图 2-11　免疫球蛋白的生物学作用

考点　免疫球蛋白的生物学作用

四、各类免疫球蛋白的特性

1. IgG　为单体，在血清中含量最高，占血清 Ig 总量的 75% ～ 80%，主要由脾、淋巴结内的浆细胞合成并分泌。IgG 是唯一能通过胎盘的抗体，对新生儿抗感染具有重要作用。人出生后 3 个月开始合成，3 ～ 5 岁时接近成人水平。半衰期最长，20 ～ 23 天。IgG 为高亲和力抗体，大多数抗毒素、抗菌、抗病毒抗体都属于 IgG，是机体抗感染免疫的重要力量。IgG 可发挥调理作用、ADCC、激活补体发挥补体溶菌等作用。某些自身抗体以及引起Ⅱ、Ⅲ型超敏反应的大多数抗体也属于 IgG。

2. IgA　新生儿于出生后 4 ～ 6 个月开始合成 IgA，4 ～ 12 岁时达成人水平，占血清 Ig 总量的 10% ～ 20%。IgA 有血清型和分泌型两种。血清型 IgA 为单体，sIgA 则由两个单体、一个 J 链和一个分泌片组成二聚体。

血清型 IgA 有中和毒素、调理吞噬的作用。sIgA 主要分布于呼吸道、消化道、泌尿生殖道黏膜表面的分泌液、初乳、唾液和泪液中，称为黏膜抗体。可与相应病原微生物结合，阻止其黏附易感细胞或通过中和毒素等发挥重要的局部抗感染作用。新生儿可从母亲的初乳中获得 sIgA，是重要的被动免疫，这也是提倡母乳喂养的原因之一。

3. IgM　为五聚体，分子量最大，故又称巨球蛋白。不能通过血管壁，主要分布于血清中，占血清 Ig 总量的 5% ～ 10%。在个体发育中 IgM 出现最早，在胚胎发育后期，机体已具备产生 IgM 的能力，故脐带血 IgM 增高提示胎儿可能有宫内感染。成人感染后，IgM 也是最先产生，检测血清中 IgM 含量，有助于某些传染病的早期诊断。IgM 在凝集、活化补体等方面作用强于 IgG，天然血型抗体、类风湿因子等亦属于 IgM。

IgM 的单体可存在于 B 淋巴细胞膜表面（mIgM），未成熟的 B 淋巴细胞表面只表达 mIgM，是 B 淋巴细胞受体的主要成分；而成熟的 B 淋巴细胞表面可同时表达 mIgM 和 mIgD。

4. IgD 为单体，主要由扁桃体、脾等处浆细胞产生，约占血清总 Ig 的 0.3%，浓度很低，半衰期仅 3 天，在个体发育中合成较晚。血清中的 IgD 结构和 IgG 非常相似，但极易被水解，功能尚不清楚。mIgD 是 B 淋巴细胞受体的重要成分，同时也可作为 B 淋巴细胞发育成熟的标志。

5. IgE 为单体，是血清中含量最低的 Ig，仅占血清总 Ig 的 0.002%，在个体发育中合成较晚。主要由鼻咽部、扁桃体、支气管、胃肠等处黏膜固有层的浆细胞合成。这些部位也是变应原侵入和 Ⅰ 型超敏反应易发的部位。IgE 为亲细胞抗体，其 C_H4 极易与组织中的肥大细胞和血液中的嗜碱性粒细胞膜上的高亲和性 IgE Fc 受体结合，可引起 Ⅰ 型超敏反应。Ⅰ 型超敏反应发生或寄生虫感染时，IgE 含量会明显升高。

五类 Ig 特性的比较详见表 2-7。

表 2-7 五类 Ig 特性的比较

比较项目	IgG	IgM	IgA	IgD	IgE
存在形式	单体	五聚体	单体、二聚体	单体	单体
血清占比(%)	75～80	5～10	10～20	＜1	0.002
合成时间	3 个月	胚胎期	4～6 个月	较晚	较晚
生物学特性	抗感染主要抗体、唯一能穿过胎盘的抗体	早期抗感染	黏膜局部抗感染	B 淋巴细胞表面标志	介导 Ⅰ 型超敏反应

考点 各类免疫球蛋白的特性

五、人工制备的抗体

（一）多克隆抗体

多克隆抗体（polyclonal antibody，PcAb）是多种抗原表位刺激机体免疫系统后，机体产生的针对不同抗原表位的混合抗体。多克隆抗体是人工制备的第一代抗体，这种抗体来源广泛、作用全面，但作为诊断血清时特异性不高，易出现交叉反应。目前主要用于紧急预防和治疗各种微生物、外毒素引起的疾病。

（二）单克隆抗体

单克隆抗体（monoclonal antibody，McAb）是由单一杂交瘤细胞产生，只能识别一种抗原表位的特异性抗体。这种杂交瘤细胞既有肿瘤细胞能大量无限繁殖的特性，又有 B 淋巴细胞合成分泌特异性抗体的功能。通过这种细胞在体外培养，即可获得大量的单克隆抗体。其优点是性质纯、效价高和特异性强，可避免交叉反应，提高了抗原抗体反应的敏感性和特异性，主要应用于：①各种传染病及肿瘤抗原的检测，以辅助诊断疾病；②检测激素、神经递质、细胞因子等生物活性物质；③检测细胞表面的抗原和受体；④用特异性单克隆抗体偶联抗肿瘤药物或放射性核素，用于肿瘤患者体内定位治疗和诊断。

链 接 单克隆抗体——肿瘤免疫治疗的生物导弹

利用免疫疗法治疗癌症正在成为继手术、化疗和放疗之后的一种公认的癌症治疗方法。其中利用针对细胞毒性 T 淋巴细胞相关蛋白 4（CTLA-4）、程序性死亡受体 1（PD-1）的单克隆抗体进行阻断，在癌症免疫治疗方面取得了显著突破。2014 年 6 月，全球第一个 PD-1 抗体药物纳武单抗获得批准用于治疗黑色素瘤，之后多种单抗被批准上市。因为利用单克隆抗体在治疗肿瘤方面取得的巨大成就，2018 年的诺贝尔生理学或医学奖颁给了发现 CTLA-4 和 PD-1 分子的科学家詹姆斯·艾利森和本庶佑。随着单克隆抗体药物从靶点开发到技术改进日趋成熟，单克隆抗体的应用前景将更加光明。

（三）基因工程抗体

基因工程抗体是利用基因工程技术制备的抗体分子，是利用重组 DNA 及蛋白质工程技术，对编码抗体的基因按不同需要进行加工改造和重新组装，再转染适当的受体细胞后所表达的抗体分子，又称为重组抗体或第三代抗体。基因工程抗体既保留了天然抗体的生物学活性和特异性强的优点，又避免了鼠源性抗体对人体的不良反应，具有广泛的应用前景。

第 4 节 免 疫 应 答

免疫应答是指抗原进入机体后，刺激免疫系统所发生的一系列复杂反应的过程。即免疫细胞对抗原分子进行识别并产生一系列复杂的免疫连锁反应，表现出特定的生物学效应的过程。可分为有利于机体抵抗病原体的保护性免疫应答和引起病理改变的超敏反应两大类。广义的免疫应答分为固有免疫应答和适应性免疫应答，但通常是指适应性免疫应答。

一、免疫应答概述

（一）免疫应答的类型

根据免疫应答识别的特点、获得方式以及效应机制，将其分为固有免疫应答和适应性免疫应答。

1. 固有免疫应答（非特异性免疫应答） 是指由机体固有免疫细胞和分子介导的主要针对病原体或其他抗原性异物的应答类型。其特点是：先天固有，稳定遗传；早期、快速应答；非特异性识别；没有免疫记忆功能。

考点 固有免疫应答的概念和特点

2. 适应性免疫应答（特异性免疫应答） 是指因抗原激发而产生的应答类型，表现为淋巴细胞对抗原的特异性应答和免疫记忆。主要发生在淋巴结、脾脏等外周免疫器官。其特点是：具有高度特异性；有效地识别自己和非己抗原物质；有免疫记忆功能。根据参与细胞和免疫效应的不同，可分为B淋巴细胞介导的体液免疫应答和T淋巴细胞介导的细胞免疫应答。

固有免疫应答与适应性免疫应答的主要特征比较见表2-8。

表2-8 固有免疫应答和适应性免疫应答的主要特征

主要特征	固有免疫应答	适应性免疫应答
获得来源	先天固有	后天获得
识别特点	非特异性	特异性
作用特点	无须抗原刺激，无免疫记忆	需抗原刺激，有免疫记忆
作用时相	早期、快速（4天内）	4～5天后
维持时间	较短	较长
物质基础	屏障机构、吞噬细胞、体液中免疫效应分子	抗体、效应T细胞

（二）适应性免疫应答的基本过程

适应性免疫应答是由多种细胞和细胞因子相互作用的复杂生理过程，T淋巴细胞和B淋巴细胞在适应性免疫应答中起核心作用，适应性免疫应答过程分为三个阶段（图2-12）。

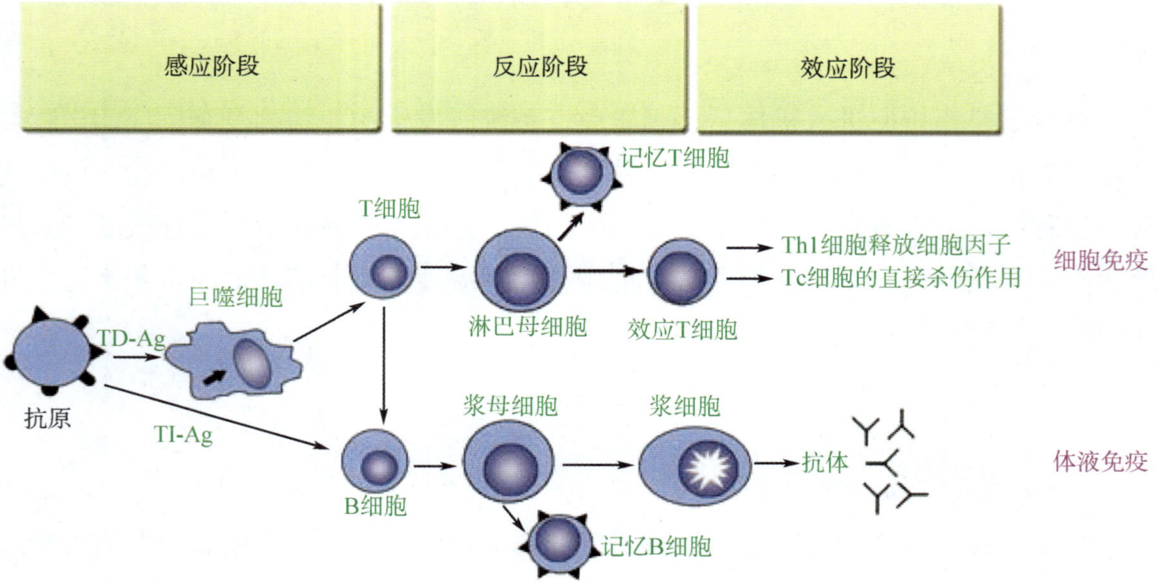

图2-12 适应性免疫应答的基本过程

1. 感应阶段（抗原识别阶段） 是指抗原提呈细胞摄取、加工处理和提呈抗原，以及T淋巴细胞、B淋巴细胞识别抗原、启动活化的过程。

2. 反应阶段（T淋巴细胞、B淋巴细胞的活化、增殖、分化阶段） T和B淋巴细胞接受抗原刺激后，活化、增殖、分化，形成效应 T 细胞（Th 细胞和 Tc 细胞）以及效应分子（Ab）的阶段。

B 淋巴细胞识别并结合抗原后，B 淋巴细胞活化、增殖、分化为浆细胞，由浆细胞产生抗体。T 淋巴细胞识别并结合抗原后，活化、增殖、分化为效应 T 细胞。在此阶段会有部分 T、B 淋巴细胞中途停止分化，形成长寿命的免疫记忆细胞（记忆 T 细胞、记忆 B 细胞）。在间隔一定时间后，当记忆细胞再次遇到相同抗原时，可迅速增殖分化为效应 T 细胞、效应 B 细胞进而发挥免疫效应，称为回忆应答。

3. 效应阶段　是免疫效应物质发挥免疫作用的阶段。浆细胞分泌的抗体与相应抗原结合，清除抗原，发挥体液免疫效应。效应 T 细胞可通过 Tc 细胞直接杀伤靶细胞或 Th 细胞释放细胞因子的方式发挥细胞免疫效应。

考点　适应性免疫应答的概念、特点和基本过程

二、固有免疫应答

固有免疫应答出现在机体抗感染免疫应答的初始阶段，在抗原入侵前就已存在。在应答过程中即刻识别入侵的病原体及其产物、体内衰老的细胞和突变细胞，迅速活化、有效吞噬和杀伤并清除这些“非己”抗原性异物，发挥免疫防御、免疫监视、免疫稳定等作用。固有免疫主要由屏障结构、固有免疫细胞和固有免疫分子组成。

（一）固有免疫的组成及功能

1. 屏障结构

（1）皮肤和黏膜屏障　是机体阻挡和防御病原微生物进入机体的第一道防线。

1）机械阻挡作用：健康完整的皮肤黏膜可机械性阻挡致病原菌的入侵；呼吸道黏膜上皮细胞借助纤毛不停地向上摆动，可将细菌排至咽部并由此咳出；黏液分泌液的冲刷及肠蠕动等作用均有助于排除病原微生物。

2）抑菌和杀菌作用：皮肤和黏膜可分泌多种具有抑菌和杀菌作用的化学物质，如皮肤汗腺分泌的乳酸，皮脂腺分泌的脂肪酸，胃黏膜分泌的胃酸，唾液、泪液或呼吸道、消化道分泌液中的溶菌酶等。

3）拮抗作用：正常菌群可通过与病原微生物竞争受体、竞争营养物质，还可通过产生抑菌或杀菌物质等方式，阻止病原菌的定居与生长。

（2）血 - 脑屏障　由介于血液循环与脑实质间的软脑膜、脉络丛的脑毛细血管壁和包于壁外的胶质膜所组成，能阻挡病原生物和其他大分子物质由血液循环进入脑组织和脑室（图 2-13），从而保护中枢神经系统。婴

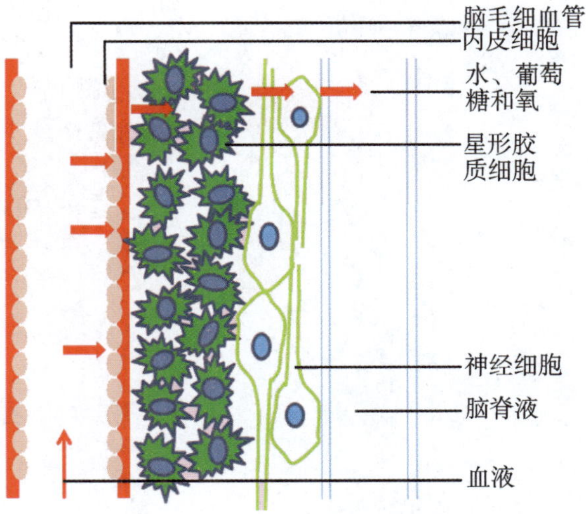

图 2-13　血 - 脑屏障的组成

幼儿由于血 - 脑屏障的发育不完善，故易发生脑炎和脑膜炎等感染。

（3）胎盘屏障　由母体子宫内膜的基蜕膜和胎儿绒毛膜共同组成。可防止母体感染的病原微生物及其毒性代谢产物进入胎儿体内，保护胎儿免受感染。妊娠前 3 个月内，胎盘屏障尚未发育完善，若此时母体受到某些病毒（风疹病毒、巨细胞病毒等）感染，就可能通过胎盘屏障而干扰胎儿的正常发育，导致胎儿畸形、流产或死亡。

2. 固有免疫细胞　机体的固有免疫细胞主要包括吞噬细胞、NK 细胞、树突状细胞、肥大细胞、嗜酸性粒细胞和嗜碱性粒细胞等，这里主要介绍吞噬细胞。

（1）种类　吞噬细胞有两大类：①小吞噬细胞，主要是血液中的中性粒细胞；②大吞噬细胞，主要是血液中的单核细胞和组织中的巨噬细胞。两类吞噬细胞的吞噬作用基本相似，但中性粒细胞主要吞噬存在于细胞外的细菌和小颗粒物质，而单核巨噬细胞主要吞噬细胞内寄生物和大颗粒物质或衰老细胞等。

（2）吞噬过程　吞噬细胞的吞噬杀菌过程一般分为三个阶段（图 2-14）。

1）接触病原体：吞噬细胞与病原体的接触可以是偶然相遇，也可以是趋化因子的趋化作用，即在趋化因子的作用下，吞噬细胞向病原体定向迁移，通过吞噬细胞膜表面受体识别病原体并与之结合。

2）吞入病原体：有两种方式，一种是吞噬作用，对于细菌等大分子物质，吞噬细胞伸出伪足将其包围并摄入细胞内，形成吞噬体；另一种是吞饮作用，对病毒等小分子物质，吞噬细胞膜内陷直接将其吞入细胞中，形成吞饮小泡。

3）杀灭病原体：吞噬体形成后，溶酶体与吞噬体融合形成吞噬溶酶体，溶酶体中的酶即可杀灭、溶解并消化病原体，最后将不能消化的残渣排出胞外。

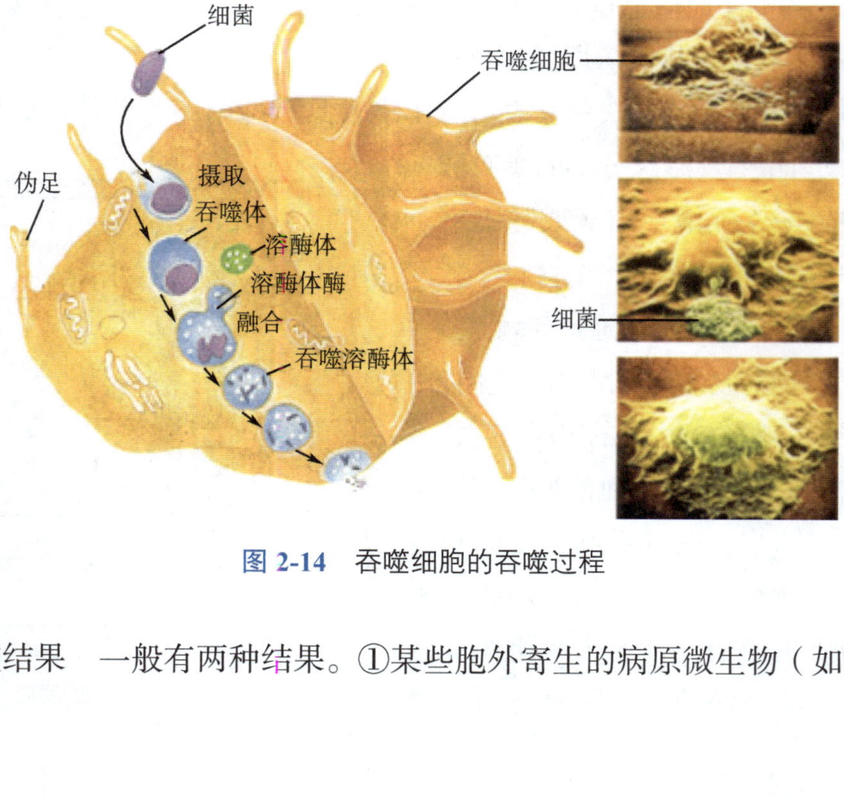

图 2-14　吞噬细胞的吞噬过程

（3）吞噬结果　一般有两种结果。①某些胞外寄生的病原微生物（如大肠埃希菌、

金黄色葡萄球菌等)可被吞噬、杀灭和消化,为完全吞噬。②某些胞内寄生的病原微生物(如结核分枝杆菌、伤寒沙门菌等）虽被吞噬却不能被杀死，此为不完全吞噬。不完全吞噬对机体不利，病原微生物可在吞噬细胞内生长繁殖，导致吞噬细胞死亡，还可能随游走的吞噬细胞扩散至机体的其他部位，引起更广泛的感染。

考点 吞噬细胞的吞噬过程和吞噬结果

3. 固有免疫分子　大多是一些即时性体液免疫分子，其中最重要的是补体（见本章第 2 节），还有干扰素、溶菌酶和防御素等。

（1）干扰素（IFN）　是一类具有抗病毒活性并保护细胞对抗病毒感染的细胞因子。干扰素具有广谱抗病毒作用，可保护易感细胞，干扰病毒在细胞内的复制，限制病毒的扩散。此外，干扰素还可激活 NK 细胞和巨噬细胞而增强抗感染作用。

（2）溶菌酶　是一种水解致病菌中黏多糖的碱性酶。广泛存在于血液、黏膜外分泌液和吞噬细胞溶酶体中，通过溶解革兰氏阳性菌细胞壁的肽聚糖，使细菌裂解死亡。革兰氏阴性菌对溶菌酶不敏感，但在补体和特异性抗体存在下也能被溶菌酶裂解破坏。

（3）防御素　一类富含精氨酸的小分子多肽，主要存在于中性粒细胞的嗜天青颗粒中，以杀伤胞外菌为主。防御素可破坏细菌细胞膜的完整性，导致细菌因物质交换失控而死亡，也可通过致炎和趋化作用增强吞噬细胞对病原微生物的吞噬杀伤作用。

考点 固有免疫的组成及功能

（二）固有免疫应答的生物学效应

1. 生物学效应

（1）固有免疫应答是机体防御的第一道防线，对于机体免疫稳态的建立非常重要。

（2）固有免疫是免疫系统对外来病原体识别及发挥效应的主体。

（3）参与适应性免疫应答的启动、调节与效应。

（4）参与感染、炎症、肿瘤、自身免疫性疾病等的发生与发展。

2. 固有免疫应答与适应性免疫应答的关系

（1）启动适应性免疫应答　固有免疫细胞中的抗原提呈细胞捕获、加工、提呈抗原，并形成抗原肽 -MHC 复合物表达在细胞膜上，为 T 淋巴细胞活化提供抗原刺激信号。

（2）调节适应性免疫应答　固有免疫细胞可通过识别不同的病原体，产生不同种类的细胞因子，调节特异性免疫应答的类型。

（3）参与适应性免疫应答的效应　固有免疫分子中补体成分可协助抗体的溶菌、溶细胞作用。

（4）效应 T 细胞可通过释放细胞因子增强固有免疫细胞的杀伤活性。

三、适应性免疫应答

（一）体液免疫应答

1. 概念　体液免疫应答是指 B 淋巴细胞介导的特异性免疫应答，主要是通过 B 淋巴细胞接受抗原刺激后转化为浆细胞并分泌抗体发挥特异性免疫效应的过程。因抗体主要存在于血液、淋巴液、组织液、乳汁等体液中，故将抗体介导的免疫反应，称为体液免疫。

考点 体液免疫的概念

2. 抗体产生的一般规律和意义　抗体产生的一般规律如下（图 2-15）。

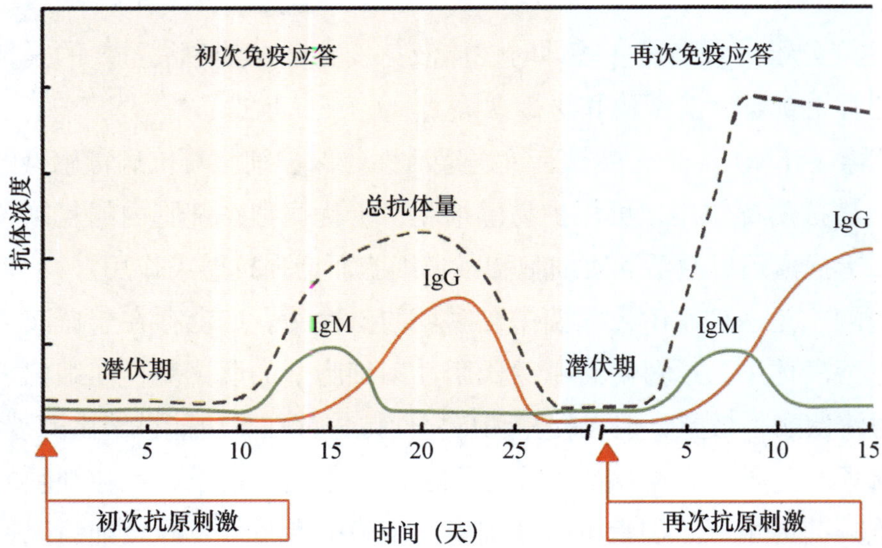

图 2-15　抗体产生的一般规律

（1）初次免疫应答　机体首次遇到抗原发生的免疫应答。抗体产生的特点：潜伏期长（10 天左右）、抗体效价低、维持时间短、主要为 IgM、与抗原的亲和力低。

（2）再次免疫应答　指第二次接触抗原时发生的加速和增强的免疫应答，又称回忆应答。抗体产生的特点：潜伏期短（2 ～ 3 天）、抗体效价高、维持时间长、主要为 IgG、与抗原的亲和力高。

抗体产生一般规律的意义：①指导制订最佳的预防接种方案。疫苗接种之所以一般都要加强免疫，就是通过刺激机体产生再次应答，从而获得对某种传染病更强、更持久的免疫力。②指导免疫学诊断。IgM 是免疫应答过程中最先出现的抗体，且半衰期短，故 IgM 的检测可作为早期诊断的指标之一。③指导制订最佳的免疫血清制备方案，以获得更高产量的人工制备抗体。

考点 抗体产生的一般规律

3. 体液免疫应答的生物学效应　体液免疫应答的主要效应分子是特异性抗体，抗体一般不能进入细胞内，因此体液免疫清除的抗原为细胞外游离的抗原。

（1）中和作用　抗体能与细菌外毒素或病毒结合发挥中和作用，具有重要的抗感染作用。

（2）调理作用　抗体与病原体抗原特异性结合后，其 Fc 段可与吞噬细胞表面的 Fc 段受体结合，从而促进吞噬细胞的吞噬作用。

（3）溶解作用　抗体与抗原结合后可激活补体引发溶菌、溶细胞等效应。

（4）ADCC　通过抗体 Fc 段与 NK 细胞表面的 Fc 段受体结合的桥联作用，NK 细胞可杀伤肿瘤细胞或被病毒感染的细胞。

（5）参与免疫病理损伤　在特定情况下，抗体可参与Ⅰ、Ⅱ、Ⅲ型超敏反应，引起生理功能紊乱或组织损伤。

考点 体液免疫的生物学作用

（二）细胞免疫应答

细胞免疫应答是指 T 淋巴细胞受到抗原刺激后，增殖、分化、转化为致敏 T 淋巴细胞，当相同抗原再次进入机体细胞时，可出现致敏 T 淋巴细胞对抗原的直接杀伤作用及致敏 T 淋巴细胞所释放的细胞因子的协同杀伤作用。由于主要是效应 T 细胞及单核细胞、巨噬细胞等产生的免疫效应，故又把 T 淋巴细胞介导的免疫应答称为细胞免疫。

考点 细胞免疫的概念

1. Th1 细胞介导的炎症反应　Th1 细胞再次接受相同抗原刺激后，释放多种细胞因子，作用于不同细胞产生多种不同的生物学作用，间接发挥细胞免疫效应，引起局部组织以单核细胞和淋巴细胞浸润为主的慢性炎性反应或迟发型超敏反应。

2. Tc 细胞介导的细胞毒作用　Tc 细胞与靶细胞再次接触后，可通过两种机制直接杀伤靶细胞。

（1）脱颗粒途径　效应 Tc 细胞释放颗粒，颗粒内有细胞毒素如穿孔素、颗粒酶等，穿孔素击穿靶细胞并形成透膜孔道，可使水、Na^+、Ca^{2+} 迅速进入细胞内，K^+ 和大分子物质从胞内流出导致靶细胞崩解。颗粒酶从孔道进入靶细胞，激活与凋亡相关的酶系统，导致靶细胞凋亡，即细胞程序性死亡。

（2）死亡受体途径　效应 Tc 细胞表面有 Fas 配体（FasL）与靶细胞表面 Fas 受体结合，激活与凋亡相关的酶系统，导致靶细胞凋亡，因此 Fas 被称为死亡受体。在杀伤靶细胞过程中，效应 Tc 细胞不受损伤，可连续、高效、特异性地杀伤其他靶细胞。

3. 细胞免疫的生物学效应　细胞免疫清除的抗原主要是细胞性的抗原物质。

（1）细胞胞内抗感染作用　主要针对细胞内感染的病原体发挥作用，包括胞内寄生菌（如结核分枝杆菌、伤寒沙门菌、麻风分枝杆菌等）、病毒、真菌及胞内寄生类寄生虫。

（2）抗肿瘤作用　Tc 细胞可直接特异性杀伤带有相应抗原的肿瘤细胞；Th1 释放的细胞因子在抗肿瘤免疫中也有一定作用。

（3）免疫损伤作用　在某些情况下，参与Ⅳ型超敏反应、移植排斥反应和某些自身免疫性疾病等的发生和发展过程。

考点 细胞免疫的生物学效应

体液免疫应答与细胞免疫应答比较见表 2-9。

表 2-9 体液免疫应答与细胞免疫应答的比较

比较项目	体液免疫	细胞免疫
参与的淋巴细胞	B 淋巴细胞	T 淋巴细胞
免疫效应物质	IgG、IgA、IgM、IgD、IgE	细胞因子
排除抗原方式	Ig 结合并清除抗原	效应 T 细胞结合并杀伤靶细胞；释放细胞因子排除抗原
免疫效应	三抗：抗毒素、抗病毒、抗细菌	三抗：抗胞内病原体、抗肿瘤、抗异体细胞

四、免疫耐受与免疫调节

（一）免疫耐受

免疫耐受是指机体免疫系统接触某一抗原后形成的特异性免疫无应答状态。对自身抗原耐受是免疫系统的重要特征。诱导产生免疫耐受性的抗原称为耐受原。对某抗原已经形成免疫耐受的机体，再次接触该抗原时没有应答，而对其他抗原仍可产生正常的应答。免疫耐受和免疫抑制不同，免疫耐受是特异性的，只针对某种特定的抗原；免疫抑制是非特异的，对各种抗原的刺激均无应答性。

免疫耐受的形成与抗原的种类、理化性质、作用剂量和输入机体的途径及机体的年龄等因素有关。

生理条件下的免疫耐受对保证免疫系统的稳定及维持机体正常生理功能具有重要的意义，而免疫耐受异常则可导致自身免疫性疾病的发生。因此，研究免疫耐受在理论和实践中均有重要意义。

1. 维持自身稳定　正常情况下，免疫系统能识别“自己”和“非己”。由于在胚胎期对自身组织建立了免疫耐受，故对自身组织不排斥，而对“非己”物质产生应答并清除。

2. 研究自身免疫性疾病的发病机制　自身免疫性疾病的发生与自身免疫耐受的破坏有关。在某些因素作用下，机体自身组织抗原性质发生了改变，可导致免疫耐受的终止，继而发生自身免疫性疾病。

3. 人工诱导免疫耐受　免疫耐受的诱导、维持和终止可以影响许多疾病的发生、发展和转归。例如，诱导和维持免疫耐受，可防止超敏反应、自身免疫性疾病和移植排斥反应；终止对病原微生物和肿瘤抗原的免疫耐受，有利于激发机体抗感染和抗肿瘤的免疫应答能力。

（二）免疫调节

免疫调节是指机体对免疫应答进行的调控。通过这种调控，可使免疫反应在其类型、强度、持续时间等方面保持适宜水平，在基因的控制下实现免疫系统对抗原的识别和应答。其结果是激活或抑制免疫反应。通过免疫系统中的各种免疫细胞和免疫分子之间，以及免疫系统与其他系统如神经内分泌系统之间的相互作用，使得免疫应答以最恰当的形式维持在最适当的水平。免疫调节包括兴奋性调节和抑制性调节。当病原体入侵时，机体动员免疫系统的各种成分产生快速和足够强度的免疫应答，清除病原体，但是过高强度的免疫应答会导致机体内环境稳定的破坏，诱发不同程度的病变和组织损伤。

第 5 节 超敏反应

超敏反应（hypersensitivity reaction）又称变态反应，是指机体接受特定抗原持续刺激或同一抗原再次刺激所致的功能紊乱和（或）组织损伤等病理性免疫反应。引起超敏反应的抗原称为变应原或过敏原。根据发生机制、临床特点和反应速度不同，将超敏反应分为Ⅰ型超敏反应、Ⅱ型超敏反应、Ⅲ型超敏反应、Ⅳ型超敏反应。Ⅰ～Ⅲ型超敏反应是由抗体介导的病理性体液免疫应答；而Ⅳ型超敏反应是由 T 淋巴细胞介导的病理性细胞免疫应答。

考点 超敏反应的概念

一、Ⅰ型超敏反应

案例 2-2

患者，男，20 岁。因淋雨后患大叶性肺炎入院治疗，遵医嘱给予青霉素治疗。治疗前，予以青霉素皮试，护士在患者前臂内侧皮下注射 0.1ml 青霉素制剂（200U/ml），6min 后患者出现气促、胸闷、呼吸困难，面色苍白、出冷汗等症状。护士立即给予吸氧等处理，患者逐渐恢复正常。

问题：请分析青霉素皮试后出现上述症状的原因及发生机制。

Ⅰ型超敏反应又称速发型超敏反应或过敏反应，是临床上最常见的超敏反应，可发生于局部或全身。

Ⅰ型超敏反应特点：①发生快，消退也快。一般在再次接触相同抗原后几分钟至几十分钟发生，有的甚至几秒钟内就发生反应。②由 IgE 抗体介导，效应细胞是肥大细胞和嗜碱性粒细胞。③以生理功能紊乱为主，很少引起组织细胞的损伤。④有明显的个体差异和遗传倾向。

（一）发生机制

Ⅰ型超敏反应的发生机制可分为三个阶段（图 2-16）。

1. 致敏阶段　变应原通过不同的途径进入机体，刺激 B 淋巴细胞产生 IgE 抗体。IgE 通过 Fc 段与肥大细胞或嗜碱性粒细胞膜上的 Fc 受体（FcεR Ⅰ）结合，使机体对该变应原处于致敏状态。致敏状态可维持数月或更长时间。如长期不接触相应变应原，致敏状态可逐渐消失。

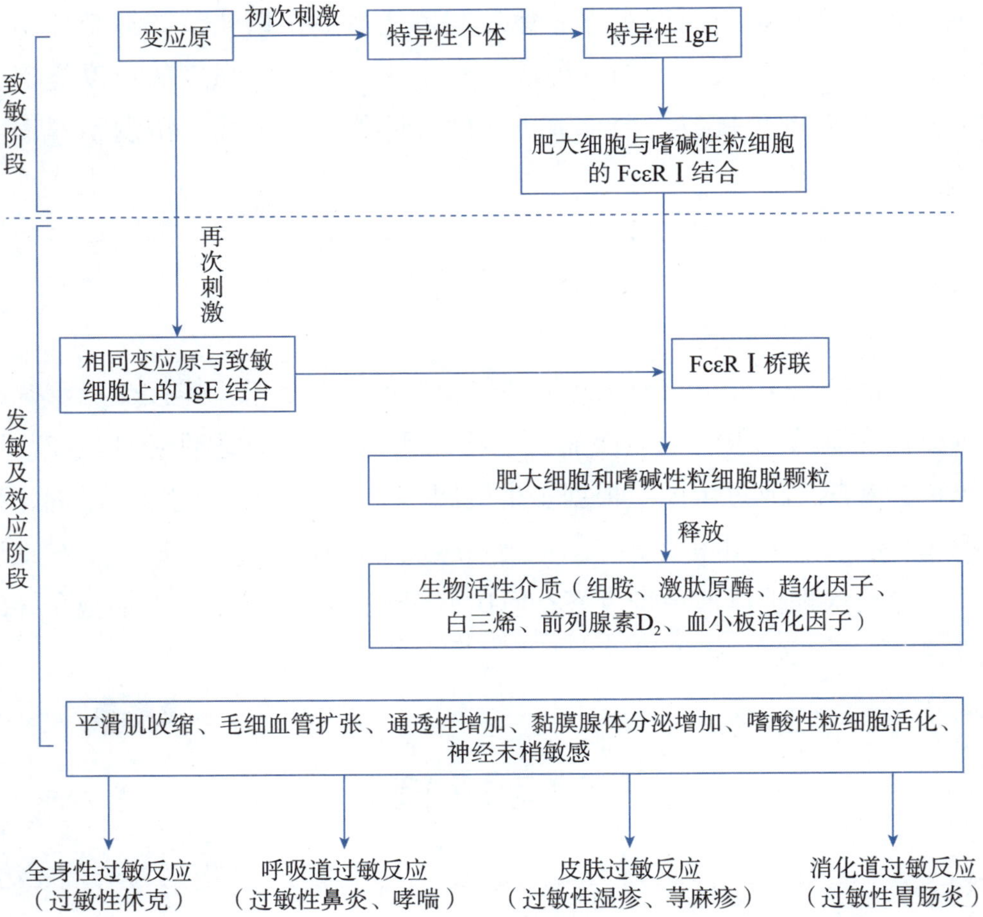

图 2-16　Ⅰ型超敏反应的发生机制

2. 发敏阶段　当相同变应原再次进入致敏机体，与肥大细胞或嗜碱性粒细胞表面的 IgE 抗体的 Fab 段特异性结合。只有变应原同时与两个或两个以上相邻 IgE 抗体结合，并与 FcεR Ⅰ形成“桥联”，才能使致敏细胞活化，导致其脱颗粒，释放多种生物活性介质：组胺、激肽原酶（使血浆中激肽原转为缓激肽）、白三烯（LT）、前列腺素 D_2（PGD_2）、血小板活化因子（PAF）等。

3. 效应阶段　上述生物活性介质作用于效应器官和组织，引起局部或全身病理变化，主要表现为：平滑肌收缩、毛细血管扩张、通透性增加、黏膜腺体分泌增加等病理变化。过敏反应常在接触变应原数秒内发生，可持续数小时乃至数天。

（二）临床常见疾病

1. 过敏性休克　是最严重的全身超敏反应性疾病。某些人经再次注射相同变应原后，在数秒至数分钟之内发生。患者出现胸闷、气促、呼吸困难，面色苍白，手足发凉，脉搏细速，血压下降，意识障碍或昏迷，严重者抢救不及时可导致死亡。

（1）药物过敏性休克　以青霉素过敏性休克最常见，此外链霉素、头孢菌素、普鲁卡因、有机碘等也可引起过敏性休克。青霉素为半抗原、不稳定，其降解产物青霉烯酸或青霉噻唑醛酸与机体组织蛋白结合后成为完全抗原，可刺激机体产生 IgE

抗体，使机体致敏，当再次接触青霉素时，即可引起过敏性休克。极少数人在初次注射青霉素时也会发生过敏性休克，可能和以前无意中接触过青霉素污染的医疗器械，或吸入青霉菌孢子而使机体致敏有关。因此，初次使用青霉素的患者也必须进行皮试。

（2）血清过敏性休克（血清过敏症） 血清过敏性休克常见于使用动物免疫血清如破伤风抗毒素、白喉抗毒素等进行紧急预防和治疗时，有些患者可发生过敏性休克甚至死亡。

2. 呼吸道过敏反应 致敏机体再次吸入植物花粉、尘螨、真菌孢子、动物毛屑、面粉等变应原后，可迅速引发支气管哮喘或过敏性鼻炎等过敏反应。

3. 消化道过敏反应 少数人进食鱼、虾、蟹、奶、蛋等食物后，可出现恶心、呕吐、腹痛、腹泻等症状，称为过敏性胃肠炎。

4. 皮肤过敏反应 主要表现为荨麻疹、湿疹和血管神经性水肿等，可由药物、食物、花粉、寄生虫或冷热刺激等引起。

链 接 血管神经性水肿

血管神经性水肿又称巨大荨麻疹（giant urticaria），是变应原所致的一种突然出现、数天内可自然消退的，可反复发生的皮下水肿或黏膜下水肿。一般痒感不明显，属Ⅰ型超敏反应性免疫性疾病。血管神经性水肿主要是由于真皮深部及皮下血管扩张，导致疏松结缔组织出现局限性水肿所致，好发于面部、口周及唇部，还可见于呼吸道及舌，影响呼吸与吞咽功能。常见的变应原是海鲜、坚果等食物性变应原，偶见于昆虫蜇刺及抗生素治疗。血管神经性水肿需与遗传性血管性水肿相鉴别，后者往往伴有血清补体 C4、C1 抑制物浓度或功能低下。本病有家族遗传倾向，常用的治疗药物有非镇静抗组胺药、环孢素及糖皮质激素等。

（三）防治原则

1. 查明变应原并避免与其接触 临床发现变应原最常用的方法如下。

（1）询问病史 通过详细询问过敏史、家族史，查明变应原并避免与其接触。

（2）皮肤试验 临床上在使用青霉素等易引起过敏反应的药物、生物制品等之前必须做皮肤试验，皮试阳性者禁止使用。但是有些变应原却难以回避，如抗毒素血清、花粉、尘螨等，需进行特异性免疫治疗。

2. 特异性免疫疗法

（1）脱敏疗法 对皮试阳性又必须使用抗毒素血清进行治疗的患者，可采用小剂量、短间隔（20 ～ 30min）、多次注射的方法进行脱敏治疗。其机制是小量注入的抗毒素与肥大细胞和嗜碱性粒细胞上的 IgE 结合，释放少量生物活性介质，引起的症状轻微，同时也易被组织中相应的酶降解。多次注射可使肥大细胞和嗜碱性粒细胞上的 IgE 耗竭，机体暂时脱离致敏状态，此时再大剂量注入抗毒素血清则不会发生超敏反应。但这种脱敏是暂时的，经过一段时间机体会被重新致敏。

（2）减敏疗法　对那些已查明而又难以避免接触的变应原（如花粉、尘螨），可将其制成脱敏剂，采用小剂量、长间隔（1周）、多次反复皮下注射变应原的方法，达到减敏的目的。其机制是改变了变应原进入机体的途径，诱导机体产生大量特异性IgG类抗体（封闭抗体）与变应原结合，从而减少IgE与变应原的结合，减少Ⅰ型超敏反应的发生。此外，也应用人工合成变应原肽段进行减敏治疗。

3. 药物治疗　应用药物阻断或干扰过敏反应过程中的某些环节，可阻止或减轻过敏反应的发生。常用抗过敏药物如下。

（1）抑制生物活性介质释放的药物　如肾上腺素、色甘酸钠及儿茶酚胺类药物等，此类药物可通过不同途径抑制生物活性介质的释放。

（2）生物活性介质拮抗药物　如苯海拉明、氯苯那敏、异丙嗪等，此类药物可竞争性结合效应器官细胞膜上的组胺受体，起到抗组胺作用。

（3）改善效应器官反应性的药物　如肾上腺素、麻黄碱、葡萄糖酸钙等。肾上腺素可解除支气管平滑肌痉挛、升高血压、减少腺体分泌，为药物过敏性休克患者首选抢救用药。葡萄糖酸钙、氯化钙、维生素C等可有效解除痉挛，降低毛细血管通透性，具有减轻皮肤及黏膜炎症的作用。

考点　Ⅰ型超敏反应的常见疾病及防治原则

二、Ⅱ型超敏反应

Ⅱ型超敏反应又称细胞毒型或细胞溶解型超敏反应。

Ⅱ型超敏反应的特点：①变应原是靶细胞自身膜抗原或吸附到细胞膜上的抗原；②参与的抗体是IgG、IgM；③在补体、吞噬细胞、NK细胞的参与下，引起靶细胞溶解、破坏及组织细胞损伤。

（一）发生机制

1. 靶细胞及其表面抗原　正常组织细胞的固有抗原、改变的自身细胞或吸附有外来抗原、半抗原及免疫复合物的自身组织细胞，均可成为Ⅱ型超敏反应中被攻击杀伤的靶细胞。

2. 抗体、补体和效应细胞的作用　靶细胞表面的抗原或吸附的抗原、半抗原与相应抗体结合，或形成免疫复合物黏附于细胞表面，通过三条途径溶解破坏靶细胞：①激活补体，溶解靶细胞。②激活吞噬细胞，发挥调理吞噬作用。③激活NK细胞，通过ADCC杀伤靶细胞（图2-17，图2-18）。

（二）临床常见疾病

1. 输血反应　一般发生于ABO血型不符的输血。如将B型供血者的血误输给A型受血者，由于B型血红细胞表面有B抗原，受血者体内有天然抗B抗体（IgM），二者结合后激活补体，可溶解红细胞。

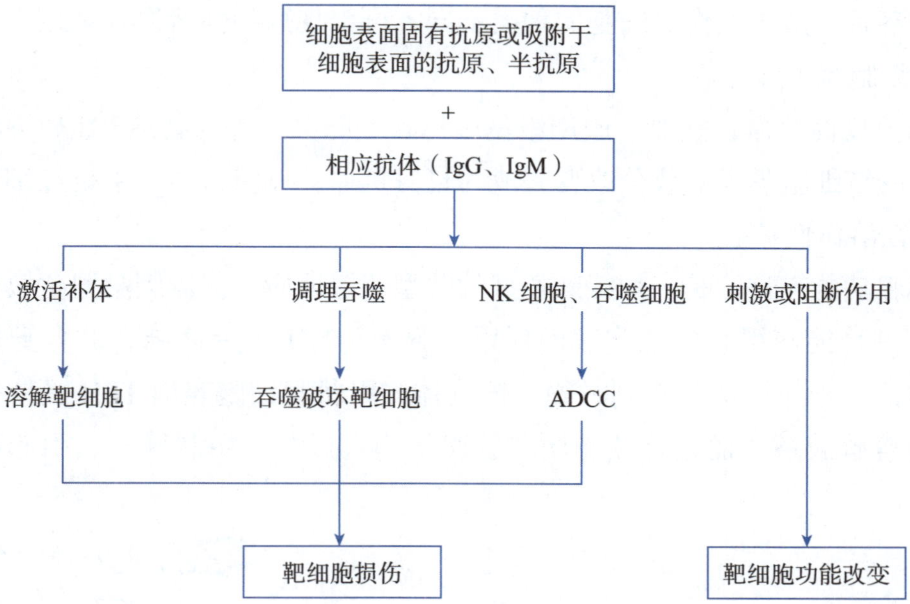

图 2-17　Ⅱ型超敏反应的发生机制

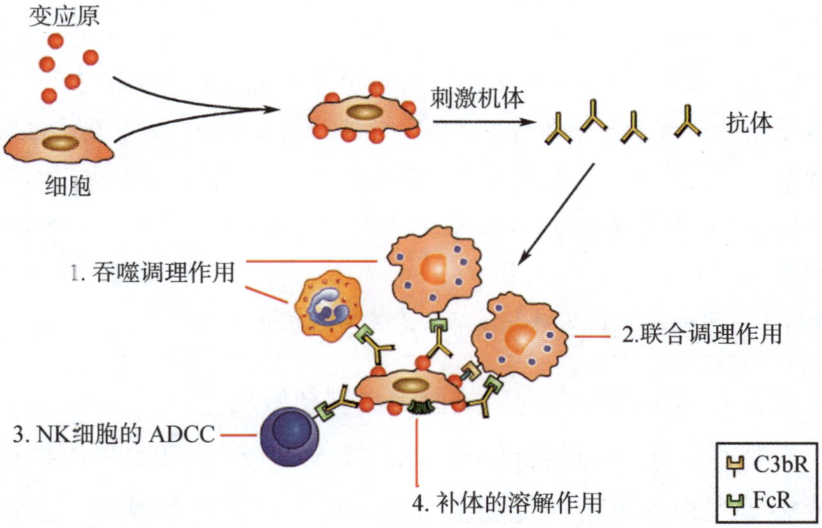

图 2-18　Ⅱ型超敏反应的组织损伤机制

2. 新生儿溶血病　多发生于母子间 Rh 血型不符而引起的新生儿溶血病。母亲是 Rh 阴性，妊娠胎儿为 Rh 阳性，分娩时，有少量胎儿血进入母体内，刺激母体产生抗 Rh 抗体（IgG）。若母亲再次妊娠，胎儿血型仍然是 Rh 阳性时，母体抗 Rh 抗体则通过胎盘进入胎儿体内，与 Rh 阳性红细胞结合，激活补体，溶解红细胞，引起新生儿溶血病，严重者可引起流产或死胎。母子 ABO 血型不符也可引起新生儿溶血病，多见于母亲为 O 型，胎儿为 A 或 B 型，但症状较轻。全身换血可以治疗新生儿溶血病。

3. 药物过敏性血细胞减少症　由药物半抗原（如青霉素、磺胺、奎尼丁、非那西丁、安替比林等）与血细胞膜表面蛋白或血浆蛋白结合，刺激机体产生针对药物的特异性抗体。该抗体与血细胞表面的药物结合或与结合药物的血细胞相互作用，通过激活补体等作用，导致血细胞溶解。由于损伤血细胞的种类不同，可出现药物性溶血性贫血、血小板减少性紫癜或粒细胞减少症等。

4. 自身免疫性溶血性贫血　服用甲基多巴、吲哚美辛等药物或EB病毒、流感病毒等感染可造成红细胞膜表面成分改变，成为自身抗原，刺激机体产生抗红细胞抗体，引起自身免疫性溶血性贫血。

5. 甲状腺功能亢进　是一种特殊类型的Ⅱ型超敏反应（抗体刺激型超敏反应）。患者体内产生一种能与甲状腺细胞表面促甲状腺素（TSH）受体结合的自身抗体，这种自身抗体称长时程作用甲状腺刺激物。该抗体与甲状腺细胞表面TSH受体结合后，并不造成细胞溶解破坏，而是持续刺激甲状腺细胞合成分泌甲状腺素，引起甲状腺功能亢进。

考点 Ⅱ型超敏反应的常见疾病

三、Ⅲ型超敏反应

案例 2-3

患者，女，42岁。双手、双膝关节肿痛3个月。4个月前出现原因未明的双手、双膝关节肿胀、疼痛。以双手指关节为主，伴有明显晨僵，时间约为2小时。2个月前曾因乏力、关节痛到医院检查，诊断为“关节炎”，未予治疗。既往体健，无遗传病家族史。双下肢无水肿。左腕关节肿胀，压痛阳性；双手第3、4掌指关节肿胀，压痛阳性；双膝关节轻度肿胀，浮髌试验（—），余关节正常。

问题：试分析患者可能患了什么病？该病会产生哪种抗体？

Ⅲ型超敏反应，又称免疫复合物型或血管炎型超敏反应。

Ⅲ型超敏反应特点：①参与的抗体有IgG、IgM、IgA；②由可溶性抗原与血液中相应抗体结合形成中等大小的可溶性免疫复合物（IC）沉积血管基膜引起；③激活补体，参与效应的细胞是中性粒细胞、血小板、嗜碱性粒细胞等；④引起以充血水肿、局部坏死和中性粒细胞浸润为主要特征的炎症反应和组织损伤。以血管及其周围组织炎症为主，反应可累及各系统、各器官，危害严重。

（一）发生机制

1. 中等大小免疫复合物的形成与沉积　可溶性抗原与抗体特异性结合时，两者的比例不同，形成的免疫复合物分子大小也不相同。比例适宜时形成大分子的免疫复合物，易被吞噬细胞吞噬清除，不引起病变。当抗原或抗体过剩时，形成小分子免疫复合物，可通过肾小球滤过，随尿排出，也不致病。只有在抗原和抗体含量在一定比例时，形成分子量1000kDa左右的中等大小免疫复合物，既不易被吞噬，又不能被肾小球滤除，从而较长时间在血流中循环，当经过一些血管迂回曲折、血流缓慢、局部血压高的部位（如肾小球、关节滑膜、心肌等）时，免疫复合物可沉积而致病。

2. 免疫复合物沉积后引起的组织损伤　免疫复合物沉积引起组织损伤的机制如下。

（1）中性粒细胞的作用　沉积的免疫复合物通过经典途径激活补体，产生裂解片段 C3a、C5a 等，C3a、C5a 具有趋化作用，可吸引中性粒细胞向免疫复合物沉积的部位聚集，聚集的中性粒细胞在吞噬免疫复合物的同时，释放多种溶酶体酶，导致沉积部位出现血管炎和周围组织损伤。

（2）肥大细胞或嗜碱性粒细胞的作用　C3a 和 C5a 具有过敏毒素作用，能刺激肥大细胞或嗜碱性粒细胞释放组胺等生物活性介质，使局部毛细血管通透性增强，导致渗出性炎症反应，出现水肿，还能促进免疫复合物沉积。

（3）血小板的作用　C3b 及肥大细胞或嗜碱性粒细胞活化释放的血小板活化因子，可使局部血小板聚集、活化，促进血栓形成，同时释放血管活性胺类物质，加重组织水肿，引起局部出血、坏死（图 2-19）。

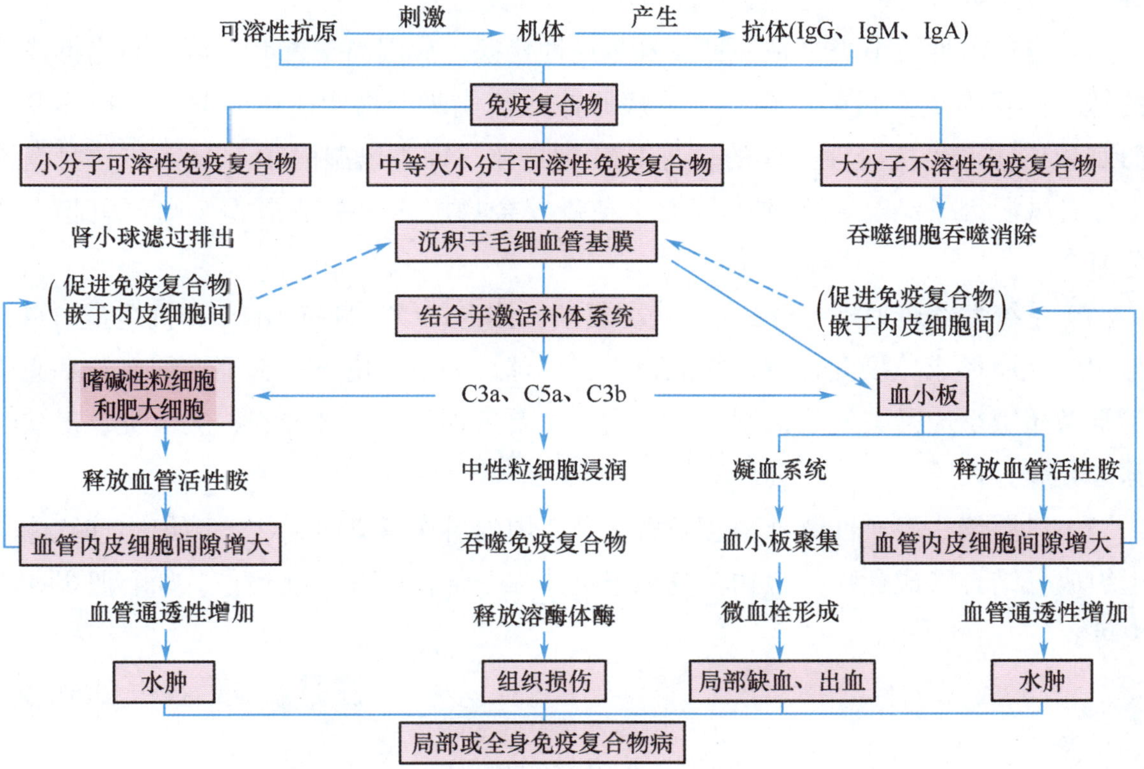

图 2-19　Ⅲ型超敏反应的发生机制

（二）临床常见疾病

1. 局部免疫复合物病

（1）阿蒂斯反应（Arthus reaction）　是一种局部Ⅲ型超敏反应。1903 年，阿蒂斯发现用马血清经皮下反复免疫家兔数周后，当再次注射马血清时，可在注射局部出现红肿、出血和坏死等剧烈炎症反应，此种现象被称为阿蒂斯反应。

（2）类阿蒂斯反应　临床上见于 1 型糖尿病患者，局部反复注射胰岛素后，体内可产生抗胰岛素抗体，再次注射胰岛素时，在注射局部出现红肿、出血和坏死等类似阿蒂斯反应的局部炎症反应。长期吸入粉尘、真菌孢子等，再次吸入相同抗原时也可使肺泡间免疫复合物沉积，导致过敏性肺泡炎。

2. 全身性免疫复合物病

（1）血清病　初次注射大量含抗毒素的异种动物血清（如破伤风抗毒素）1～2周后，出现发热、皮疹、淋巴结肿大、关节肿痛和一过性蛋白尿等症状。这是由患者体内产生的针对抗毒素的抗体与体内尚未完全排除的抗毒素结合形成中等大小的免疫复合物沉积所致。临床上有时应用大剂量青霉素、磺胺类药、抗 TNF-α 药物等也可引起类似血清病样的反应，称为药物热。

（2）链球菌感染后肾小球肾炎　以 A 群溶血性链球菌感染后 2～3 周最多见。此时体内产生的抗链球菌抗体与链球菌可溶性抗原结合形成中等大小的免疫复合物，沉积在肾小球基底膜，引起免疫复合物肾小球肾炎。另外葡萄球菌、肺炎链球菌、乙型肝炎病毒或疟原虫感染后也可引起免疫复合物肾小球肾炎。

（3）类风湿性关节炎　是一种自身免疫性疾病，病因尚未查明，可能与病毒或支原体的持续感染有关。目前认为，上述病原体或其代谢产物能使体内 IgG 类抗体变性，从而刺激机体产生抗变性 IgG 的自身 IgM 类抗体，即类风湿因子（RF）。自身变性的 IgG 与类风湿因子结合，形成中等大小免疫复合物沉积于关节滑膜，则可引起类风湿性关节炎。

（4）系统性红斑狼疮（SLE）　病因复杂，体内持续出现抗 DNA 和抗组蛋白自身抗体与相应抗原形成免疫复合物，并沉积于肾小球、关节、皮肤及脑等毛细血管基底膜，引起Ⅲ型超敏反应是其发病机制之一。病变主要表现为肾小球肾炎、关节炎、皮肤红斑和脉管炎等。

（5）风湿热　溶血性链球菌感染后 2～3 周内再次感染时，链球菌细胞壁抗体与心脏组织成分结合形成免疫复合物，沉积于机体多个部位引起炎症损伤，如心肌炎、心瓣膜炎等。

考点 Ⅲ型超敏反应的常见疾病

四、Ⅳ型超敏反应

案例 2-4

患者，女，30 岁。因面部红肿 4 天，皮疹、水疱 2 天就诊。患者主诉 5 天前在某商场购买一瓶润肤露，每日早晚清洁面部后涂抹使用，3 天前，患者面部出现轻微红肿、瘙痒，停止使用该润肤露。就医当日面部红肿加重，并伴有皮疹和水疱。其间患者并未使用其他药品和化妆品。

问题：患者可能患有哪种超敏反应性疾病？本病如何预防？

Ⅳ型超敏反应，又称迟发型超敏反应。

Ⅳ型超敏反应的特点：①由 T 淋巴细胞介导，无抗体和补体参与；②反应发生缓慢，通常发生在再次接触相同变应原后 24 ～ 72h，消退也慢；③病变发生在局部，以单个核细胞、淋巴细胞浸润和组织损伤为主要特征的炎症反应；④除接触性皮炎外，一般无个体差异。

（一）发生机制

Ⅳ型超敏反应属于 T 淋巴细胞介导的细胞免疫应答，会对机体引起组织细胞的免疫病理损伤。其发生机制见图 2-20。

1. 致敏阶段　引起Ⅳ型超敏反应的变应原主要包括细胞内寄生菌、病毒、真菌、寄生虫、细胞抗原（肿瘤细胞、移植细胞）和化学物质等。这些变应原（外源性抗原或内源性抗原）被抗原提呈细胞（APC）加工处理后，分别以抗原肽 -MHC Ⅱ（Ⅰ）类分子复合物提呈给 $CD4^+$T 淋巴细胞或 $CD8^+$T 淋巴细胞，使之活化、增殖、分化为效应 T 细胞（效应 Th1 细胞和 Tc 细胞）。

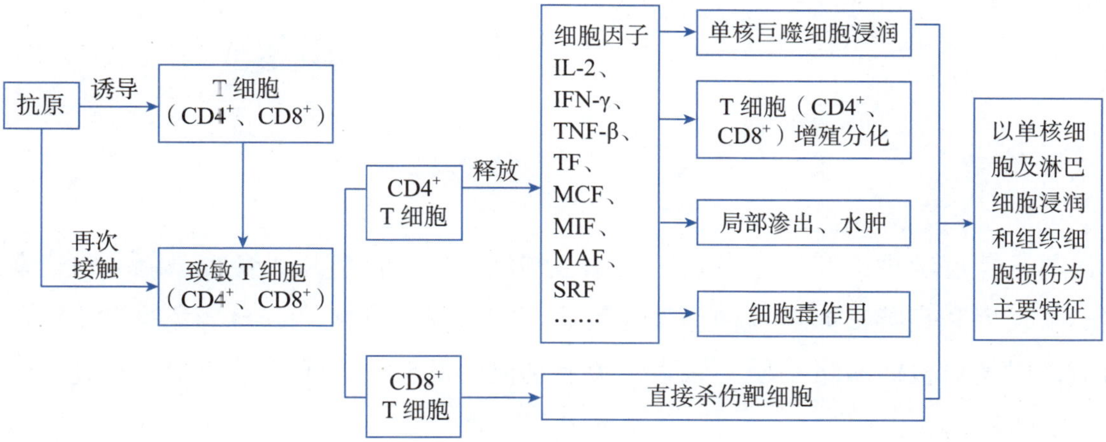

图 2-20　Ⅳ型超敏反应的发生机制

TF. 转移因子；MCF. 巨噬细胞趋化因子；MIF. 巨噬细胞移动抑制因子；MAF. 巨噬细胞活化因子；SRF. 皮肤反应因子

2. T 淋巴细胞介导炎症反应和组织损伤　当效应 Th1 细胞再次与相应抗原接触时，释放 IL-2、IFN-γ、TNF-β 等细胞因子，引起局部以单核细胞和淋巴细胞浸润为主要特征的炎症反应和组织损伤。Tc 细胞与靶细胞表面抗原结合后，通过释放穿孔素、颗粒酶，或通过 Tc 细胞表面 FasL 与靶细胞上的 Fas 结合，导致靶细胞凋亡。

（二）临床常见疾病

1. 传染性迟发型超敏反应　即在传染过程中发生的Ⅳ型超敏反应，多见于细胞内寄生物感染过程中，如胞内寄生菌（结核分枝杆菌等）、病毒、真菌和某些寄生虫。感染结核分枝杆菌的巨噬细胞可在 Th1 细胞释放的 IFN-γ 的作用下被活化，从而杀灭结核分枝杆菌。如结核分枝杆菌未被巨噬细胞杀灭，则可形成慢性肉芽肿性炎症。肉芽肿在 T 淋巴细胞、B 淋巴细胞及缺氧等作用下可形成干酪样坏死。如肺部再次感染结核分枝杆菌时，形成的病灶比初次感染局限。这是细胞免疫的保护作用，而局部组织内的干酪样坏死、液化甚至空洞，则是Ⅳ型超敏反应损伤的结果。

2. 接触性皮炎　某些机体与油漆、染料、塑料、农药、金属、化妆品或药物（如青霉素、磺胺类药）等小分子变应原接触后，小分子变应原作为半抗原与体内蛋白结合形成完全抗原，经 APC 提呈给 T 淋巴细胞，T 淋巴细胞活化、增殖为 Th1、Th17 细胞，机体被致敏。当机体再次接触相同变应原时，接触部位出现红斑、丘疹、水疱、糜烂等组织炎症损伤，严重者可出现剥脱性皮炎。

3. 移植排斥反应　进行组织或器官移植后，由于供受者双方组织之间的人类白细胞抗原（HLA）不完全相同，会发生排斥反应，最终导致移植物坏死脱落，称为移植排斥反应。为减轻或延缓移植排斥反应，通常在移植术后需大剂量、长期使用免疫抑制剂。

超敏反应的发生很复杂，临床上某些超敏反应性疾病往往不是单一型，而是混合型，但以其中某一型为主，如注射青霉素可引起过敏性休克为主的Ⅰ型超敏反应，也可发生溶血性贫血、药物热，接触性皮炎等Ⅱ型、Ⅲ型、Ⅳ型超敏反应，所以应结合临床进行综合分析判断。

考点 Ⅳ型超敏反应的常见疾病

第 6 节　免疫学应用

目前，免疫学理论和技术在临床医学各领域已经广泛应用，免疫学新方法、新技术正在不断发展和完善，如对各种感染性疾病、超敏反应性疾病、自身免疫性疾病的诊断和防治，以及对机体微量物质、激素、免疫功能等的检测。免疫学应用包括免疫学检测和免疫学防治两大方面。

一、免疫学检测

免疫检测技术广泛用于免疫相关疾病的诊断、发病机制的研究以及免疫状态的评估等方面，包括抗原或抗体检测、免疫细胞检测。

（一）抗原或抗体检测

基本原理是：抗原与相应抗体能在体内或体外发生特异性结合。利用这一原理，即可在体外一定条件下用已知的抗体检测未知的抗原，或用已知的抗原检测未知的抗体。由于实验所用的抗体存在于血清中，故又称血清学反应。以下为常见的抗原抗体检测类型。

1. 凝集反应　颗粒性抗原（细菌、红细胞或表面包被抗原的颗粒等）与相应抗体结合，在一定条件下形成肉眼可见的凝集团块现象，称为凝集反应。凝集反应中的抗原称为凝集原，抗体称为凝集素。

（1）直接凝集反应　颗粒性抗原与相应抗体直接结合出现的凝集现象（图 2-21），

主要有以下两种方法。

1）玻片法：为定性试验，常用已知抗体检测未知抗原，用于 ABO 血型鉴定、细菌鉴定等，具有方便、快捷的优点。

2）试管法：为半定量试验。多用已知抗原检测血清中相应抗体的滴度或效价，如临床上用于辅助诊断伤寒或副伤寒的肥达反应和诊断布鲁氏菌病的瑞特试验。

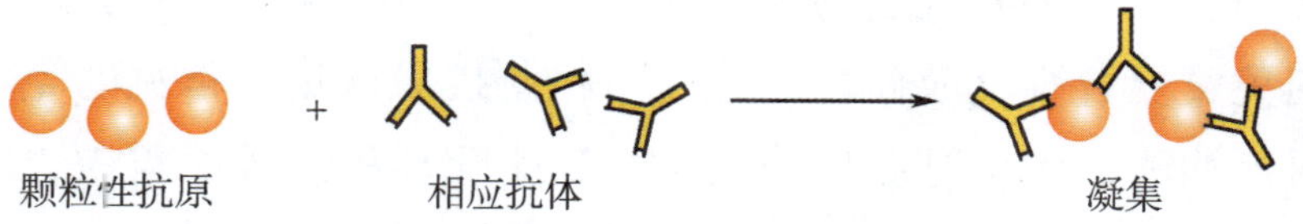

图 2-21　直接凝集反应

（2）间接凝集反应　可溶性抗原（蛋白质、酶等）或抗体与相应抗体或抗原直接反应不出现肉眼可见的凝集现象，但可将可溶性抗原（或抗体）吸附在与免疫无关的载体颗粒上，再与相应抗体（或抗原）作用，在一定条件下出现可见凝集现象，称为间接凝集反应。将已知抗原吸附于载体上检测未知抗体称为正向间接凝集试验，反之用已知抗体吸附于载体上，则为反向间接凝集试验。常用的载体颗粒有人 O 型红细胞、绵羊红细胞、聚苯乙烯乳胶颗粒等。此法可用于检测待检血清中的抗原、抗体、类风湿因子等（图 2-22）。

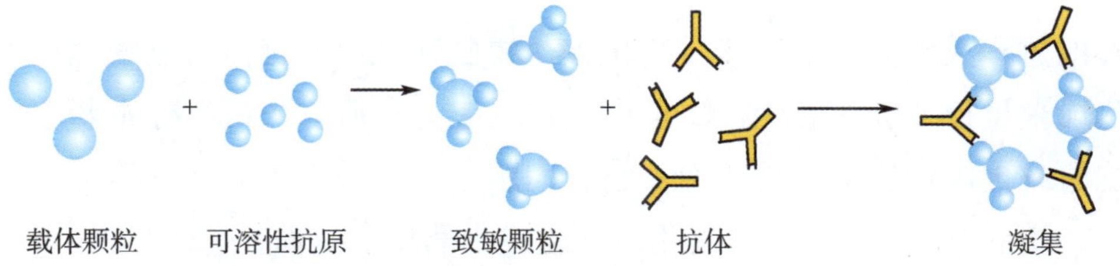

图 2-22　间接凝集反应

2. 沉淀反应　可溶性抗原（如血清蛋白等）与相应抗体结合，在一定条件下形成肉眼可见的沉淀物，称为沉淀反应。沉淀反应既可以在液体中进行（环状沉淀试验、絮状沉淀试验），又可以在琼脂凝胶中进行（琼脂扩散试验和对流免疫电泳等），沉淀反应的抗原称沉淀原，抗体称沉淀素。液体中的沉淀反应因灵敏性较差，目前已被免疫比浊法所取代。以琼脂扩散试验较为常用。琼脂扩散试验常用琼脂糖凝胶作为介质，将可溶性抗原与抗体在凝胶中扩散，若抗原与抗体对应，经一定时间，二者在相遇且比例适合处结合形成白色沉淀．可作抗体效价初步测定和免疫球蛋白检测。

（1）单向琼脂扩散　预先将适当浓度的已知抗体在琼脂糖凝胶中混匀并倾注于玻片上，制成反应板，凝固后打孔，孔中加入待测抗原，经一定时间扩散，若抗原与抗体对应，在孔周可形成白色沉淀环，沉淀环的直径与抗原浓度呈正相关（图 2-23）。此法可测定各类免疫球蛋白、补体各成分及其他可溶性抗原的含量。

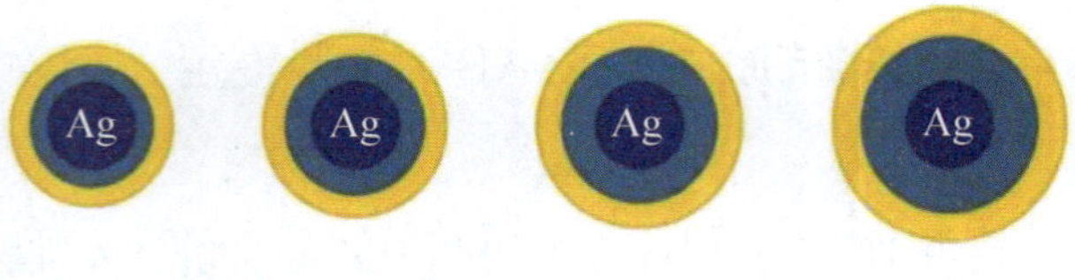

图 2-23 单向琼脂扩散试验

（2）双向琼脂扩散 将抗原抗体分别加在琼脂糖凝胶的孔中，二者分别向四周扩散，若抗原抗体对应，在相遇处形成白色沉淀线。本法可定性、定量检测、组分分析及复杂抗原或抗体的纯度鉴定。

（3）免疫比浊法 将不同含量的抗原加入一定量的抗体溶液中会形成不同含量的免疫复合物，根据免疫复合物反应体系的浊度可检测抗原含量。常见的免疫比浊法有：透射比浊法、散射比浊法、免疫乳胶比浊法及自动生化仪检测等。目前，多种抗原、免疫球蛋白、补体等含量均可以使用自动生化仪精确检测。

3. 免疫标记技术 是将酶、荧光素、同位素或胶体金等标记物标记已知一抗或二抗，与相应未知抗体或抗原结合，通过对标记物的测定以确定待检物质的试验技术。该技术的特点是特异性强、敏感度高，可快速定性、定量或定位。

（1）酶免疫分析（enzyme immunoassay，EIA） 是以酶标记一抗或二抗作为主试剂，检测样品中相应的抗原或抗体的方法。在抗原抗体反应后加入已知酶标抗体，再加入底物，酶催化底物显色，根据光密度（OD）来判断标本中待测抗体或抗原的有无或含量。常用的酶标记物有辣根过氧化物酶、碱性磷酸酶等。酶免疫分析有多种实验方法，其中常用的有酶联免疫吸附试验（ELISA），可用于乙肝五项、HIV 感染的筛查（查抗 -HIV）等。

ELISA 的过程大致分以下三步。①包被：将已知抗原或抗体通过物理作用吸附到固相（聚苯乙烯微量板）载体表面。②抗原抗体反应：先后加入待检标本和酶标记物，使之与固相抗原或抗体发生免疫反应而被结合固定，经洗涤除去游离的酶标记物。③酶促反应：在反应体系中加入酶的相应底物，使之发生酶促反应而显色。

具体方法如下。①间接法：将已知抗原包被于固相载体上，检测样本中未知抗体，再加入酶标记的抗抗体，常用于检测血清中特异性抗体。②双抗体夹心法：常用于检测标本中大分子抗原（图 2-24）。

（2）荧光免疫技术 是用荧光素标记一抗或二抗，制成荧光抗体，再与待检标本中的抗原或抗体反应，置于荧光显微镜下观察是否出现荧光，借此对标本中的抗原或抗体进行测定或定位。传统的方法称荧光抗体染色技术，可分直接荧光法和间接荧光法两种①直接荧光法：荧光素标记已知抗体直接对细胞涂片或组织进行染色，荧光显微镜下观察，检测标本中未知抗原。②间接荧光法：将一抗与标本中抗原结合，洗涤后用荧光素标记的二抗染色，荧光显微镜下观察结果（图 2-25）。

（3）放射免疫技术 放射免疫测定是用放射性同位素标记抗原或抗体进行的免疫学检测技术。本法常用于微量物质如激素，以及病毒、肿瘤抗原的检测。检测的敏感度可达 pg/ml 水平。

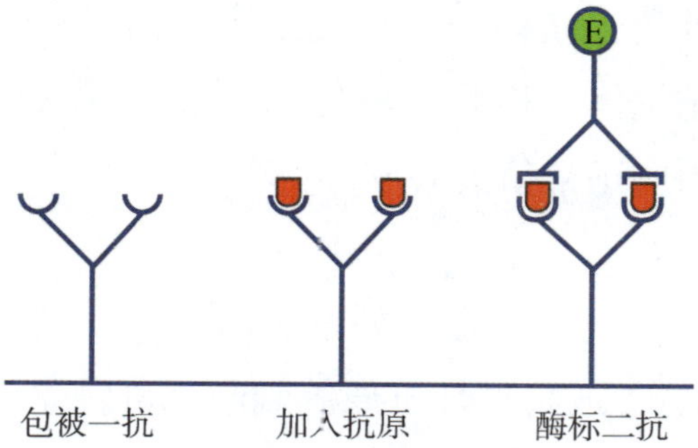

图 2-24 ELISA 双抗体夹心法示意图

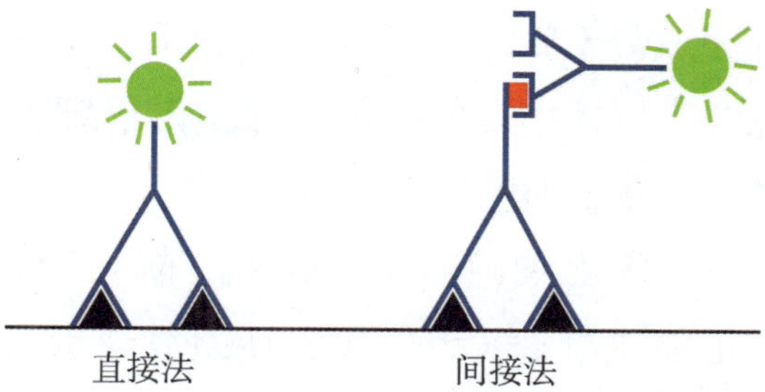

图 2-25 免疫荧光法示意图

（4）免疫胶体金技术　是以胶体金颗粒作为标记物，用来检测标本中抗原或抗体的一种免疫标记技术。胶体金是氯金酸（$HAuCl_4$）在还原剂作用下形成的有一定大小、形态和颜色的金颗粒，金颗粒均匀悬浮于液体中，呈稳定的胶体状态，故称胶体金。在碱性条件下，胶体金颗粒表面带有较多负电荷，可与带正电荷的抗原（或抗体）经静电引力牢固结合，成为金标记抗原（或抗体）。将胶体金标记过的抗原（或抗体）与相应抗体（或抗原）反应后，通过观察胶体金的颜色等特性，可对被检对象做出定性、定位分析。典型的测定方法有斑点金免疫渗滤试验和斑点金免疫层析试验等。临床已用于人绒毛膜促性腺激素（HCG）、抗 -HCV、抗 -HIV 等的测定。

（5）发光免疫分析　是以发光剂标记抗原或抗体作为主试剂，检测样品中相应的抗体或抗原。在抗原抗体反应后通过直接化学发光反应、生物发光反应或电化学发光反应等而使其发光，根据是否发光或发光程度来判断标本中待测抗体或抗原的有无或含量。这是一项继酶免疫分析、荧光免疫技术和放射免疫技术之后的又一项最新免疫测定技术。

（二）免疫细胞的检测

检测免疫细胞的数量和功能，有助于了解机体的免疫状况，辅助诊断某些疾病，观察疗效及判断预后。

1. T 淋巴细胞数量检测

（1）E 玫瑰花结试验（E 花环试验）　人类 T 淋巴细胞表面有绵羊红细胞受体 CD2，它能在体外一定条件下与绵羊红细胞结合，形成玫瑰花环状的细胞团，称为 E 玫瑰花结（E 花环）（图 2-26）。方法：取受试者外周血分离淋巴细胞，在营养液中与绵羊红细胞混合，经 4℃ 2h 作用后，再涂片、染色和镜检，计数总花环形成率即 T 淋巴细胞占淋巴细胞总数的百分率，正常值为 60% ～ 80%。本试验可反映体内 T 淋巴细胞总数，用于细胞免疫功能缺陷的诊断、观察肿瘤疗效及判断预后、监测移植排斥反应等。

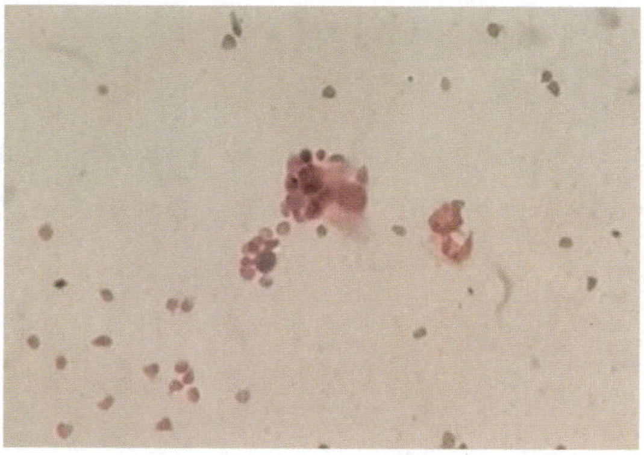

图 2-26 E 玫瑰花结（油镜，×1000）

（2）T淋巴细胞特异性标志的检测　采用免疫荧光素标记T淋巴细胞表面具有特异性抗原成分CD3分子，可用抗CD3的单克隆荧光抗体来检测T淋巴细胞，在显微镜下计数荧光抗体结合的细胞即为T淋巴细胞，人外周血正常值为60%～80%。

2. T淋巴细胞功能检测

（1）淋巴细胞转化试验（简称淋转试验）　T淋巴细胞在体外培养时，若受到丝裂原如植物血凝素（PHA）、伴刀豆球蛋白A（ConA）或特异性抗原等刺激，可转化为淋巴母细胞，计算淋巴细胞转化为淋巴母细胞的百分率（即淋巴细胞转化率），有助于判断机体细胞免疫功能状况。常采用氚标记的胸腺嘧啶核苷（^{3}H-TdR）掺入法：取全血或分离的淋巴细胞，加入含PHA的培养液中，经37℃、72h孵育，终止培养前8～15h加入^{3}H-TdR，取培养液涂片、染色、镜下计数200个淋巴细胞并记录其中淋巴母细胞的数量，即可得出淋巴细胞的转化率，^{3}H-TdR掺入细胞DNA中越多代表细胞增殖水平越高，正常值为60%～80%。当机体存在细胞免疫缺陷、恶性肿瘤、结核、麻风或重症真菌感染等情况时，转化率可低于正常值。

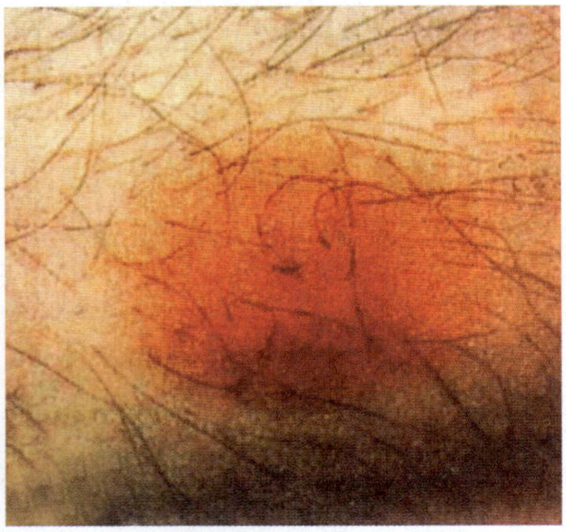
图2-27　迟发型超敏反应（皮肤试验阳性）

（2）迟发型超敏反应皮肤试验　将外来抗原刺激机体产生免疫应答，再使用相同抗原定量注入皮内进行皮试，48～72h后观察结果，若注射部位出现红肿、硬结甚至坏死，为阳性反应。细胞免疫功能缺陷、低下者，试验多为阴性或弱阳性反应。皮肤试验是临床上常用的体内检测细胞免疫功能的简便方法（图2-27），常用的生物性抗原有结核菌素、麻风菌素等。

3. T淋巴细胞亚群检测　目前检测T淋巴细胞亚群的技术主要有免疫荧光法、流式细胞术、免疫酶标法等。T淋巴细胞亚群的检测对于了解机体的免疫状态和探讨免疫调节与自身免疫性疾病和肿瘤的治疗具有重要意义。

二、免疫学防治

案例2-5

小朱，男，37岁，近期单位组织职工进行体检。体检项目中包含乙肝两对半和肝功能检查。肝功能检查结果均正常。乙肝两对半检查显示：HBsAg（–），抗-HBs（–），HBeAg（–），抗-HBe（–），抗-HBc（–）。医生告诉小朱他现在对乙肝病毒没有抵抗力，建议他接种乙肝疫苗。

问题：1. 接种乙肝疫苗有什么作用？

2. 接种乙肝疫苗属于人工主动免疫还是人工被动免疫？

3. 目前常用的乙肝疫苗属于哪种疫苗？

（一）免疫预防

一种通过主动免疫或被动免疫而增强机体特异性免疫功能的预防疾病的策略。

机体特异性免疫获得的方式有天然免疫和人工免疫。天然免疫是机体自然受到抗原刺激（隐性感染或显性感染）或自然获得抗体（胎儿或新生儿从胎盘或乳汁获得母源抗体）而建立的特异性免疫力。而人工免疫是人为地给机体输入抗原或抗体，使机体获得某种特异性免疫力的方法，包括人工主动免疫和人工被动免疫。人工主动免疫和人工被动免疫的区别见图 2-28、表 2-10。

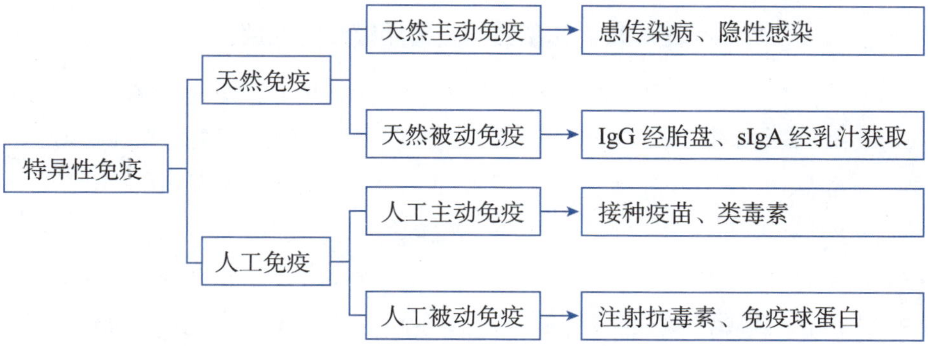

图 2-28　机体特异性免疫获得的方式图

表 2-10　人工主动免疫和人工被动免疫的区别

比较项目	人工主动免疫	人工被动免疫
注入机体的物质	抗原（疫苗、类毒素）	抗体（抗毒素、丙种球蛋白、细胞因子）
免疫力出现时间	1 ～ 4 周后生效	立刻生效
免疫力维持时间	数月至数年	2 ～ 3 周
用途	预防	紧急预防或治疗

1. 人工主动免疫

（1）概念和特点　人工主动免疫也叫人工自动免疫，是人为地给予机体（注射或口服）含有抗原性的物质（疫苗、类毒素），使机体主动产生特异性免疫。人工主动免疫的主要目的是免疫预防。

特点：①输入的物质是抗原；②初次接种，常需 1 ～ 4 周诱导期，才能刺激机体产生相应抗体或效应 T 细胞；③输入的抗原能长时间刺激机体的免疫系统，故免疫力维持时间较长；④主要用于传染病的预防。

（2）常用的生物制品

1）类毒素：是将细菌外毒素经 0.3% ～ 0.4% 的甲醛处理，使其失去毒性而保留免疫原性所得到的生物制品，如白喉类毒素、破伤风类毒素。接种后可刺激机体产生相应抗毒素。

2）疫苗：泛指所有用减毒或杀死的病原微生物（细菌、病毒、立克次体等）或其抗原性物质所制成，用于预防接种的生物制品。①第一代传统疫苗包含减毒活疫苗、死疫苗（灭活疫苗）及类毒素。前两者的主要区别见表 2-11。②新型疫苗包括亚单位疫苗、基因工程疫苗、结合疫苗和联合疫苗等。亚单位疫苗是去除病原体中与激发保护性免疫无关的成分，保留有效的蛋白质抗原成分后制成的疫苗，如流感亚单位疫苗；基因工程疫苗是用基因工程方法制备的疫苗，如基因重组乙型肝炎表面抗原疫苗；结合疫苗是将抗原成分与某种蛋白成分结合而制备、以提高其免疫原性的一类新型疫苗，如脑膜炎球菌多糖结合疫苗；联合疫苗是将两种或两种以上的疫苗混合而制备的疫苗，如百白破疫苗、麻腮风联合减毒活疫苗、23 价肺炎球菌多糖疫苗。

表 2-11　死疫苗与减毒活疫苗的区别

区别要点	灭活疫苗（死疫苗）	减毒活疫苗
制剂	杀死的病原体	活的、弱毒或无毒的病原体
接种剂量及次数	量大、2～3 次	量小、多为 1 次
副作用	较大	较小
免疫效果	较差、0.5～2 年	较好、3～5 年
稳定性及保存	稳定、易保存、有效期约 1 年	不稳定、难保存、4℃冰箱保存数周
常用疫苗	霍乱疫苗、伤寒疫苗、百日咳疫苗、斑疹伤寒疫苗、流行性脑脊髓膜炎疫苗、流行性乙型脑炎疫苗、狂犬病疫苗、流行性感冒疫苗、甲肝疫苗	卡介苗、麻疹疫苗、风疹疫苗、腮腺炎疫苗、水痘疫苗、脊髓灰质炎疫苗、甲肝疫苗

（3）免疫规划及注意事项　免疫规划是根据疫情监测和人群免疫状况分析，按规定的免疫程序，有计划地进行人群免疫接种。以提高人群免疫水平，达到控制和消灭传染病的目的。实施免疫规划须制订合适的免疫程序。我国国家免疫规划疫苗儿童免疫规划程序见表 2-12。

表 2-12　我国国家免疫规划疫苗儿童计划免疫程序

可预防疾病	疫苗种类	接种途径	剂量	英文缩写	接种年龄														
					出生时	1月	2月	3月	4月	5月	6月	8月	9月	18月	2岁	3岁	4岁	5岁	6岁
乙型病毒性肝炎	乙肝疫苗	肌内注射	10 或 20μg	HepB	1	2					3								
结核病[1]	卡介苗	皮内注射	0.1ml	BCG	1														
脊髓灰质炎	脊灰灭活疫苗	肌内注射	0.5ml	IPV		1	2												
	脊灰减毒活疫苗	口服	1 粒或 2 滴	bOPV					3								4		
百日咳、白喉、破伤风	百白破疫苗	肌内注射	0.5ml	DTaP			1		2		3			4					5
麻疹、风疹、流行性腮腺炎	麻腮风疫苗	皮下注射	0.5ml	MMR								1		2					

续表

可预防疾病	疫苗种类	接种途径	剂量	英文缩写	接种年龄														
					出生时	1月	2月	3月	4月	5月	6月	8月	9月	18月	2岁	3岁	4岁	5岁	6岁
流行性乙型脑炎[2]	乙脑减毒活疫苗	皮下注射	0.5ml	JE-L								1			2				
	乙脑灭活疫苗	肌内注射	0.5ml	JE-I								1、2			3				4
流行性脑脊髓膜炎	A 群流脑多糖疫苗	皮下注射	0.5ml	MPSV-A							1		2						
	A 群 C 群流脑多糖疫苗	皮下注射	0.5ml	MPSV-AC												3			4
甲型病毒性肝炎[3]	甲肝减毒活疫苗	反下注射	0.5 或 1.0ml	HepA-L										1					
	甲肝灭活疫苗	肌内注射	0.5ml	HepA-I										1	2				

注：1. 主要指结核性脑膜炎、粟粒性肺结核等。

2. 选择乙脑减毒活疫苗接种时，采用两剂次接种程序，选择乙脑灭活疫苗接种时，采用四剂次接种程序；乙脑灭活疫苗第 1、2 剂间隔 7 ～ 10 天。

3. 选择甲肝减毒活疫苗接种时，采用一剂次接种程序，选择甲肝灭活疫苗接种时，采用两剂次接种程序。

疫苗接种后有时会发生不同程度的局部或全身反应，一般症状较轻，1 ～ 2 天后即恢复正常，个别反应剧烈，甚至出现过敏性休克、接种后脑炎等。为避免意外，有下列情况者不宜做免疫接种：①免疫功能缺陷，特别是细胞免疫功能低下者；②高热、严重心血管疾病、肝肾疾病、活动性结核、活动性风湿热、急性传染病、甲亢、严重高血压、糖尿病及正在应用免疫抑制剂者；③妊娠期及月经期；④湿疹及其他严重皮肤病患者不宜做皮肤划痕接种。

2. 人工被动免疫

（1）概念和特点　人工被动免疫是直接给机体注入免疫应答产物，如免疫血清或人免疫球蛋白制剂，使机体立即获得免疫力。特点：①注入机体的物质是抗体或细胞因子；②免疫力出现快，抗体进入机体立即生效；③免疫力维持时间短，一般 2 ～ 3 周。④常用于传染病的紧急预防和治疗。

（2）常用生物制品

1）抗毒素：是以细菌的类毒素或毒素作为抗原，免疫动物所获得的特异性免疫球蛋白。因系人体的异体蛋白，具有抗原性，可引起超敏反应。一般是用类毒素多次给马注射，待其产生大量抗体后，取其血清并提纯而制成。常用的有破伤风抗毒素（TAT）、白喉抗毒素等。抗毒素主要用于细菌外毒素所致疾病的紧急预防和特异性治疗。原则上要求早期、足量使用。使用前须皮试，避免发生超敏反应。

2）非特异性免疫球蛋白：包括正常人血浆丙种球蛋白（IgG、IgM）和健康产妇胎盘丙种球蛋白（IgG）。前者是从正常人血浆中提取，后者是从健康产妇胎盘血中提取。常用于麻疹、脊髓灰质炎、甲型肝炎等疾病的潜伏期治疗或紧急预防。另外，丙种球蛋白缺乏症的患者需长期注射此制剂，以维持抵抗力。

3）人特异性免疫球蛋白：从某传染病恢复期患者的血浆中提取的特异性免疫球蛋白，或从接种疫苗、类毒素者血浆中提取的高效价抗体。如用于紧急预防乙型肝炎病毒感染的 HBIg。

4）细胞免疫制剂：如转移因子、胸腺素、免疫核糖核酸、干扰素等。多用于治疗病毒感染（如乙型肝炎、尖锐湿疣等）及肿瘤。

考点 人工主动免疫与人工被动免疫的区别

（二）免疫治疗

应用免疫学理论与方法，通过主动或被动方法调节人体免疫机制，治疗相关疾病的一种生物治疗策略。包括免疫调节和免疫重建治疗。

1. 免疫调节　是用人为措施调节机体的免疫功能状态，使免疫功能增强或减弱。生物应答调节剂是一类具有广泛免疫生物学活性的制剂。包括细胞因子、活化的免疫细胞、单克隆抗体及其偶联物、分子疫苗等，主要用于肿瘤的生物治疗。免疫抑制剂是一类通过抑制细胞及体液免疫反应而使组织损伤得以减轻的化学或生物物质，如环磷酰胺、甲氨蝶呤、糖皮质激素等。常用的免疫治疗制剂见表 2-13。

表 2-13　常用的免疫治疗制剂

药物类型	生物应答调节剂	免疫抑制剂
合成药物	左旋咪唑、西咪替丁	糖皮质激素、环磷酰胺、甲氨蝶呤
微生物制剂	卡介苗、短小棒状杆菌	环孢素 A、他克莫司
生物制品	细胞因子、免疫核糖核酸、胸腺肽	抗淋巴细胞血清、单克隆抗体
中草药	猪苓、灵芝	雷公藤等

2. 免疫重建　是将免疫功能正常个体的造血干细胞或淋巴干细胞移植给免疫功能缺陷患者，使后者的免疫功能得到恢复。其主要包括骨髓移植、胚胎肝移植、脐带血干细胞移植，常用于治疗免疫缺陷病、再生障碍性贫血及白血病等。

自　测　题

一、名词解释

1. 抗体　2. 免疫球蛋白　3. 单克隆抗体　4. 固有免疫应答　5. 适应性免疫应答　6. 体液免疫　7. 细胞免疫　8. 免疫耐受

9. 超敏反应　10. 变应原　11. 人工主动免疫
12. 人工被动免疫　13. 类毒素　14. 疫苗

二、单项选择题

1. B 淋巴细胞成熟的器官是（　　）
A. 胸腺　B. 骨髓　C. 脾脏
D. 扁桃体　E. 阑尾

2. T 淋巴细胞成熟的器官是（　　）
A. 胸腺　B. 骨髓　C. 脾脏
D. 扁桃体　E. 阑尾

3. 既是 APC 又能吞噬杀菌的细胞是（　　）
A. B 淋巴细胞　B. T 淋巴细胞
C. 肥大细胞　D. 巨噬细胞
E. 补体

4. 活化后能合成分泌抗体的细胞是（　　）
A. B 淋巴细胞　B. T 淋巴细胞
C. 树突状细胞　D. 巨噬细胞
E. 肥大细胞

5. T 淋巴细胞表面特异性识别结合抗原的结构是（　　）
A. TCR　B. CD4　C. CD3
D. CD8　E. BCR

6. 决定抗原特异性的基础是（　　）
A. 抗原的大小　B. 抗原载体性质
C. 抗原的化学组成　D. 抗原决定簇
E. 抗原的物理状态

7. 半抗原缺乏什么特性（　　）
A. 免疫原性　B. 免疫反应性
C. 特异性　D. 专一性
E. 稳定性

8. 引起新生儿溶血的抗原属于（　　）
A. 同种异型抗原　B. 异嗜性抗原
C. 异种抗原　D. 自身抗原
E. 半抗原

9. 哪种物质对人体来说不是抗原（　　）
A. 动物的免疫血清
B. 异体移植组织
C. 未成熟的红细胞
D. 异型血型的红细胞
E. 自身晶状体蛋白

10. 交叉反应是由于两种不同抗原中有（　　）
A. 共同的相对质量
B. 相似的结构
C. 同种异型抗原
D. 共同抗原表位
E. 不同的抗原表位

11. 血清中发挥抗感染作用的主要抗体是（　　）
A. IgG　B. IgM　C. IgA
D. IgE　E. IgD

12. 抗体发挥的免疫效应有（　　）
A. 中和作用　B. 调理作用
C. 激活补体　D. ADCC
E. 以上都是

13. 能够发挥细胞免疫效应的主要是（　　）
A. 抗体　B. Th1 和 Tc 细胞
C. 补体　D. 干扰素
E. 溶菌酶

14. 下列有关单克隆抗体特点的叙述中错误的是（　　）
A. 特异性强
B. 灵敏度高
C. 高度的均一性
D. 对 pH、温度及盐类浓度耐受性强
E. 效价高

15. 介导体液免疫的细胞是（　　）
A. T 淋巴细胞　B. B 淋巴细胞
C. 巨噬细胞　D. 肥大细胞
E. NK 细胞

16. 下列哪种免疫球蛋白在过敏症患者血清中浓度可升高（　　）
A. IgG　B. IgA　C. IgM
D. IgE　E. IgD

17. 机体抵抗病原体入侵的第一道防线是（　　）
A. 完整的皮肤与黏膜屏障
B. 血 - 脑屏障　C. 胎盘屏障
D. 吞噬细胞　E. 补体

18. 免疫应答的识别阶段中主要参与识别、摄取、

加工、提呈抗原信息的细胞是（　　）

A. 红细胞　B. T 淋巴细胞

C. NK 细胞　D. 单核巨噬细胞

E. 血小板

19. 近期感染时血清中何种特异性抗体的浓度升高（　　）

A. IgG　B. IgM　C. IgA

D. IgE　E. IgD

20. 免疫球蛋白结构中含有一个分泌片的是（　　）

A. IgG　B. IgA　C. IgM

D. sIgA　E. IgE

21. 青霉素过敏引起的休克属于哪种类型的超敏反应（　　）

A. Ⅰ型超敏反应　B. Ⅱ型超敏反应

C. Ⅲ型超敏反应　D. Ⅳ型超敏反应

E. Ⅲ、Ⅳ型超敏反应

22. 下列超敏反应由 IgE 参与的是（　　）

A. 过敏性鼻炎　B. 接触性皮炎

C. 新生儿溶血病　D. 类风湿性关节炎

E. 甲状腺功能亢进

23. 下列疾病由 T 淋巴细胞介导的是（　　）

A. 荨麻疹　B. 接触性皮炎

C. 输血反应　D. 类风湿性关节炎

E. 过敏性鼻炎

24. 下列疾病属于Ⅲ型超敏反应的是（　　）

A. 荨麻疹　B. 接触性皮炎

C. 输血反应　D. 类风湿性关节炎

E. 移植排斥反应

25. 以下免疫学检测可用于检测颗粒性抗原的是（　　）

A. 沉淀反应　B. 凝集反应

C. ELISA　D. 对流免疫电泳

E. 免疫比浊法

26. ELISA 双抗体夹心法可检测（　　）

A. 酶标抗原　B. 酶标抗体

C. 大分子抗原　D. 抗体

E. 底物

27. 对于过敏性胃肠炎的患者，其发生超敏反应的机制是由于变应原进入机体，刺激机体产生了哪种类型的抗体而引发过敏反应（　　）

A. IgD　B. IgG　C. IgE

D. IgM　E. IgA

28. 有关Ⅰ型超敏反应的说法不正确的是（　　）

A. 主要引起生理功能紊乱

B. 补体参与

C. 反应发生快，消退也快

D. 有明显的个体差异

E. 有遗传倾向

29. 患者在接受青霉素皮试后 2min 左右突然出现胸闷、呼吸困难、面色苍白、手足发凉等表现。该患者最可能是发生了（　　）

A. 接触性皮炎　B. 血清病

C. 过敏性休克　D. 阿蒂斯反应

E. 类风湿性关节炎

30. 关于人工主动免疫的特点，正确的是（　　）

A. 接种物为抗体

B. 仅用于治疗疾病

C. 接种一段时间后获得免疫力

D. 免疫力维持时间短

E. 接种物均为活疫苗

三、简答题

1. 列表说明临床上常见的抗原种类。
2. 简述免疫系统的组成及其功能。
3. 简述免疫球蛋白的生物学作用。
4. 比较各类免疫球蛋白的主要特性。
5. 比较固有免疫应答与适应性免疫应答的特点。
6. 简述适应性免疫应答的基本过程。
7. 简述抗体产生的一般规律。
8. 比较体液免疫与细胞免疫的生物学效应。
9. 简述Ⅰ型超敏反应的特点及其发生机制。
10. 列表比较人工主动免疫和人工被动免疫的区别。

（阎荟静　李　慧　刘金晔）

第3章 常见细菌

学习目标

1. 素质目标　具有学生的健康服务意识和科学探究精神。

2. 知识目标　掌握常见细菌的生物学特性和防治原则；熟悉常见细菌的致病性和微生物学检查；了解常见细菌的免疫性。

3. 能力目标　提高预防和控制细菌性疾病的能力。

绝大多数细菌对人类是有益的，有些甚至是必需的，如可利用细菌制备抗生素、维生素和疫苗等。但也有少数细菌可引起化脓性疾病、食物中毒、破伤风等疾病。常见细菌按照生物学性状和致病性的特点可分为化脓性球菌、肠道杆菌、弧菌、厌氧性细菌、分枝杆菌等。

课程思政：传染病患者的守护天使——王新华

2019年“最美医生”王新华是解放军总医院第五医学中心妇产科护士长，在与传染病斗争的27年中，王新华护理了60多种感染性疾病、39种法定传染病患者，出现在绝大多数重大传染病疫情的主战场。不同于其他医院的妇产科科室，这里接纳的大多数患者，都是患有传染病的孕妇。她在妇产科的9年来，有3000多名传染病产妇顺利生产。通过科学的治疗和护理，98%的新生儿为健康的宝宝。2015年王新华获得了第45届南丁格尔奖章，用生命践行着南丁格尔的誓言。王新华这样的最美医生是在卫生健康事业领域奋斗的优秀典型，是全行业乃至全社会学习的榜样。

第1节　化脓性球菌

化脓性球菌是一类能够引起化脓性炎症的球菌，主要包括革兰氏阳性的葡萄球菌属、链球菌属和革兰氏阴性的奈瑟菌属。

一、葡萄球菌属

案例3-1

患者，男，16岁。主诉及病史：寒战高热（体温40℃），一日数发，神志恍惚。全身多发性脓肿，局部红肿热痛。发病2天后就诊住院，查血白细胞28 000/mm^3，中性粒细胞0.90，淋巴细胞0.10。经血培养可见圆形、中等大小、金黄色菌落。经微生物学检查，镜下见革兰氏阳性菌，球形，葡萄串状排列。

问题：患者可能感染哪种微生物引起的疾病？本病如何预防和用药？

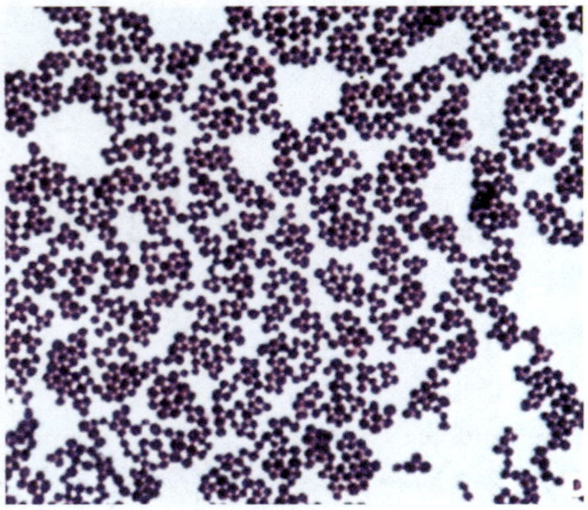

图 3-1 葡萄球菌（革兰氏染色，油镜，×1000）

葡萄球菌属是最常见的化脓性细菌，因排列堆积成葡萄串状而得名，80% 以上的化脓性疾病由它引起。医务人员的带菌率可高达 70%，是医院感染的重要传染源。

（一）生物学性状

1. 形态与染色　球形，直径 0.5 ～ 1.5μm，在固体培养基上常呈典型的葡萄串状排列（图 3-1），在脓汁或液体培养基中常成双或呈短链状排列。革兰氏染色阳性，衰老、死亡或被中性粒细胞吞噬后的菌体常转为革兰氏阴性。

考点 葡萄球菌的形态特点与染色性

2. 培养特性与生化反应　在普通培养基上生长良好，最适生长温度为 37℃，最适 pH7.4，需氧或兼性厌氧。耐盐性强，能在含 10% ～ 15%NaCl 培养基中生长。液体培养基中均匀浑浊生长。普通琼脂平板上形成圆形、凸起、边缘整齐、表面光滑、湿润、不透明的菌落。不同菌株可产生金黄色、白色、柠檬色等不同颜色的脂溶性色素，有助于鉴别细菌。在血琼脂平板上，有的菌株菌落周围形成明显的全透明溶血环（β 溶血）。触酶试验阳性，多数菌株能分解葡萄糖、麦芽糖和蔗糖，产酸不产气。致病性菌株能分解甘露醇。

3. 抗原结构　有 30 多种，其中最重要的为葡萄球菌 A 蛋白（SPA），SPA 是存在于细胞壁的一种表面蛋白，90% 以上金黄色葡萄球菌有此抗原。其次，还有荚膜抗原、多糖抗原等。

4. 分类　根据色素和生化反应的不同分为：金黄色葡萄球菌、表皮葡萄球菌和腐生葡萄球菌 3 种，其主要生物学性状见表 3-1。

表 3-1　葡萄球菌的主要生物学性状

性状	金黄色葡萄球菌	表皮葡萄球菌	腐生葡萄球菌
色素	金黄色	白色	白色或柠檬色
血浆凝固酶试验	+	−	−
甘露醇发酵	+	−	−
α 溶血素	+	−	−
耐热核酸酶	+	−	−
葡萄球菌 A 蛋白	+	−	−
致病性	致病菌	条件致病菌	条件致病菌

5. 抵抗力　在无芽孢细菌中抵抗力最强，在干燥的脓汁、痰液中可存活数月；加热 80℃、30min 才被杀死；对碱性染料敏感，如 1 ∶ 200 000 ～ 1 ∶ 100 000 结晶紫溶液可抑制其生长，故常用 2% ～ 4% 的结晶紫溶液治疗皮肤黏膜感染。随着抗生素的广泛使

用，耐药菌株逐年增多。目前，金黄色葡萄球菌对青霉素 G 的耐药菌株已达 90% 以上，尤其是耐甲氧西林金黄色葡萄球菌（MRSA）已成为医院感染最常见的致病菌。

考点 葡萄球菌的培养特点与抵抗力

（二）致病性

1. 致病物质　葡萄球菌有多种致病物质，主要的致病物质见表 3-2。

表 3-2　葡萄球菌的主要致病物质、致病机制、致病特点及临床意义

致病物质	致病机制	致病特点	临床意义
血浆凝固酶	沉积在病灶周围或菌体表面，使人的血浆凝固	阻止吞噬，保护细菌 化脓性感染：脓汁黏稠，病灶界线分明，不易扩散	鉴别葡萄球菌有无致病性
溶血素	损伤细胞膜	溶解红细胞等	局部组织缺血或坏死
杀白细胞素	攻击白细胞	抵抗吞噬	增强葡萄球菌侵袭力
肠毒素（耐热外毒素）	抗胃蛋白酶水解	腹泻	食物中毒

考点 葡萄球菌血浆凝固酶和肠毒素的致病特点

链 接　金黄色葡萄球菌肠毒素

金黄色葡萄球菌代谢过程中产生的蛋白类水溶性毒素，由 18 种氨基酸组成，根据其血清学特征的不同，目前已发现 A、B、C、D、E 五种类型。葡萄球菌肠毒素对热抵抗力极强，100℃加热 30min 仍能保持活性。A 型肠毒素毒力最强，引起食物中毒者最多，摄入 1μg 即能引起中毒，但耐热性最差，B 型最耐热，C 型次之。肠毒素是金黄色葡萄球菌引起食物中毒的主要因素，可引起急性胃肠炎。

2. 所致疾病

（1）化脓性感染

1）局部感染：①皮肤软组织感染，如毛囊炎、疖、痈、睑腺炎、甲沟炎、伤口化脓等。病灶局限，界线清楚，脓汁黏稠（图 3-2）。②内脏器官感染，如肺炎、中耳炎、胸膜炎等。

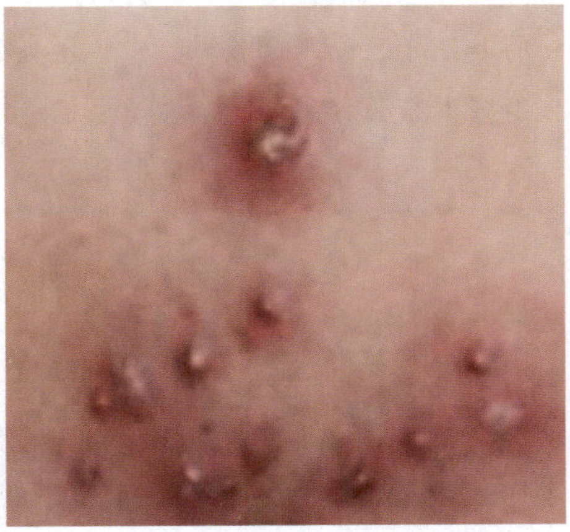

图 3-2　葡萄球菌引起的疖肿

2）全身感染：若外力挤压疖、痈或切开未成熟脓肿可导致细菌扩散，引起败血症、脓毒血症等。

（2）毒素性疾病　一般由金黄色葡萄球菌产生的外毒素引起。

1）食物中毒：由肠毒素引起。食入含肠毒素的食物 1 ～ 6h 后出现恶心、呕吐、腹痛、腹泻等急性胃肠炎症状。发病 1 ～ 2 天可自行恢复，预后良好。

2）葡萄球菌性肠炎（假膜性肠炎）：是一种菌

群失调症。由于长期使用广谱抗生素，导致杀灭肠道中不耐药的优势菌群，使耐药的金黄色葡萄球菌大量繁殖产生肠毒素，引起以腹泻为主的临床症状，病理特点是肠黏膜覆盖一层炎性假膜。

考点 葡萄球菌引起的主要疾病

（三）微生物学检查

1. 标本　根据不同疾病采取不同标本，如脓汁、血液、呕吐物、粪便等。

2. 直接涂片镜检　取标本直接涂片，革兰氏染色后油镜下观察，发现革兰氏阳性球菌，葡萄串状排列，可作初步诊断。

3. 分离培养和鉴定　将脓汁标本接种血琼脂平板（血液标本需先增菌），培养后挑取可疑菌落涂片革兰氏染色，根据菌体形态、染色性、菌落特征、血浆凝固酶试验、甘露醇发酵试验及耐热核酸酶试验等进行鉴定。

4. 肠毒素检查　目前主要采用免疫学检测肠毒素，其中 ELISA 较多见，可检测到纳克水平的肠毒素，且能在 30min 内完成。

5. 药品的微生物学检查　《中华人民共和国药典》规定了非无菌药品微生物限量标准，即口腔黏膜给药制剂、呼吸道吸入给药、耳用、皮肤给药、泌尿生殖道及直肠给药制剂中，不得检出金黄色葡萄球菌。

（四）防治原则

1. 讲究卫生，保持皮肤清洁，创伤应及时消毒处理，严格无菌操作，防止医源性感染。

2. 加强食品卫生监督管理，防止食物中毒。

3. 治疗选用敏感的抗菌药物，合理使用抗生素，可用 β- 内酰胺类抗生素治疗，但应防止耐药菌株形成。

考点 葡萄球菌感染的防治原则

链 接 抗菌药青霉素的发现

青霉素首先由英国细菌学家、生物化学家、微生物学家亚历山大·弗莱明（Alexander Fleming）在 1928 年发现。后英国病理学家弗劳雷、德国生物化学家钱恩进一步研究改进，并成功地将其用于医治人的疾病，三人共获诺贝尔生理学或医学奖。青霉素的发现，使人类找到了一种具有强大杀菌作用的药物，结束了传染病几乎无法治疗的时代。从此出现了寻找抗生素新药的高潮，人类进入了合成新药的新时代。

二、链球菌属

案例 3-2

患儿，男，8 岁。猩红热病后 20 天，出现眼睑水肿、血尿。查体：体温 39℃，血压 130/100mmHg。实验室检查：尿红细胞（+++），颗粒管型 3 ～ 5 个 / 高倍视野。

问题：1. 猩红热是哪种微生物引起的疾病？

2. 患儿继猩红热后可能发生了何种疾病？

链球菌属是引起化脓性感染的另一大类常见细菌，呈链状或成双排列，革兰氏阳性球菌。链球菌广泛分布于自然界、人鼻咽部及胃肠道等处，多为人体正常菌群，少数为致病性链球菌。对人致病的主要是 A 群链球菌和肺炎链球菌。

链球菌根据溶血现象不同可分为甲型溶血性链球菌、乙型溶血性链球菌和丙型链球菌 3 种，其溶血现象及致病性见表 3-3；根据细胞壁中多糖抗原的不同可分为 20 群，对人致病的球菌 90% 属于 A 群，A 群链球菌根据 M 抗原不同可分成 150 个型。

表 3-3 链球菌的溶血现象及致病性

链球菌类别	溶血名称	溶血现象	致病性
甲型溶血性链球菌	α 溶血	草绿色溶血环	条件致病菌
乙型溶血性链球菌	β 溶血	宽大透明溶血环	致病性强
丙型链球菌	γ 溶血	无溶血环	一般无致病性

（一）A 群链球菌

1. 生物学性状

（1）形态与染色　球形或椭圆形，直径 0.6 ～ 1μm，链状排列，长短不一，链的长短与菌种、生长环境有关，幼龄菌大多可见到透明质酸形成的荚膜，革兰氏染色阳性（图 3-3）。

考点 链球菌的形态特点与染色性

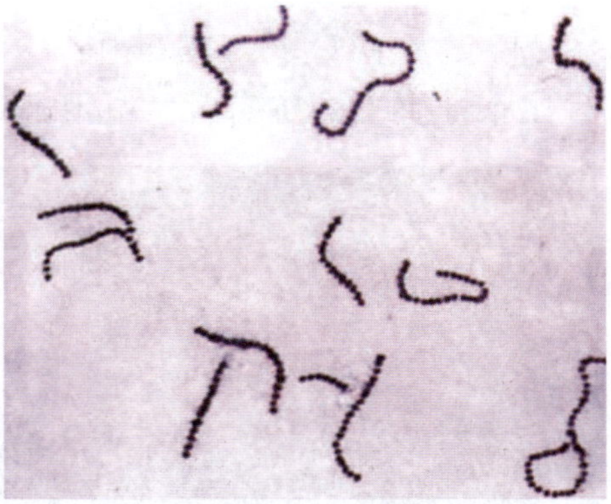

图 3-3　链球菌（革兰氏染色，油镜，×1000）

（2）培养特性与生化反应　营养要求高，在含血清或血液的培养基上生长良好。最适生长温度为 35 ～ 37℃，最适 pH7.4 ～ 7.6，需氧或兼性厌氧，少数为专性厌氧。在血琼脂平板上可形成圆形、灰白色、表面光滑、透明或半透明的细小菌落，不同菌株溶血情况不一。在液体培养基中形成絮状沉淀于管底。能分解葡萄糖，一般不分解菊糖，不被胆汁溶解。

（3）抗原结构　A 群链球菌抗原构造较复杂，主要有多糖抗原（C 抗原）、蛋白质抗原（表面抗原）、核蛋白抗原（P 抗原）等。

（4）抵抗力　不强，加热 60℃ 30min 死亡。在干燥尘埃中可存活数月，对常用消毒剂敏感。对青霉素、红霉素、氯霉素、四环素和磺胺类药等均敏感。

考点 链球菌的培养特点与抵抗力

2. 致病性

（1）致病物质　A 群链球菌的主要致病物质有：菌体表面结构物质、侵袭性酶及外毒素（表 3-4）。

表 3-4 链球菌的主要致病物质及致病机制

致病物质		致病机制	致病特点	临床意义
菌体表面结构物质	脂磷壁酸	黏附作用	定居在皮肤和黏膜等表面	增强侵袭力
	M 蛋白	抗吞噬作用	刺激机体产生特异性抗体	引起超敏反应，损伤心脏、肾脏等
侵袭性酶	透明质酸酶	分解细胞间质的透明质酸	使细菌易在组织中扩散	增强侵袭力
	链激酶	激活纤维蛋白酶原	溶解血块或阻止血液凝固	
	链道酶	分解脓液中高黏性 DNA	使脓液稀薄，利于细菌扩散	
外毒素	链球菌溶血素：溶血素 O（SLO）、溶血素 S（SLS）	溶解红细胞、破坏白细胞及损害心肌作用	SLO 免疫原性强，可刺激机体产生 SLO 抗体（抗 O 抗体）	抗 O 试验有助于诊断链球菌感染和风湿热
	致热外毒素（猩红热毒素）	机体具有致热作用和细胞毒作用	引起发热和皮疹	人类猩红热

考点 链球菌透明质酸酶和致热外毒素的特点

（2）所致疾病　链球菌可引起人类多种疾病，其中 A 群链球菌占 90% 以上，主要有化脓性感染、中毒性疾病和超敏反应性疾病三类。

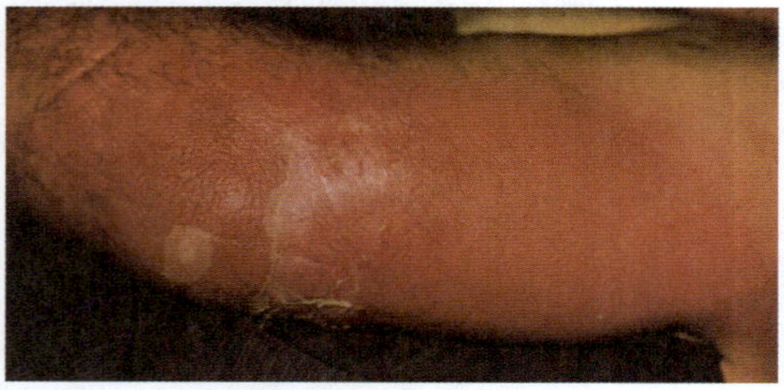

图 3-4　链球菌引起的皮下组织感染

1）化脓性感染：①局部皮肤及皮下组织感染，如丹毒、淋巴管炎、蜂窝织炎、痈、脓疱疮等。病灶弥漫，界线不清，脓汁稀薄（图 3-4）。②其他系统感染，如扁桃体炎、咽炎、鼻窦炎、中耳炎及产褥热等。

2）中毒性疾病：主要是猩红热，多见于小儿，是由产生致热外毒素的 A 群链球菌引起的呼吸道传染病。临床特征为发热、全身弥漫性鲜红色皮疹及皮疹退后明显的脱屑。

3）超敏反应性疾病：主要有风湿热和急性肾小球肾炎，在链球菌感染后继发，其致病机制是Ⅱ型超敏反应和Ⅲ型超敏反应。风湿热临床表现以关节炎、心肌炎为主。急性肾小球肾炎多见于儿童和少年，临床表现为蛋白尿、水肿和高血压。

甲型溶血性链球菌可引起亚急性细菌性心内膜炎。

考点 链球菌引起的主要疾病

3. 微生物学检查法

（1）标本　根据不同疾病采集不同的标本，如脓汁、鼻咽拭子、血液等。

（2）直接涂片镜检　脓液标本可直接涂片进行革兰氏染色后镜检，发现典型链状排列的革兰氏阳性球菌可初步诊断。

（3）分离培养和鉴定　将标本接种于血琼脂平板，培养后挑取可疑菌落涂片染色镜检，根据菌体形态、染色性、菌落特点、溶血性及有关试验进行鉴定。

（4）血清学试验 抗链球菌溶血素O试验简称抗O试验，用于风湿热的辅助诊断。风湿热患者血清中抗O抗体比正常人显著增高，大多在250U左右，活动性风湿热患者一般超过400U。

考点 抗O试验的意义

4. 防治原则

（1）讲究卫生，及时治疗患者和带菌者，控制或减少传染源。

（2）早期彻底治疗咽炎、扁桃体炎，防止风湿热、急性肾小球肾炎的发生。

（3）链球菌感染可用青霉素、红霉素、氯霉素、四环素和磺胺类药等药物进行治疗。

考点 链球菌感染的防治原则

（二）肺炎链球菌

肺炎链球菌简称肺炎球菌，常寄居于正常人的鼻咽腔中，多不致病，少数菌株可以引起大叶性肺炎等疾病。

1. 生物学性状

（1）形态与染色 菌体呈矛头状，多成双排列，钝端相对，尖端向外。在痰液、脓汁、肺组织病变中亦可呈单个或短链状。在机体内或含血清培养基中可形成厚荚膜，革兰氏染色阳性（图3-5）。

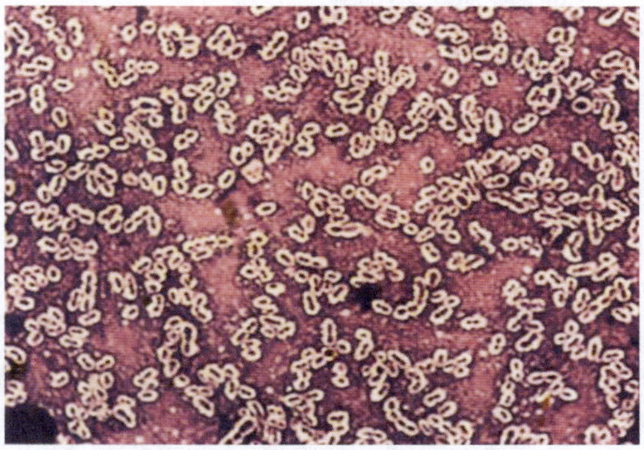

图3-5 肺炎链球菌（荚膜染色，油镜，×1000）

（2）培养特性 营养要求较高，在含血液或血清的培养基中生长。最适合生长温度为37℃，pH为7.4～7.8，兼性厌氧。在血琼脂平板上生长的菌落细小、圆形、光滑、扁平、透明或半透明，菌落周围有狭窄的草绿色溶血环。

（3）抗原结构 主要有荚膜多糖抗原和C多糖，其中C多糖为一种特异性抗原，对活动性风湿热及急性炎症的诊断有一定意义。

（4）抵抗力 较弱，56℃ 15～30min即被杀死。对一般消毒剂敏感，在3%苯酚或0.1%氯化汞溶液中1～2min即死亡。有荚膜菌株在干燥痰中抵抗力较强，可存活1～2个月。对青霉素、红霉素、林可霉素等敏感。

2. 致病性与免疫性

（1）致病物质 主要致病物质是荚膜。此外，溶血素O、紫癜形成因子及神经氨酸酶等物质也与致病性有关。

（2）所致疾病 作为寄居在人体上呼吸道的正常菌群，一般不致病，当机体免疫力降低时，可引起大叶性肺炎。患者发病急，发热、咳嗽、胸痛、咳铁锈色痰。可继发胸膜炎、脓胸、中耳炎、乳突炎、鼻窦炎、脑膜炎和败血症等。

（3）免疫性　病后可建立较牢固的特异性免疫，其免疫机制是产生抗荚膜多糖抗体，增强吞噬功能。

3. 微生物学检查　根据不同疾病采集不同标本，如痰液、脓液、血液、脑脊液等。可直接涂片镜检，如发现有荚膜的革兰氏阳性双球菌，即可作出初步诊断。

4. 防治原则　锻炼身体，增强体质，提高机体免疫力。用荚膜多糖疫苗接种进行特异性预防。可用青霉素、林可霉素、头孢菌素等进行治疗。

考点 肺炎链球菌生物学性状

三、奈瑟菌属

奈瑟菌属是一群革兰氏染色阴性双球菌，多呈肾形或豆形，无芽孢，无鞭毛，有菌毛和荚膜，专性需氧菌。其中对人致病的只有脑膜炎奈瑟菌及淋病奈瑟球菌，其他奈瑟菌多为人体呼吸道的正常菌群。

（一）脑膜炎奈瑟菌

脑膜炎奈瑟菌简称脑膜炎球菌，是流行性脑脊髓膜炎的病原菌。

1. 生物学性状

（1）形态与染色　肾形或豆形，成双排列，凹面相对，有菌毛，革兰氏染色阴性。在脑脊液中细菌多位于中性粒细胞内，形态典型，具有早期诊断的价值。新分离菌株多有荚膜和菌毛（图 3-6）。

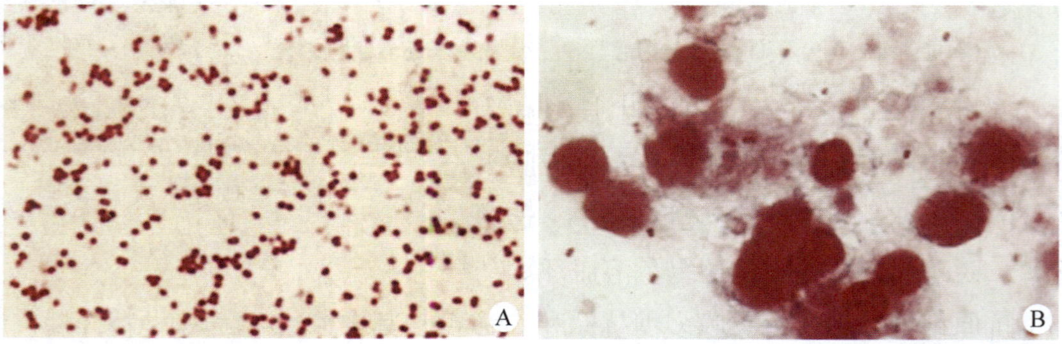

图 3-6　脑膜炎奈瑟菌

A. 纯培养涂片（革兰氏染色，油镜，×1000）；B. 脑脊液涂片（革兰氏染色，油镜，×1000）

（2）培养特性　营养要求高，在含有血清或血液等的培养基中才能生长。专性需氧，初次分离需 5% ～ 10%CO_2。在巧克力色血琼脂平板上形成圆形、隆起、光滑、无色透明似露滴状的细小菌落。能产生自溶酶，超过 48h 常死亡。能分解糖类，产酸不产气。

（3）抗原结构　主要有荚膜多糖群特异性抗原、外膜蛋白型特异性抗原、脂多糖抗原和核蛋白抗原。

（4）抵抗力　抵抗力弱，对热、寒冷、干燥及常用消毒剂均敏感。室温中 3h 死亡，可产生自溶酶，所以标本应注意保温、保湿，最好床边接种。对青霉素、磺胺类药均敏感，但易产生耐药性。

2. 致病性与免疫性

（1）致病物质 ①荚膜：具有抗吞噬作用，能增强细菌的侵袭力。②菌毛：能使细菌黏附在呼吸道上皮细胞表面，有利于细菌在机体体内附着、定居和繁殖。③内毒素：是主要致病物质，其作用于小血管或毛细血管，引起血栓、出血。

（2）所致疾病 流行性脑脊髓膜炎（简称流脑）。脑膜炎球菌常寄生于正常人的鼻咽腔，传染源是患者和带菌者。主要通过呼吸道或接触到被污染的物品传播，冬春季流行，流行期间人群中带菌率可高达 70%，易感者多为 15 岁以下儿童。该菌首先侵入鼻咽部繁殖。发病轻重与机体免疫力有关，机体免疫力强者，多无症状或只表现上呼吸道炎症；少数机体免疫力低下者，细菌大量繁殖后入血引起菌血症或败血症，患者突然出现寒战、高热、恶心、呕吐、皮肤黏膜出血点或瘀斑，重者可由细菌突破血 - 脑屏障引起脑脊髓膜化脓性炎症，出现剧烈头痛、喷射性呕吐、颈项强直等脑膜刺激症状，甚至可出现脓毒症休克、弥散性血管内凝血或死亡。

（3）免疫性 以体液免疫为主。6 个月内的婴儿通过母体获得 IgG，很少发生感染。

3. 微生物学检查

（1）标本 可取脑脊液、血液或出血瘀斑渗出液作涂片或培养。带菌者检查可取鼻咽拭子。标本注意保温、保湿，并立即送检。

（2）直接涂片镜检 取标本涂片，革兰氏染色后镜检。如在中性粒细胞内、外有革兰氏阴性双球菌，可初步诊断。

（3）分离培养与鉴定 血液或脑脊液先增菌，再接种到巧克力色血琼脂平板上，提供 5% ～ 10%CO_2 进行培养，取可疑菌落进行涂片镜检、生化反应和玻片凝集试验鉴定。

（4）快速诊断法 患者脑脊液和血清中含有脑膜炎奈瑟菌可溶性抗原，可用已知特异抗体快速检测相应抗原。常用方法有对流免疫电泳和 SPA 协同凝集试验等。

4. 防治原则 对患者做到早发现、早隔离、早治疗；对易感儿童注射流脑荚膜多糖疫苗进行特异性预防，流行期间可口服磺胺类药物预防；治疗流脑首选青霉素和磺胺类药物，也可用氯霉素或氨苄西林等。

考点 脑膜炎奈瑟菌的生物学性状

（二）淋病奈瑟球菌

淋病奈瑟球菌简称淋球菌，是淋病的病原体。主要经性接触传播，常引起泌尿生殖道黏膜化脓性感染。

1. 生物学性状

（1）形态与染色 形态与脑膜炎奈瑟菌相似，肾形或豆形，成双排列，革兰氏染色阴性。急性期标本中本菌常位于中性粒细胞内，慢性期则多位于中性粒细胞外。有菌毛，分离初期有荚膜（图 3-7）。

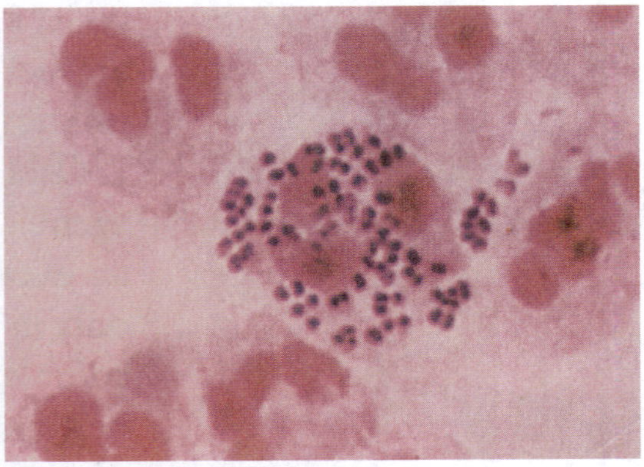

图 3-7 淋病奈瑟球菌（革兰氏染色，油镜，×1000）

（2）培养特性　营养要求高，常用巧克力色血琼脂培养基培养。最适生长温度为 35 ～ 36 ℃，最适 pH7.5，专性需氧，初次分离需 5% ～ 10%CO_2。在巧克力色血琼脂平板上形成圆形、隆起、光滑、半透明、灰白色的细小菌落。

（3）抗原结构　主要有菌毛蛋白抗原、外膜蛋白抗原和脂寡糖抗原。

（4）抵抗力　抵抗力弱，对热、寒冷、干燥及常用消毒剂极敏感。对青霉素、磺胺类药和链霉素等均敏感，但耐药菌株越来越多。

2. 致病性

（1）致病物质　主要有荚膜、菌毛、外膜蛋白、IgA_1 蛋白酶、脂寡糖等。

（2）所致疾病　淋病。淋病是发病率最高的性传播疾病，人是其唯一宿主，传染源为患者和带菌者，经性接触传染，也可经患者分泌物污染的衣物、毛巾、浴盆等间接传染，引起男、女泌尿生殖道化脓性感染。潜伏期 2 ～ 5 天，感染初期表现为男性尿道炎、女性尿道炎与宫颈炎，患者出现尿频、尿急、尿痛，尿道、宫颈有脓性分泌物等症状。如不及时治疗可扩散到生殖系统，引起慢性感染和不孕症。新生儿可经产道感染引起淋病性眼结膜炎（脓漏眼）。

3. 微生物学检查

（1）标本　采取泌尿生殖道、眼结膜脓性分泌物作标本，注意保湿保温，尽快送检。

（2）直接涂片镜检　标本直接涂片，革兰氏染色镜检，如在中性粒细胞内发现有革兰氏阴性双球菌，具有诊断意义。

（3）分离培养与鉴定　将标本接种于预温的巧克力色血琼脂平板上，提供 5% ～ 10%CO_2 培养 24 ～ 48h，挑选可疑菌落涂片染色镜检，进一步鉴定可作氧化酶试验、糖发酵试验、免疫荧光试验等。

（4）核酸检测　采用聚合酶链反应（PCR）检测淋病奈瑟球菌的核酸序列。

4. 防治原则　预防淋病应加强卫生宣教、避免不洁性关系。婴儿出生时，应常规以 1% 硝酸银滴眼。治疗可使用青霉素等药物，在治疗淋病患者的同时，还应该治疗其性伴侣。因耐药菌株不断增加，须根据药物敏感试验结果来指导临床用药。

考点 淋病的传染途径及防治原则

第 2 节　肠道杆菌

肠道杆菌是一大群生物学性状相似的革兰氏阴性杆菌，常寄居于人和动物肠道内，随粪便排出体外，广泛分布于土壤和水中。多数为肠道正常菌群，但当人体免疫力降低或该菌侵入肠外部位时，可成为条件致病菌。少数为致病菌，如致病性大肠埃希菌、沙门菌、志贺菌等。

肠道杆菌具有下列共同特性。

1. 形态与结构　中等大小的革兰氏阴性杆菌，散在排列，无芽孢，多数有菌毛和周鞭毛，少数有荚膜。

2. 培养特性　需氧或兼性厌氧，营养要求不高，在普通琼脂培养基上可形成中等大小、湿润光滑的灰白色菌落，在液体培养基中呈均匀浑浊生长。

3. 生化反应　生化反应活泼，能分解多种糖类和蛋白质，产生不同的代谢产物，常用于鉴别细菌。如乳糖发酵试验可初步鉴别肠道致病菌与非致病菌，多数肠道致病菌不分解乳糖，菌落无色；非致病菌则一般分解乳糖产酸，形成有色菌落。

4. 抗原结构　主要有菌体抗原（O 抗原）、鞭毛抗原（H 抗原）和表面抗原（大肠埃希菌 K 抗原、伤寒沙门菌 Vi 抗原等）3 种，常用于肠道杆菌的免疫学分群和分型。

5. 抵抗力　抵抗力不强，加热 60℃ 30min 即死亡。易被一般消毒剂杀灭，常用含氯制剂进行饮水消毒。

考点　肠道杆菌的共同特性

一、埃希菌属

埃希菌属的细菌一般为人和动物肠道中的正常菌群，个别是肠道益生菌，能合成维生素 B 和维生素 K 等供机体利用。在一定条件下，成为条件致病菌引起肠道外感染。某些菌株具有较强的毒力，可引起肠道内感染。大肠埃希菌是最常见的菌种。

（一）生物学性状

中等大小革兰氏阴性杆菌（图 3-8），有周鞭毛，多数有菌毛。在肠道选择培养基上能分解乳糖产酸，形成有颜色的不透明菌落。大肠埃希菌有 O、H、K 三种抗原成分，与分类有关。

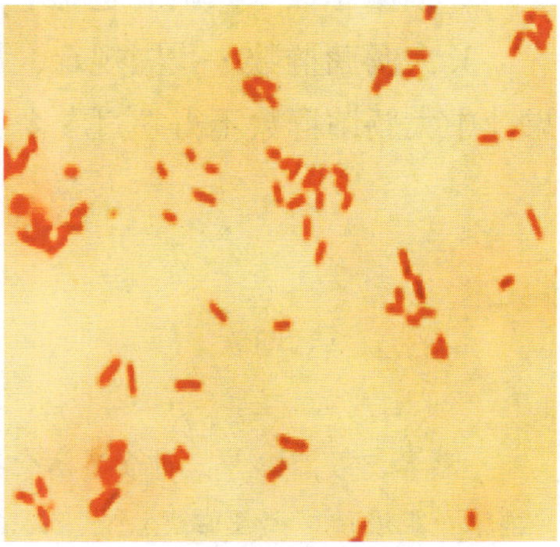

图 3-8　大肠埃希菌（革兰氏染色，油镜，×1000）

（二）致病性

1. 致病物质　主要包括黏附素、肠毒素、K 抗原、菌毛、内毒素等。

（1）黏附素　使细菌紧密黏附在肠道和泌尿系黏膜上。

（2）肠毒素　是外毒素，有耐热和不耐热两种。可使肠黏膜细胞过度分泌，导致腹泻。

（3）K 抗原　有抗吞噬作用。

2. 所致疾病

（1）肠外感染　为条件感染，以化脓性感染为主，如尿路感染、腹膜炎、胆囊炎等。

婴儿、老年人或免疫功能低下者可引起败血症。

（2）肠内感染　由致病力强的大肠埃希菌引起，主要表现为腹泻，与食入污染的食品和饮水有关，5 岁以下婴幼儿和旅游者易感。根据致病机制和临床表现不同分为 5 类（表 3-5）。

表 3-5　肠内感染的大肠埃希菌

菌株	作用部位	感染类型与症状
肠产毒性大肠埃希菌（ETEC）	小肠	婴幼儿和旅游者腹泻；水样便，恶心，呕吐，腹痛，低热
肠致病性大肠埃希菌（EPEC）	小肠	婴幼儿腹泻；严重水样腹泻，恶心，呕吐，发热，严重可致死
肠侵袭性大肠埃希菌（EIEC）	大肠	较大儿童和成人腹泻；症状同细菌性痢疾，发热腹痛腹泻，脓血便，里急后重
肠出血性大肠埃希菌（EHEC）	大肠	出血性结肠炎和溶血性尿毒综合征，轻者水样腹泻，重者出血性腹泻，伴剧烈腹痛
肠集聚性大肠埃希菌（EAEC）	小肠	婴儿腹泻；持续性水样腹泻，呕吐，脱水，低热

考点　大肠埃希菌所致疾病

（三）药学及卫生细菌学意义

肠道中的大肠埃希菌不断随粪便排出体外，可污染周围环境、水源和食品等。大肠埃希菌被《中华人民共和国药典》列为药品微生物检查的控制菌之一。在卫生细菌学上，常以细菌总数和大肠菌群数作为饮食被污染的指标。

1. 药学意义　《中华人民共和国药典》明确规定了非无菌药品的微生物限量标准，即口服给药、口腔黏膜给药及呼吸道吸入给药制剂中，不得检出大肠埃希菌。

2. 细菌总数　我国规定每毫升饮水、汽水、果汁中，细菌总数不得超过 100 个。

3. 大肠菌群数　我国规定，每升饮用水中大肠菌群数不得超过 3 个；每 100ml 饮料、果汁中大肠菌群数不得超过 5 个。

考点　大肠埃希菌的药学和卫生学意义

二、志贺菌属

案例 3-3

患者，男，18 岁。进食不洁食品后出现恶心、呕吐、腹痛、腹泻、发热、乏力、里急后重，排脓血黏液便。大便常规检查，黏液便，红细胞、白细胞满视野，可见巨噬细胞。

问题：1. 患者应取什么标本进行检查？

2. 用药时应注意什么？

志贺菌属是细菌性痢疾的病原体，俗称痢疾杆菌。细菌性痢疾是一种较常见的疾病。

（一）生物学性状

1. 形态与染色　革兰氏阴性杆菌，多有菌毛，无鞭毛、荚膜和芽孢（图 3-9）。

2. 培养特性 营养要求不高。一般不分解乳糖，在肠道选择培养基上培养形成无色半透明菌落。

3. 抗原结构 有O抗原和K抗原。依据O抗原不同可将志贺菌属分为A、B、C、D四个群，分别为痢疾志贺菌、福氏志贺菌、鲍氏志贺菌和宋氏志贺菌，我国以B群即福氏志贺菌多见。

4. 抵抗力 抵抗力弱，加热60℃ 10min即可杀死。对酸和一般消毒剂敏感，故粪便标本应及时送检。在污染的物品和果蔬上可存活10～20天。

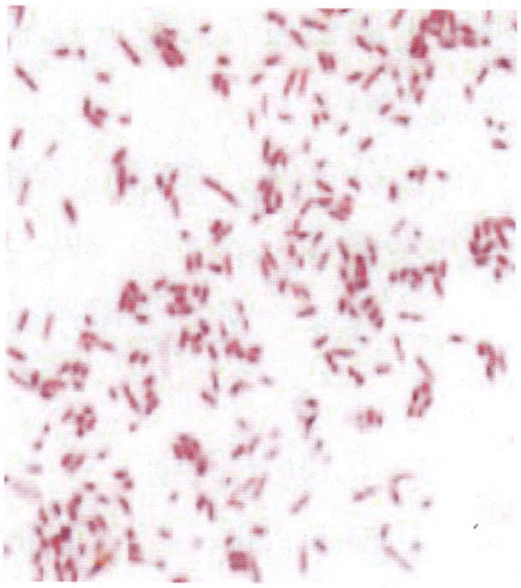

图3-9 志贺菌（革兰氏染色，油镜，×1000）

考点 肠道杆菌中无动力的细菌

（二）致病性

1. 致病物质 主要是侵袭力和内毒素，有些菌株可产生外毒素（表3-6）。

表3-6 痢疾杆菌的主要致病物质及致病机制

致病物质	致病机制和致病特点
侵袭力（菌毛、K抗原）	黏附并侵袭结肠黏膜
内毒素	1. 作用于肠壁黏膜，导致发热、意识障碍、脓毒症休克等 2. 破坏肠黏膜，引起炎症、溃疡，出现典型的脓血黏液便 3. 作用于肠壁自主神经系统，导致腹痛、里急后重等症状
外毒素	1. 神经毒性：引起神经麻痹 2. 细胞毒性：使细胞变性坏死 3. 肠毒性：引起水样腹泻

考点 志贺菌属的主要致病物质

2. 所致疾病 引起细菌性痢疾，夏秋季多见。传染源主要是患者和带菌者，通过污染的食物和饮水等经口感染。志贺菌引起的感染一般仅局限于肠道，不入侵血流。

（1）急性细菌性痢疾 发病急，有发热、腹痛、腹泻、里急后重及脓血黏液便等典型临床症状。

（2）中毒性细菌性痢疾 儿童多见。发病急，常在腹痛、腹泻未出现之前，出现严重的全身中毒症状，如高热、谵妄、惊厥、昏迷等，抢救不及时，可造成死亡。

（3）慢性细菌性痢疾 病情反复发作，迁延不愈，病程超过2个月，多由急性细菌性痢疾治疗不彻底或症状不典型误诊所致。部分患者可成为带菌者。

3. 免疫力 病后免疫力主要来自消化道黏膜表面的抗体（sIgA），免疫力短暂。

考点 志贺菌属的所致疾病

（三）微生物学检查

1. 标本 应在抗生素使用前，取新鲜粪便脓血或黏液部分，避免与尿混合，中毒性细菌性痢疾患者可取肛拭子，立即送检。若不能及时送检，应将标本保存于30%甘油缓冲盐水中。

2. 分离培养和鉴定　将标本接种于肠道选择培养基上，37℃培养18～24h后，挑取无色半透明可疑菌落，做生化反应和血清学试验进行鉴定。

3. 快速诊断法　可用荧光菌球法、协同凝集试验、PCR等。

考点 送检患者标本时的注意事项

（四）防治原则

1. 早期诊断、隔离和彻底治疗患者。
2. 加强饮食卫生管理，防蝇灭蝇。流行季节口服减毒活疫苗进行特异性预防。
3. 治疗用磺胺类药、诺氟沙星、链霉素、庆大霉素等。

三、沙门菌属

案例3-4

患者，男，37岁。持续高热1周，近日体温有所下降，但出现腹泻，且全身中毒症状明显。查体：肝脾大、皮肤见玫瑰疹。化验：白细胞减少，中性粒细胞占60%。细菌血培养阴性。

问题：患者可能感染了哪种疾病？应如何用药？

沙门菌属种类繁多，其中乙型副伤寒沙门菌是《中华人民共和国药典》规定的药品微生物检查的控制菌之一。沙门菌属只有少数对人类致病，如伤寒沙门菌、甲型副伤寒沙门菌、肖氏沙门菌和希氏沙门菌等，引起肠热症；猪霍乱沙门菌、鼠伤寒沙门菌和肠炎沙门菌等，引起食物中毒或败血症。

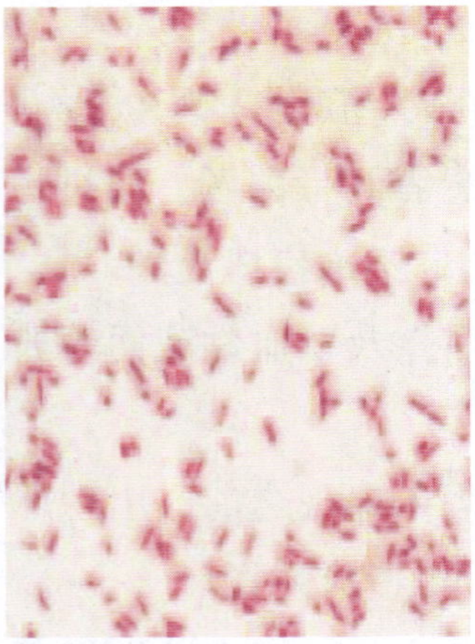

图3-10　沙门菌（革兰氏染色，油镜，×1000）

（一）生物学性状

1. 形态与染色　革兰氏阴性杆菌，多数有周鞭毛和菌毛，无荚膜和芽孢（图3-10）。

2. 培养特性与生化反应　兼性厌氧，营养要求不高。不发酵乳糖，在肠道选择培养基上形成无色半透明菌落，可与肠道非致病菌相区别。多数菌种硫化氢试验阳性。

3. 抗原结构　主要有O抗原和H抗原，少数具有表面抗原（毒力抗原Vi）。

4. 抵抗力　抵抗力不强，65℃ 15min可被杀死，但在水中可存活2～3周，粪便中1个月仍具传染性，在冰冻土壤中可过冬，对一般消毒剂敏感。

（二）致病性

1. 致病物质

（1）侵袭力　菌毛可吸附于小肠黏膜上皮细胞，Vi抗原具有抗吞噬作用。

（2）内毒素　是主要致病物质。可引起体温升高、白细胞下降，严重者可导致中毒症状和休克。

（3）肠毒素：引起水样腹泻。

考点 沙门菌属的致病物质

2. 所致疾病

（1）伤寒和副伤寒　传染源为患者或带菌者，潜伏期 1～2 周。伤寒的病程长，3～4 周，症状较重；副伤寒病程较短，症状较轻。伤寒和副伤寒发病机制和临床表现见图 3-11。

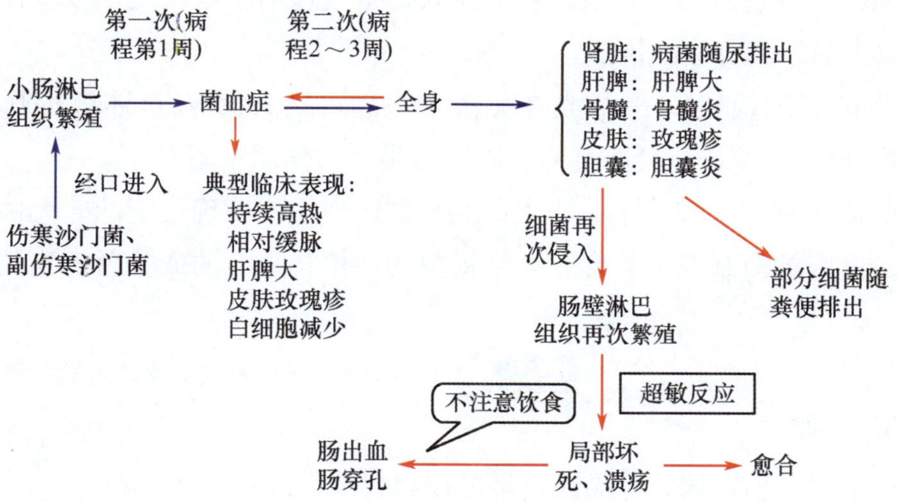

图 3-11　伤寒和副伤寒发病机制和临床表现示意图

伤寒病愈后，部分患者可自粪便或尿液继续排菌 3 周至 3 个月，称恢复期带菌者。少数人排菌可达 1 年以上，称无症状带菌者，成为重要的传染源，不宜从事餐饮工作。

（2）食物中毒　是最常见的沙门菌感染。由于食入大量被猪霍乱沙门菌、鼠伤寒沙门菌、肠炎沙门菌等污染的食物而引起胃肠炎。起病急，潜伏期为 6～24h，主要症状为发热、恶心、呕吐、腹痛、水样腹泻等。病程短，2～4 天可康复。

（3）败血症　多见于儿童或免疫力低下的成人，常由猪霍乱沙门菌、丙型副伤寒沙门菌、鼠伤寒沙门菌、肠炎沙门菌等穿过肠黏膜入血引起，症状严重，患者表现为高热、寒战、贫血等症状。

考点 沙门菌属的感染途径及所致疾病

3. 免疫性　伤寒和副伤寒病后可获得牢固的免疫力，很少再感染。因为沙门菌为细胞内寄生菌，特异性细胞免疫起主要防御作用。胃肠炎的恢复与肠道局部抗体（sIgA）有关。

（三）微生物学检查

1. 标本　伤寒和副伤寒根据病程不同采集不同标本，第 1 周取外周血，第 2～3 周取粪便和尿液，全病程可采骨髓标本。食物中毒者取可疑食物、呕吐物或粪便。败血症者取血液。

2. 分离培养和鉴定　将标本接种于选择或鉴别培养基上，37℃孵育 24h，挑取乳糖不发酵的无色半透明的可疑菌落，进行生化反应或血清学试验。亦可采用 ELISA 法、对流免疫电泳、PCR 技术等早期快速诊断。

3. 血清学试验　常用肥达试验辅助诊断伤寒或副伤寒。用已知伤寒沙门菌的 O、H 抗原和甲、乙、丙型副伤寒沙门菌的 H 抗原作为诊断菌液，与待检血清做定量凝集试验，以测定受检者血清中有无相应抗体及其效价。

正常值：各地区有不同，一般是伤寒沙门菌 O 抗体的凝集效价≥1 ∶ 80，H 抗体的凝集效价≥1 ∶ 160，副伤寒沙门菌 H 抗体的凝集效价≥1 ∶ 80 时才有临床意义。

分析结果时，应注意动态观察，若抗体效价呈现递增，或恢复期效价比初次检查效价高出 4 倍以上时，具有诊断价值。

4. 伤寒带菌者的检出　一般先在血清中检测可疑者的 Vi 抗体进行筛选，若效价≥1 ∶ 10 时，再取粪便进行分离培养，以确定是否为伤寒带菌者。

5. 药品的微生物学检查　《中华人民共和国药典》中明确规定的非无菌药品微生物限量标准中，口服给药制剂中若含有未经提取的动植物来源的成分及矿物质，不得检出沙门菌。

考点　伤寒和副伤寒不同时期标本的采集和肥达反应的意义

（四）防治原则

1. 控制传染源，早发现、早隔离、早治疗患者及带菌者。

2. 切断传播途径，应加强饮水和食品卫生管理。可接种伤寒荚膜多糖疫苗进行特异性预防。

3. 治疗伤寒可用环丙沙星、诺氟沙星、氨苄西林或头孢菌素等。

四、变形杆菌属

分布广泛，多形性，有周鞭毛，运动活泼，在培养基上常呈扩散生长，称为迁徙现象。具有尿素酶，能迅速分解尿素，借此可与其他肠道杆菌相鉴别。本属菌有 O 抗原和 H 抗原两种抗原。因普通变形杆菌的 X19、X2 及 XK 菌株的菌体抗原（O 抗原）与立克次体某些菌株有共同抗原成分，故可用变形杆菌抗原（OX19、OX2 及 OXK）代替立克次体的抗原，与患者待检血清进行凝集试验，用于辅助诊断立克次体感染，称为外斐反应。

本属菌为条件致病菌，常引起继发感染，如泌尿系统感染、创伤感染等，还可引起食物中毒和婴幼儿腹泻。治疗一般采用氨苄西林、头孢菌素、庆大霉素、卡那霉素等，但易产生耐药性，可通过药物敏感试验选择抗生素。

第 3 节　弧　　菌

弧菌属是一大群菌体短小、弯曲呈弧状、运动活泼的革兰氏阴性细菌。广泛分布于自然界，水中居多。弧菌属种类多，大部分为非致病菌，对人类致病的主要有霍乱弧菌和副溶血性弧菌，分别引起霍乱和食物中毒。

一、霍乱弧菌

霍乱弧菌是霍乱的病原体。霍乱属烈性消化道传染病，发病急，传播快，病死率高。每年在全球造成近 10 万人死亡，是我国法定的甲类传染病。

链 接 霍乱的七次世界性大流行

霍乱是一种古老的传染病，从 1871 年至 1923 年，百余年间就发生过六次世界性霍乱大流行。自 1961 年起，霍乱开始从印尼向毗邻国家和地区蔓延，波及五大洲 140 多个国家和地区，报告患者 350 万以上，此为霍乱的第七次世界性大流行。1992 年，一个新的霍乱弧菌流行株 O139 群引起的新型霍乱，席卷印度和孟加拉国并波及亚洲许多国家和地区。

（一）生物学特性

1. 形态与染色　呈弧形或逗点状，大小为（1 ～ 3）μm×（0.5 ～ 0.8）μm，革兰氏染色阴性，镜下呈鱼群状排列（图 3-12）。有菌毛，有单鞭毛，运动活泼。用悬滴法检查患者米泔水样粪便标本，可见细菌呈穿梭状或流星样运动。

图 3-12　霍乱弧菌
鞭毛染色（油镜，×1000）

2. 培养特性　兼性厌氧，营养要求不高，普通培养基上生长良好。耐碱不耐酸，在 pH8.4 ～ 9.2 的碱性蛋白胨水中形成菌膜，在碱性琼脂平板上形成较大的无色透明、圆形扁平似水滴状菌落。

3. 抗原结构　有 O 抗原和 H 抗原。根据 O 抗原的不同可分为 200 多个血清群，其中 O1 群和 O139 群能产生霍乱毒素。O1 群有古典生物型和埃托生物型 2 个生物型。

4. 抵抗力　对热、日光、干燥、酸及一般消毒剂敏感。100℃煮沸 1 ～ 2min 可被杀死。可用 1 ∶ 4 漂白粉（含氯石灰）水溶液对患者呕吐物或排泄物进行消毒。埃托生物型在自然界中的生存能力较强，水中可存活两周以上。

考点 霍乱弧菌培养的最适酸碱度

（二）致病性与免疫性

1. 致病物质

（1）鞭毛和菌毛　霍乱弧菌借助活泼的鞭毛运动，穿过肠黏膜表面的黏液层，借助菌毛黏附在小肠黏膜细胞表面。

（2）霍乱肠毒素　是强致泻外毒素，由 A、B 两个亚单位组成。B 亚单位将 A 亚单位导入肠黏膜细胞内发挥毒性作用，导致肠黏膜上皮细胞分泌功能亢进，引起严重的呕吐和腹泻。

考点 霍乱弧菌的致病物质

2. 所致疾病　引起霍乱。人类是霍乱弧菌的唯一易感者，传染源是患者和带菌者，主要通过污染的水源或食物经口感染。病菌到达小肠后，黏附于肠黏膜表面迅速繁殖，产生霍乱肠毒素，引起剧烈的腹泻、呕吐，患者排泄物呈米泔水样。由于短期内丢失大量水分和电解质，造成水、电解质和酸碱平衡紊乱，患者出现典型的脱水症状，若不能及时救治，可因酸中毒、微循环障碍和低血容量休克而死亡。

3. 免疫性　病后可获得牢固免疫力，体液免疫为主，主要是肠黏膜局部免疫（sIgA）发挥重要作用。

考点 霍乱弧菌的所致疾病

（三）微生物学检查

1. 标本　取患者米泔水样粪便、肛拭子或呕吐物，粪尿不能混合，最好就地接种，不能及时接种，应置于保存液中。标本要严密包装，专人运送。

2. 直接镜检　用悬滴法观察，镜下可见细菌呈穿梭样运动，或革兰氏染色后镜检见鱼群状排列的革兰氏阴性弧菌，有助于诊断。

3. 分离培养　先在碱性蛋白胨水中增菌培养，再接种到选择培养基上分离培养，选择可疑菌落做生化反应和免疫学试验进行鉴定。

（四）防治原则

1. 控制传染源　及时发现、隔离、治疗患者和带菌者。

2. 切断传播途径　讲究个人卫生和环境卫生，加强水源、食品及粪便管理；加强海关检疫；接种霍乱疫苗，提高人群免疫力。

3. 及时补充液体和电解质　这是治疗霍乱的关键措施，能预防低血容量性休克和酸中毒。同时使用多西环素、红霉素、环丙沙星和诺氟沙星等药物进行抗菌治疗。

二、副溶血性弧菌

副溶血性弧菌是一种嗜盐性弧菌，分布于近海岸的海水及鱼、贝类等海产品中，是沿海地区引起食物中毒最常见的病原菌。

本菌呈弧形、棒状等多形性，革兰氏染色阴性。有单鞭毛，运动活泼。需在含3.5%的NaCl、pH7.5～8.5的培养基上才能生长。对热和酸敏感，90℃ 1min即被杀死，1%的乙酸作用1min即死亡，但在海水中可存活40天以上。人因食用被本菌污染的海产品或盐腌食品如咸菜、咸蛋等被感染，引起食物中毒。病症表现为恶心、呕吐、腹痛、腹泻和低热等。

预防应注意食品卫生，对海产品和盐腌制品应煮熟后食用，凉拌食品须清洗干净并用食醋杀菌。目前无有效疫苗预防。治疗可选用多西环素、米诺环素、诺氟沙星等药物。

第 4 节 厌氧性细菌

厌氧性细菌是一大群必须在无氧条件下才能生长繁殖的细菌。根据能否形成芽孢分为两大类：厌氧芽孢梭菌和无芽孢厌氧菌。

厌氧芽孢梭菌是革兰氏染色阳性杆菌，能形成芽孢，直径多大于菌体横径，使菌体膨大呈梭状，故名芽孢梭菌。多数为腐生菌，是药品微生物污染检查的控制菌之一。少数为致病菌，能引起人类疾病的主要有破伤风梭菌、产气荚膜梭菌和肉毒梭菌。

一、破伤风梭菌

案例 3-5

患者，男，42 岁。10 天前下地干活时不慎被铁钉扎伤，当时疼痛，流血不多，未经任何处理。而后红肿，近两天患者感觉乏力、头痛、两侧咬肌酸胀，颜面部肌肉阵发性抽搐，身体不自主后仰。

问题：1. 患者可能感染了哪种微生物？

2. 本病可用哪种生物制品进行预防？

破伤风梭菌是引起破伤风的病原体，大量存在于土壤、人和动物肠道中。

（一）生物学性状

革兰氏阳性杆菌，菌体细长。有周鞭毛，无荚膜。芽孢圆形，直径比菌体宽，位于菌体顶端，使细菌呈鼓槌状，为本菌的典型形态特征（图 3-13）。专性厌氧，可用庖肉培养基培养。芽孢抵抗力强，在土壤中可存活数十年，100℃水中煮沸 1h、高压蒸汽灭菌 30min、5% 的苯酚作用 15h 可将芽孢杀死。

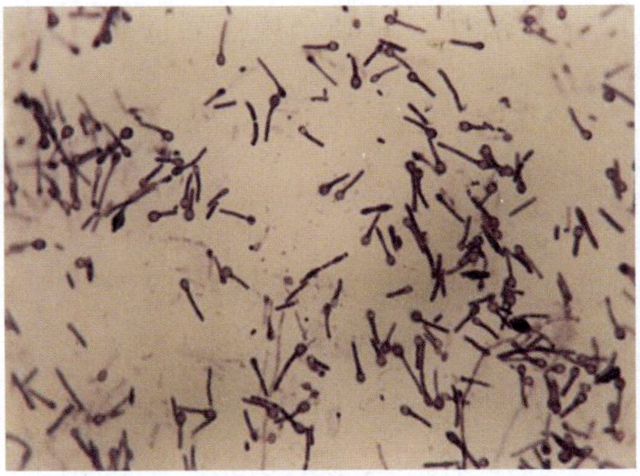

图 3-13 破伤风梭菌形态（革兰氏染色，×1000）

（二）致病性与免疫性

1. 致病条件 破伤风梭菌广泛存在于土壤中，主要经伤口感染。感染的重要条件是伤口局部形成厌氧微环境，如伤口窄而深，有泥土或异物污染，创面组织坏死、局部缺血等。

考点 破伤风梭菌致病的条件

2. 致病物质及所致疾病

（1）致病物质 破伤风梭菌能产生破伤风痉挛毒素和溶血毒素。其中，破伤风痉挛毒素为毒性强烈的外毒素，是主要致病物质，具有免疫原性，经甲醛脱毒后成为类毒素，可用于破伤风的预防接种。

（2）所致疾病 引起破伤风。破伤风痉挛毒素为神经毒素，对脑干神经和脊髓前角

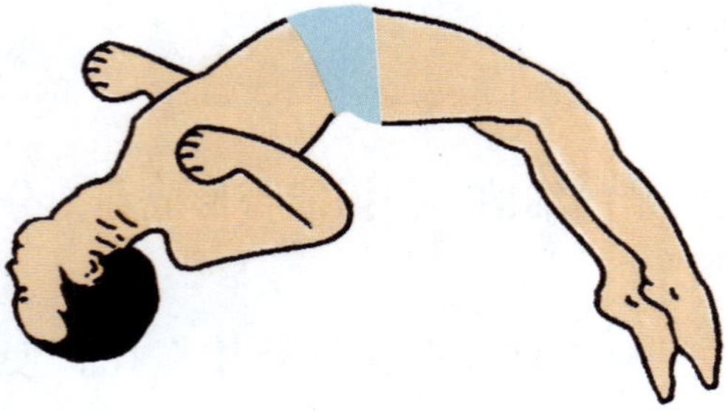

图 3-14 破伤风症状——角弓反张

神经细胞有高度的亲和力，通过阻断抑制性神经冲动的传导，使骨骼肌伸肌与屈肌同时强烈收缩，导致骨骼肌痉挛，引起破伤风特有的苦笑面容、牙关紧闭、颈项强直、角弓反张等症状（图 3-14），严重者可因呼吸肌痉挛窒息而死亡。新生儿感染后可发生新生儿破伤风，一般在出生后 4 ～ 7 天发病，俗称七日风或脐风。破伤风的潜伏期一般为 1 ～ 2 周，潜伏期越短，病死率越高。

3. 免疫性　机体对破伤风的免疫主要靠体液免疫，即抗毒素对毒素的中和作用。

（三）微生物学检查

临床上根据患者的病史和典型症状可作出诊断。必要时可进行厌氧培养。

（四）防治原则

破伤风一旦发病，治疗效果不佳，故预防极为重要。

1. 正确处理伤口　及时清创扩创，用 3% 过氧化氢正确清洗伤口。

2. 人工主动免疫　对 3 ～ 6 个月的儿童接种百白破联合疫苗，对军人和其他易受伤人群可接种破伤风类毒素。

3. 人工被动免疫　对伤口深且污染严重者可注射破伤风抗毒素（TAT）作紧急预防。注射前应做皮试，以防过敏反应发生，必要时可采用脱敏疗法。

4. 治疗　对破伤风患者应早期足量注射 TAT，同时使用青霉素和甲硝唑清除细菌。

考点 破伤风的防治原则

二、产气荚膜梭菌

产气荚膜梭菌广泛存在于土壤、人和动物的消化道中，是引起气性坏疽的主要病原体，污染食品后可引起食物中毒。

（一）生物学性状

产气荚膜梭菌为革兰氏阳性粗大杆菌，芽孢呈椭圆形，直径略小于菌体，位于菌体中央或次极端（图 3-15）。无鞭毛，在机体内可形成明显的荚膜。能分解多种糖类产酸产气。将其接种于含牛奶的培养基中，因分解乳糖产酸使酪蛋白凝固，同时又产生大量气体，将凝固的酪蛋白冲成蜂窝状，此现象气势凶猛，称“汹涌发酵”，可用于细菌鉴别。

（二）致病性

1. 致病物质　产气荚膜梭菌能产生 10 余种外毒素和侵袭性酶。其中 α 毒素（卵磷脂酶）毒性最强，能分解细胞膜上的磷脂，溶解红细胞或组织细胞，导致出血、水肿和组织坏死，在引起气性坏疽中起主要作用。

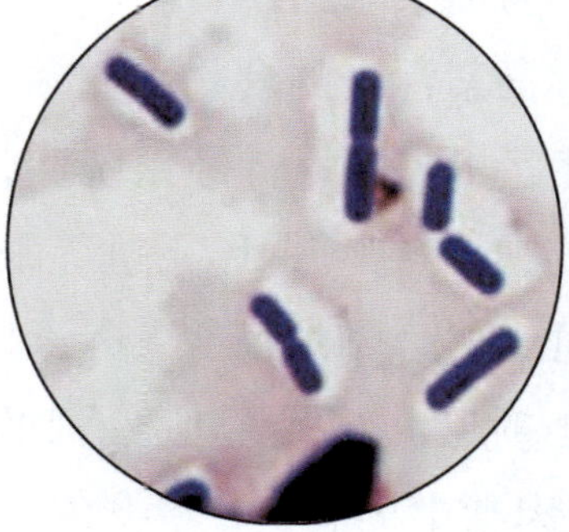

荚膜

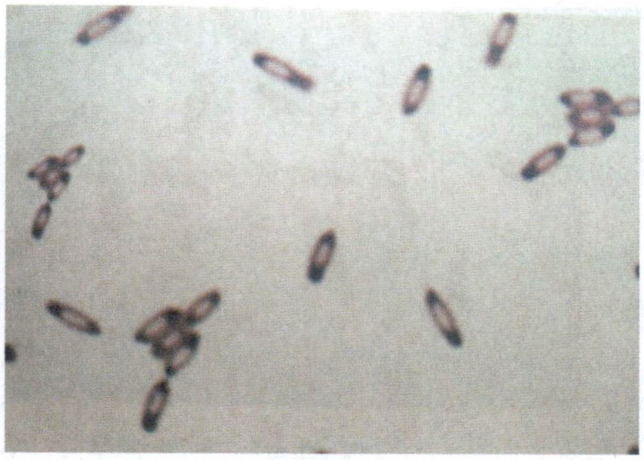

芽孢

图 3-15 产气荚膜梭菌的荚膜和芽孢（革兰氏染色，×1000）

2. 所致疾病

（1）气性坏疽 多见于创伤感染，致病条件与破伤风梭菌相同。细菌在伤口局部迅速繁殖，因毒素和酶的分解破坏作用，损伤组织细胞，产生大量气体，引起局部组织水肿、出血和坏死，并伴有恶臭。临床表现为局部组织剧烈疼痛，触摸患者局部皮肤有捻发感。若毒性物质被吸收入血，可引起毒血症、休克甚至死亡。

（2）食物中毒 因食入产肠毒素菌株污染的食物（如肉类食品）引起。潜伏期短，约 10h，出现剧烈腹痛、腹胀、水样腹泻等症状，1 ～ 2 天可自愈。

（三）防治原则

及时清创、扩创，用 3% 过氧化氢正确清洗伤口，避免厌氧微环境形成。治疗原则是对感染局部尽早施行手术，清除坏死组织。使用大剂量青霉素杀灭病原菌。早期可使用多价抗毒素血清，也可采用高压氧舱疗法抑制厌氧菌的生长。

三、肉毒梭菌

肉毒梭菌广泛分布于土壤和动物粪便中，食物被本菌污染后，在厌氧环境下，细菌能产生毒性极强的肉毒毒素，食后可引起食物中毒，出现神经中毒症状，死亡率极高。

（一）生物学性状

革兰氏阳性粗短杆菌，散在分布，芽孢呈椭圆形，直径大于菌体，位于次极端，使细菌呈网球拍状（图 3-16）。有鞭毛，无荚膜，芽孢抵抗力很强。专性厌氧，常用庖肉培养基培养。

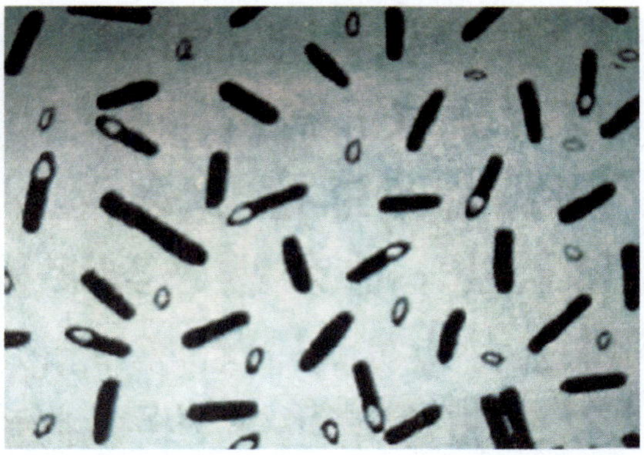

图 3-16 肉毒梭菌（×1000）

（二）致病性

1. 致病物质 肉毒毒素是主要的致病物质，是已知毒性最强的毒物，不耐热，煮沸 1min 即可破坏，但对酸和消化酶的抵抗力较强，在胃液中 24h 不被破坏，故可被胃肠吸收。肉毒毒素为嗜神经毒素，能选择性作用于外周胆碱能神经，导致肌肉弛缓性麻痹。

2. 所致疾病 主要引起食物中毒。食入被肉毒毒素污染的食物（如罐头、腊肠、发酵豆制品、甜面酱等）而引起。起病急，胃肠道症状少见，以神经系统症状为主，表现为弛缓性瘫痪。患者先出现乏力、头痛，接着出现复视、斜视、眼睑下垂等眼肌麻痹症状，吞咽和咀嚼困难，严重者可因呼吸肌和心肌麻痹而死亡。婴儿若食入肉毒梭菌污染的食物（如蜂蜜），可引起婴儿肉毒中毒，表现为便秘、吮吸和啼哭无力及吞咽困难。此外，因美容或治疗超剂量使用肉毒毒素，可导致医源性肉毒中毒。

（三）防治原则

加强食品卫生的监督管理；食品低温保存，进食前加热煮沸以破坏毒素。治疗应尽早注射多价肉毒抗毒素，加强护理和对症治疗。

四、无芽孢厌氧菌

无芽孢厌氧菌为人体正常菌群，主要存在于人体口腔、上呼吸道、肠道及泌尿生殖道等部位，在数量上占绝对优势。正常情况下对人体无害，但在一定条件下成为条件致病菌，可引起内源性感染。所致疾病虽不如厌氧芽孢梭菌严重，但其感染广泛，感染类型多，占临床厌氧菌感染的 90%，并以混合感染多见。对多种抗生素不敏感，细菌学诊断较困难，应给予充分的重视。

无芽孢厌氧菌包括革兰氏阳性球菌、杆菌和革兰氏阴性球菌、杆菌四类。临床上以革兰氏阴性的无芽孢厌氧杆菌引起的感染最为多见，其中脆弱类杆菌的感染居临床首位。

（一）致病性

1. 致病条件 ①寄居部位改变。②机体的免疫力下降。③菌群失调。④局部厌氧微环境的形成。

2. 致病物质 主要有菌毛、荚膜、侵袭性酶（如透明质酸酶、胶原酶）和内毒素。

3. 所致疾病 为内源性感染，以化脓性感染为主，可发生在全身各组织器官，如腹腔、口腔、女性生殖道及盆腔、呼吸道、中枢神经、皮肤及软组织感染等，亦可入血引起菌血症和败血症。

4. 感染特征 多呈慢性感染，无特定病型，大多为化脓性感染，形成局部脓肿或组织坏死；分泌物或脓汁黏稠，呈血色或棕黑色，有恶臭；分泌物直接涂片可见细菌，但普通培养无细菌生长。

（二）防治原则

目前尚无特异性预防方法。外科清创引流是治疗厌氧菌感染的重要措施，手术时严格无菌操作，防止体内无芽孢厌氧菌污染创口。治疗可用甲硝唑、克林霉素、哌拉西林等药物。因脆弱类杆菌对青霉素、头孢菌素常产生耐药，可根据药物敏感试验结果指导临床选药。

第5节 分枝杆菌

案例 3-6

患者，男，32岁。主诉午后低热月余。近日出现咳嗽、咯血，伴有食欲低下、全身乏力，就诊入院。查体：晨起体温36.5℃，午后37.8℃，脉搏80次/分。左侧颈扪及淋巴结肿大，直径约3cm，左肺闻及湿啰音，右肺未闻及异常。X线检查：左肺上叶底部可见直径约2cm密度增高的阴影区。

问题：1. 患者可能感染哪种微生物引起疾病？

2. 该病预防可接种什么疫苗？

分枝杆菌属是一类菌体细长、略弯曲的杆菌，因有分枝生长现象而得名。本属细菌细胞壁中含有大量脂质，革兰氏染色不容易着色。通过加温或延长染色时间着色后，因能抵抗盐酸乙醇的脱色作用，又称抗酸杆菌。分枝杆菌属种类繁多，对人致病的主要有结核分枝杆菌和麻风分枝杆菌。

一、结核分枝杆菌

结核分枝杆菌复合群包括结核分枝杆菌、牛分枝杆菌、非洲分枝杆菌和田鼠分枝杆菌。结核分枝杆菌俗称结核杆菌，是引起人和动物结核病的病原体。可侵犯全身多器官，以肺部感染最多见，占各类结核病的80%以上。

链接 结核病

结核病最常见的是肺结核，肺结核是长期危害人类健康的慢性传染病，俗名痨病或肺痨，曾有“白色瘟疫”之称。在有效的综合防治措施下，近十年结核病发病率缓慢下降，但近3年新型冠状病毒感染大流行逆转了结核病防治的积极趋势。WHO《2023年全球结核病报告》显示，2022年结核病仅次于新型冠状病毒感染，全球新发结核病患者1060万，130万人死于结核病；中国仍是结核病例第三多的国家，新发患者数为74.8万，占全球结核病感染总数的7.1%，在我国法定甲乙类传染病中发病和死亡数排在第二。每年3月24日是世界防治结核病日，倡导全社会关注结核病防治，不断提高健康意识，共同终结结核流行。

（一）生物学性状

1. 形态与染色　细长略弯曲的杆菌，大小为（1.0～4.0）μm×0.4μm，常聚集成团束状，有分枝生长趋势。无芽孢和鞭毛，电镜下可见微荚膜。革兰氏染色阳性，但不易着色，常用齐-内抗酸染色，结核分枝杆菌被染成红色，其他非抗酸菌及细胞杂质被染成蓝色（图3-17）。

2. 培养特性　专性需氧，5%～10%CO_2可促进生长，最适温度35℃，最适pH为6.5～6.8。营养要求高，常用营养丰富的罗氏（L-J）培养基培养。该菌生长缓慢，繁殖一代约需18h，培养3～4周才出现肉眼可见的菌落。菌落干燥，表面粗糙呈颗粒状，乳酪色或米黄色，形似“菜花状”（图 3-18）。在 L-J 液体培养基中培养 1 ～ 2 周后可形成菌膜。由于抗结核药物的应用，患者标本中常培养出 L 型细菌，革兰氏染色阳性，称为慕赫氏颗粒。

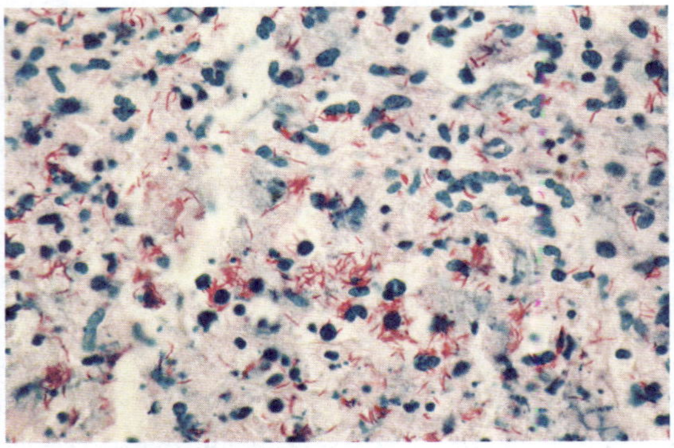

图 3-17 结核分枝杆菌（抗酸染色，油镜，×1000）

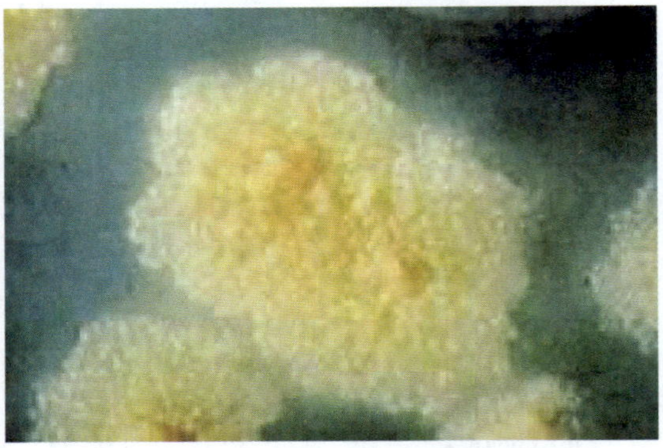

图 3-18 结核分枝杆菌菌落

3. 生化反应 不发酵糖类。耐热触酶、耐热磷酸酶均为阴性，借此与非结核分枝杆菌鉴别。

4. 抵抗力 较强。①耐干燥：在干燥的痰液中可存活 6 ～ 8 个月，黏附于尘埃上可保持传染性 8 ～ 10 天。②耐酸碱：可抵抗 3% 盐酸、6% 硫酸或 4% 氢氧化钠溶液长达 30min，因此可用酸或碱对细菌标本进行前处理以杀死杂菌。③耐染料：可抵抗结晶紫、孔雀绿等染料，将染料加入培养基中可抑制杂菌生长。④对湿热敏感：加热 65℃ 30min 或 95℃ 1min 即可被杀死。⑤对 75% 乙醇敏感，作用 2min 即死亡。⑥对紫外线敏感：日光照射 2 ～ 3h 即可被杀死。⑦对抗结核药物敏感，但易产生耐药性。

5. 变异性 结核分枝杆菌可发生形态、菌落、毒力及耐药性变异，如卡介苗（BCG），就是将有毒的牛型结核分枝杆菌经过 13 年 230 次传代，细菌发生了毒力变异后获得的减毒活疫苗，广泛用于结核病的预防接种。结核分枝杆菌对链霉素、异烟肼、利福平、环丝氨酸、乙胺丁醇、卡那霉素、对氨基水杨酸等敏感，但长期用药容易出现耐药性。结核分枝杆菌耐药株逐年递增，对结核病的防治带来极大困难和严峻的挑战。

考点 结核分枝杆菌的毒力变异和耐药性变异

（二）致病性

1. 致病物质 结核分枝杆菌不含内毒素，也不产生外毒素和侵袭性酶，其致病物质与菌体成分有关，包括脂质、蛋白质和荚膜。

（1）脂质 含量高，约占细胞壁干重的 60%，是结核分枝杆菌的主要毒力因子，包括磷脂、索状因子、蜡质 D、分枝菌酸和硫酸脑苷脂等。磷脂可导致结核结节和干酪样坏死；索状因子可引起慢性肉芽肿；蜡质 D 可诱发迟发型（Ⅳ型）超敏反应；分枝菌酸可减弱杀菌物质对结核分枝杆菌的杀伤作用，还与抗酸性有关；硫酸脑苷脂有助于细菌在吞噬细胞内长期存活。

（2）蛋白质　与致病有关的主要是结核菌素。结核菌素与蜡质 D 结合后可诱发迟发型超敏反应，导致组织坏死，并参与结核结节的形成。

（3）荚膜　具有黏附作用、抗吞噬作用和保护菌体作用。

2. 所致疾病　结核分枝杆菌可经多途径传播，主要通过呼吸道传播，也可经消化道或破损的皮肤黏膜传播，引起肺结核、肠结核和皮肤结核等，以肺结核最常见。根据结核病变的发生部位和临床特点不同，肺结核可分为 5 种类型。

（1）原发性肺结核　指机体首次感染结核分枝杆菌，多见于儿童。结核分枝杆菌通过呼吸道进入肺泡引起渗出性炎症病灶，称为原发灶。原发灶内的结核分枝杆菌可经淋巴管扩散至肺门淋巴结，引起淋巴管炎和肺门淋巴结肿大。在 X 线胸片中，原发病灶、淋巴管炎和淋巴结肿大显示哑铃状阴影，称为原发综合征，原发结核病患者的临床症状体征多不明显。随着感染的持续，机体抗结核免疫力逐渐建立，原发灶多形成纤维化或钙化。

（2）血行播散性肺结核　少数原发感染者体内的结核分枝杆菌可经淋巴、血液播散至全身。原发灶内可长期潜伏少量结核分枝杆菌，不断刺激机体强化已建立的抗结核免疫力，也可作为以后内源性感染的主要来源。

（3）继发性肺结核　指经过首次感染后再次发生感染，多见于成人，多为内源性感染。由于机体已有特异性细胞免疫，病灶局限，常发生在肺尖部位，表现为慢性肉芽肿性炎症，形成结核结节、干酪样坏死，甚至有空洞形成，痰中出现大量细菌，是重要的传染源。肺结核的临床症状有低热、盗汗、乏力、咳嗽、咯血、体重下降等。

（4）气管、支气管结核　包括气管、支气管黏膜及黏膜下层的结核病。

（5）结核性胸膜炎　包括干性、渗出性胸膜炎和结核性脓胸。

此外，结核分枝杆菌引起的迟发型超敏反应，可使附近支气管、血管和组织破坏，结核分枝杆菌经血液、淋巴液扩散至肺外组织器官，引起肺外结核，如脑、肾、骨、关节、生殖器官、皮肤等结核。痰菌被咽入消化道可引起肠结核、结核性胸膜炎等。

（三）免疫性

1. 有菌免疫　结核分枝杆菌为胞内寄生菌，故机体抗结核的免疫以细胞免疫为主。因这种免疫力的维持依赖于结核分枝杆菌持续存在于体内，即有菌时才有免疫力，一旦体内病菌被消除，免疫力也随之消失，故这种免疫称为有菌免疫（传染性免疫）；机体对结核分枝杆菌产生保护性细胞免疫的同时，也诱导机体发生了迟发型超敏反应。

2. 结核菌素试验　用结核菌素进行皮肤试验，测定机体对结核分枝杆菌是否发生了迟发型超敏反应，可用来间接判断受试者对结核分枝杆菌有无免疫力。

（1）原理　人感染结核分枝杆菌后，产生免疫力的同时也会发生迟发型超敏反应，局部表现为红肿、硬结。没有感染过结核分枝杆菌的机体不会发生迟发型超敏反应。

（2）试剂　结核菌素纯蛋白衍生物（TB-PPD）。

（3）方法　在受试者前臂掌侧皮内注射 5U TB-PPD，48 ～ 72h 后检查局部皮肤红肿和硬结大小。注意局部有无硬结，不可单独以红肿为判断标准。

（4）结果及意义　注射部位红肿硬结直径＜5mm 或无反应者为阴性；≥5mm 者为阳性；≥15mm 者或局部出现红肿、水疱、坏死及淋巴管炎者为强阳性。阳性反应表明卡介苗接种成功，或感染过结核分枝杆菌，对结核分枝杆菌有免疫力。强阳性表明可能有活动性结核病，尤其是婴儿。需要注意的是在原发感染早期，患严重的结核病或患其他严重疾病导致细胞免疫低下者（如艾滋病患者、肿瘤患者或用过免疫抑制剂者），可能出现阴性反应。

（5）应用　①选择卡介苗接种对象，测定卡介苗接种后的免疫效果，阴性者应补种。②婴幼儿（未接种过卡介苗）结核病的辅助诊断。③检测机体细胞免疫功能及状态。④结核病的流行病学调查。

考点 结核菌素试验的原理、方法、意义和临床应用

（四）微生物学检查

1. 标本　根据感染部位采集不同标本，如痰液、胸腔积液、粪便、尿液、脓汁、脑脊液、腹水等标本。无菌采取的标本可直接离心沉淀集菌。咳痰或粪便等含杂菌多的标本，需先用酸碱处理后，再用离心沉淀法浓缩集菌。

2. 检查方法　标本直接涂片后进行抗酸染色镜检，查找结核分枝杆菌，必要时可做人工培养、生化反应和动物试验进行鉴定。应用聚合酶链反应（PCR）扩增技术鉴定结核分枝杆菌 DNA，1～2 天可得出结果，用于结核病的早期快速诊断。

（五）防治原则

1. 预防　接种卡介苗。我国规定新生儿出生后 24h 内必须接种卡介苗，7 岁时复种一次。1 周岁以上儿童应先做结核菌素试验，阴性者均应接种。卡介苗接种后免疫力可维持 3～5 年。

考点 卡介苗预防接种的内容

2. 治疗　控制结核病流行的关键是早期发现、隔离活动性肺结核患者，并给予有效药物彻底治疗。治疗应把握“早期、适量、联合、规律、全程”的原则，联合用药可提高疗效并减少耐药性。目前治疗结核常用的药物有异烟肼、利福平、链霉素、吡嗪酰胺、乙胺丁醇等。

二、麻风分枝杆菌

麻风分枝杆菌是引起麻风病的病原体。麻风病是一种古老的慢性传染病，曾在全世界流行，2021 年全球有 13.4 万麻风新发病例。我国截至 2022 年底，仍有 46 个县（市、区）麻风患病率大于 1/10 万，194 个县（市、区）报告本地新发麻风病例。

（一）生物学特性

麻风分枝杆菌为胞内寄生菌，与结核分枝杆菌在形态、染色性等方面相似，在细胞中常呈束状排列。当细胞内含有大量麻风分枝杆菌时，细胞质呈泡沫状，可与结核分

枝杆菌相区别。麻风分枝杆菌至今不能人工培养。对干燥和低温抵抗力强，但对紫外线和湿热敏感。

（二）致病性与免疫性

麻风患者是麻风病唯一的传染源。病菌主要经患者鼻咽部分泌物和破损的皮肤黏膜排出，乳汁、泪液、精液及阴道分泌物中也可排出病菌。主要传播方式是通过破损的皮肤黏膜、呼吸道和密切接触等感染。该病潜伏期长、发病缓慢、病程长，迁延不愈。主要侵犯皮肤、黏膜和外周神经组织，晚期还可侵入深部组织和内脏器官。在皮肤黏膜下形成红斑或结节，称麻风结节，面部结节融合，表现为“狮面”。根据麻风免疫光谱学说，将麻风病分为以下5种类型：①结核样型麻风；②界线类偏结核样型麻风；③中间界线类麻风；④界线类偏瘤型麻风；⑤瘤型麻风。除上述5种麻风类型，临床上还有无法分类的患者，一般为上述各型麻风病的早期阶段，称为未定类麻风。

考点 麻风的主要传播途径

（三）微生物学检查

麻风分枝杆菌人工培养尚未成功，可从患者鼻黏膜或皮肤病变处取材涂片，抗酸染色后镜检，也可用金胺O染色镜检，可提高麻风分枝杆菌阳性检出率。此外，病理组织切片检查也可诊断。

（四）防治原则

麻风病目前尚无特异性预防方法。早发现、早隔离、早治疗是主要措施，对密切接触者要定期检查。治疗药物主要有砜类、利福平、氯法齐明等。目前多采用两种或三种药物联合应用，以减少耐药菌株的出现。

第6节　其他病原菌

其他病原菌种类繁多，现将几种重要的病原菌归纳如下（表3-7）。

表3-7　其他病原性细菌

菌种	主要生物学特性	致病因素	所致疾病	防治措施
铜绿假单胞菌	G^-小杆菌，有荚膜、鞭毛、菌毛。产生水溶性绿色色素，抵抗力强，易耐药	菌毛、荚膜、侵袭性酶、内毒素、外毒素	医院感染常见菌，引起各种继发感染，如皮肤感染、中耳炎、败血症等	药品微生物检查的控制菌之一；应严格无菌操作；已研制出多种疫苗，治疗可选哌拉西林、头孢他啶等
流感嗜血杆菌	G^-小杆菌，多有菌毛、有荚膜。培养需X因子、V因子。抵抗力较弱	荚膜、菌毛、内毒素、IgA蛋白酶	原发感染以小儿多见，成人多为继发感染，如慢性支气管炎等	接种b型荚膜多糖疫苗进行特异性预防；治疗可用磺胺类药、青霉素、链霉素等

续表

菌种	主要生物学特性	致病因素	所致疾病	防治措施
百日咳鲍特菌	G^- 短小杆菌，有毒株有荚膜和菌毛。鲍-金培养基上生长良好。抵抗力较弱	荚膜、菌毛、百日咳毒素等多种毒素	呼吸道飞沫传播，引起百日咳	接种百白破联合疫苗进行特异性预防；治疗可用红霉素、罗红霉素等
白喉棒状杆菌	G^+ 棒状杆菌，菌体内有异染颗粒。吕氏培养基上生长迅速，对日光和干燥抵抗力强	白喉外毒素	经呼吸道传播，引起白喉，儿童更易感	接种百白破联合疫苗进行特异性预防；用白喉抗毒素进行紧急预防；治疗用白喉抗毒素、青霉素或红霉素等
嗜肺军团菌	G^- 杆菌，形态易变，有鞭毛、菌毛、微荚膜，水中存活时间长	多种酶与毒素、菌毛、微荚膜	经呼吸道传播，引起军团菌病或医院感染	无特异性疫苗，加强水源管理及供水系统的消毒；治疗首选红霉素
幽门螺杆菌	G^- 菌，呈螺旋形、S 形、海鸥状，有鞭毛。快速脲酶试验强阳性是鉴定该菌的重要依据	鞭毛、菌毛、黏附素、脲酶、毒素（VacA 和 CagA）	口-口或粪-口途径传播，与慢性胃炎、胃溃疡、胃癌的发病有关	疫苗研制中；治疗以胶体铋剂或质子泵抑制剂，加两种抗生素如阿莫西林、克林霉素或甲硝唑联合治疗
空肠弯曲菌	G^- 菌体细长，弯曲呈弧形、S 形、螺形或海鸥状，有鞭毛，抵抗力弱	鞭毛、外膜蛋白、外毒素、内毒素	经接触或消化道感染引起婴幼儿细菌性肠炎、成人食物中毒	无特异性疫苗，注意饮食卫生，加强粪便管理；治疗可用红霉素、氨基糖苷类
布鲁氏菌属	G^- 短小杆菌，专性需氧，抵抗力较强	内毒素、荚膜、侵袭性酶	经接触、皮肤、消化道等多途径传播，引起布鲁氏菌病（波浪热）	防治家畜布鲁氏菌病，切断传播途径，疫区接种疫苗；急性感染用利福平与多西环素联合使用
炭疽杆菌	G^+ 粗大杆菌，两端平截，竹节状排列，有荚膜，芽孢小于菌体宽度，位于中央	荚膜和炭疽毒素	经皮肤、消化道、呼吸道等多途径传播，引起炭疽病	控制家畜感染和牧场污染，加强动物检疫，特异性预防用炭疽减毒活疫苗；可用青霉素 G、环丙沙星等
鼠疫耶尔森菌	G^- 卵圆形短小杆菌，有荚膜，亚甲蓝染色后两极浓染，抵抗力弱	V/W 抗原、荚膜、外膜蛋白、鼠毒素等	鼠蚤是传播媒介，先在鼠类之间传播，人被鼠蚤叮咬，引起人间鼠疫	灭鼠灭蚤，加强国防国境、海关检疫，接种活疫苗；治疗需早期足量用药，常用链霉素加磺胺类药或四环素

自 测 题

一、名词解释

1. 血浆凝固酶　2. 抗 O 试验　3. 肥达试验　4. 结核菌素试验　5. BCG

二、单项选择题

1. 下列不属于葡萄球菌生物学性状的是（　　）

A. 球形

B. 革兰氏染色阳性

C. 产生水溶性色素

D. 耐盐性强

E. 排列呈葡萄状

2. 金黄色葡萄球菌感染后，病灶局限、脓液黏稠，主要是因为产生（ ）
A. 溶血毒素和杀白细胞素
B. 透明质酸酶、链激酶、链道酶
C. 红疹毒素和链激酶
D. 链激酶、溶血毒素、链道酶
E. 血浆凝固酶

3. 下列哪种疾病是一种菌群失调症（ ）
A. 假膜性肠炎 B. 风湿热
C. 急性肾小球肾炎 D. 脓疱疮
E. 流脑

4. 下列对青霉素最易产生耐药性的细菌是（ ）
A. 链球菌
B. 金黄色葡萄球菌
C. 肺炎链球菌
D. 脑膜炎奈瑟菌
E. 淋病奈瑟球菌

5. 链球菌不能引起下列哪种疾病（ ）
A. 脓疱疮 B. 猩红热
C. 淋病 D. 淋巴管炎
E. 风湿热

6. 乙型溶血性链球菌感染后，病灶扩散趋势明显主要是因为（ ）
A. 溶血毒素和杀白细胞素
B. 透明质酸酶、链道酶、链激酶
C. 红疹毒素和链激酶
D. 链激酶、溶血毒素、链道酶
E. 血浆凝固酶

7. 抗O试验可辅助诊断（ ）
A. 结核病 B. 肺炎
C. 流脑 D. 百日咳
E. 风湿热

8. 通过性接触传播的细菌是（ ）
A. 链球菌 B. 金黄色葡萄球菌
C. 肺炎链球菌 D. 脑膜炎奈瑟菌
E. 淋病奈瑟球菌

9. 一般情况下不致病，且能合成维生素B、维生素K的细菌是（ ）
A. 变形杆菌 B. 大肠埃希菌
C. 伤寒沙门菌 D. 痢疾志贺菌
E. 产气荚膜杆菌

10. 鉴别肠道杆菌致病菌与非致病菌的生化反应是（ ）
A. 吲哚试验 B. 葡萄糖发酵试验
C. 菊糖发酵试验 D. 乳糖发酵试验
E. 甘露醇发酵试验

11. 卫生细菌学上，水和食品中检出哪种细菌表示有粪便污染（ ）
A. 葡萄球菌 B. 变形杆菌
C. 沙门菌 D. 志贺菌
E. 大肠埃希菌

12. 可产生菌血症的细菌是（ ）
A. 志贺菌 B. 白喉棒状杆菌
C. 肉毒梭菌 D. 伤寒沙门菌
E. 破伤风杆菌

13. 疑似伤寒和副伤寒患者，做病原体分离培养采集标本时，发病1周应取（ ）
A. 血液 B. 尿液 C. 粪便
D. 胆汁 E. 骨髓

14. 诊断伤寒和副伤寒常用的血清学试验是（ ）
A. 外斐反应 B. 结核菌素试验
C. 抗O试验 D. 胶乳凝集试验
E. 肥达反应

15. 霍乱弧菌是革兰氏阴性菌，其主要致病物质是（ ）
A. 内毒素 B. 侵袭性酶
C. 荚膜 D. 外毒素
E. 芽孢

16. 关于霍乱的描述，错误的是（ ）
A. 属于烈性传染病
B. 人类是霍乱弧菌的唯一易感者
C. 剧烈呕吐腹泻，米泔水样便
D. 病后免疫力短暂
E. 该病原菌嗜碱性

17. 下列通过吃海产品或盐渍食品引起食物中毒

的细菌是（　　）
A. 霍乱弧菌　B. 大肠埃希菌
C. 痢疾志贺菌　D. 副溶血性弧菌
E. 链球菌

18. 破伤风患者的典型表现是（　　）
A. 肌肉麻痹　B. 肌肉痉挛
C. 化脓性感染　D. 败血症
E. 胃肠道症状

19. 能引起气性坏疽的细菌是（　　）
A. 沙门菌　B. 产气荚膜梭菌
C. 肉毒梭菌　D. 破伤风梭菌
E. 无芽孢厌氧菌

20. 肉毒梭菌所致食物中毒的主要表现是（　　）
A. 胃肠道症状　B. 败血症
C. 肌肉麻痹　D. 肌肉痉挛
E. 化脓性感染

21. 下列哪种细菌不能产生肠毒素（　　）
A. 金黄色葡萄球菌
B. 霍乱弧菌
C. 产气荚膜梭菌
D. 肉毒梭菌
E. 某些大肠埃希菌

22. 结核分枝杆菌的主要致病物质是（　　）
A. 内毒素　B. 外毒素
C. 侵袭性酶　D. 鞭毛
E. 菌体成分

23. 结核菌素试验的原理是（　　）
A. Ⅰ型超敏反应　B. Ⅱ型超敏反应
C. Ⅲ型超敏反应　D. Ⅳ型超敏反应
E. Ⅴ型超敏反应

24. 卡介苗的制备原理是利用了细菌的（　　）
A. 形态变异　B. 毒力变异
C. 耐药性变异　D. 结构变异
E. 菌落变异

25. 与胃溃疡、胃癌发生关系密切的病原体是（　　）
A. 大肠埃希菌　B. 志贺菌
C. 幽门螺杆菌　D. 无芽孢厌氧菌
E. 肉毒梭菌

三、简答题

1. 葡萄球菌、链球菌引起的局部化脓性炎症各有何特点？为什么？
2. 简述破伤风梭菌的致病条件及防治原则。
3. 简述结核分枝杆菌的主要生物学特性、致病性及防治原则。

（莫丽平　李花珍）

第 4 章 放线菌与真菌

学习目标

1. 素质目标　培养学生对微生物学的科学态度和专业精神，强化其职业道德和责任感。

2. 知识目标　掌握放线菌和真菌的概念、生物学特性、致病性及防治原则；熟悉与药学有关的放线菌和真菌的主要特性及其与药物的关系；了解放线菌与真菌的用途。

3. 能力目标　学会正确利用放线菌和真菌，在工作及生活中增强防霉意识，提高对放线菌和真菌性疾病的防控能力。

课程思政：抗生素的先驱：弗莱明与瓦克斯曼

亚历山大·弗莱明的意外发现——青霉素，于 1928 年开启了抗生素时代，为医学界带来了革命性的变革。这一发现不仅彰显了科学探索的重要性，也体现了科学家对人类福祉的贡献，弗莱明因此荣获 1945 年诺贝尔奖。然而，青霉素的抗菌范围有限。1943 年，在塞尔曼·瓦克斯曼的坚持和创新下，从灰链霉菌中提取出链霉素，为治疗结核病等顽疾提供了新的解决方案，其贡献亦获得 1952 年诺贝尔奖的肯定。

放线菌在医药工业中的贡献巨大，约 70% 的临床抗生素源自这一微生物群体，它们在治疗多种细菌感染中发挥着关键作用。这不仅是微生物学领域的重大突破，更是人类智慧的体现。每一位医学生都应秉承弗莱明和瓦克斯曼的科学精神和奉献精神，以“敬佑生命、救死扶伤”为己任，不断追求专业精进，服务人民健康。

第 1 节　放　线　菌

考点　放线菌的概念及应用

案例 4-1

患者，男，42 岁。主诉：下颌部肿胀伴疼痛两周。患者两周前出现下颌部轻微肿胀，未予重视，后肿胀逐渐加重，疼痛明显，局部皮肤发红、坚硬，触之有热感。自行服用消炎药未见好转。查体：下颌部肿胀区域皮温升高，触诊无明显波动。口腔检查发现患者口腔卫生状况较差，智齿周围牙龈红肿。经微生物培养及病理检查，确诊为放线菌感染。

问题：该疾病该如何预防和治疗？

放线菌是一类菌落多呈放射状生长，以孢子繁殖的多核单细胞原核生物。其革兰氏染色结果为阳性，生物学特性上介于细菌和真菌之间，在自然界中广泛分布。目前临床常用的抗生素约 70% 由放线菌产生，如链霉素、红霉素、四环素等。除此之外，放线菌还广泛应用于生产生化药物，如抗癌剂、酶抑制剂和免疫抑制剂，以及酶制剂和维生素等。然而，值得注意的是，虽然大多数放线菌对人类有益，但少数种类，如诺卡菌属和放线菌属，对人类及动植物具有致病性，可能引发皮肤病、肺炎等疾病。

一、生物学特性

（一）形态与结构

放线菌由菌丝和孢子两部分组成。

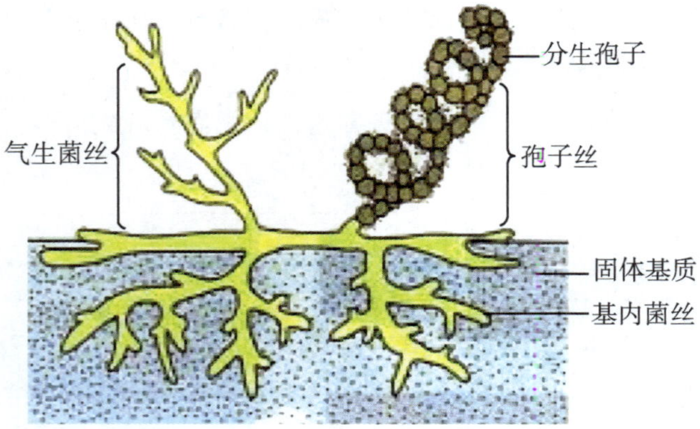

图 4-1　放线菌形态构造图

1. 菌丝　孢子在适宜环境下发芽形成丝状分枝的管状结构，直径 1μm 左右。在营养生长阶段，菌丝内无隔膜，通常呈多核的单细胞状态。菌丝不断延伸和分枝形成网状结构，称为菌丝体。根据菌丝体形态与功能的不同，可分为基内菌丝、气生菌丝和孢子丝 3 种（图 4-1）。

（1）基内菌丝　放线菌孢子在固体基质表面萌发后，向基质表面和内部伸长的菌丝称为基内菌丝，主要功能是吸收营养物质，又称营养菌丝或一级菌丝。直径 0.4 ～ 1.2μm，一般颜色较淡，有的无色，有的可产生黄、橙、红、紫、蓝、绿等水溶性或脂溶性色素。

（2）气生菌丝　当基内菌丝发育到一定阶段，长出培养基表面并伸向空中生长的菌丝称为气生菌丝，又称二级菌丝。一般颜色较深，直径较基内菌丝略粗，为 1.0 ～ 1.4μm，呈直或弯曲状而有分枝，有的可产生色素。

（3）孢子丝　气生菌丝生长发育到一定阶段，在其顶端分化出可形成孢子的菌丝称孢子丝，又称繁殖菌丝。

孢子丝的形态多样，有直形、波曲状、钩状、螺旋状，其中螺旋状的孢子丝较为常见。孢子丝的形状及在气生菌丝上的排列方式随菌种的不同而不同（图 4-2）。孢子丝生长到一定阶段就产生成串的分生孢子。放线菌孢子丝的形态和着生方式，可作为放线菌分类和鉴定的重要依据。

2. 孢子　放线菌的孢子主要是分生孢子，少数为孢囊孢子。

（1）分生孢子　是通过横隔分裂来完成的，形成方式主要有两种：一种是细胞膜内陷，形成圆形或椭圆形的孢子；另一种是细胞壁和细胞膜同时内陷，形成横隔，将孢子丝断裂成一串孢子，孢子多为杆状或柱状。

（2）孢囊孢子　少数放线菌可在气生菌丝或营养菌丝上形成孢子囊，孢子囊成熟后，释放出大量孢囊孢子。

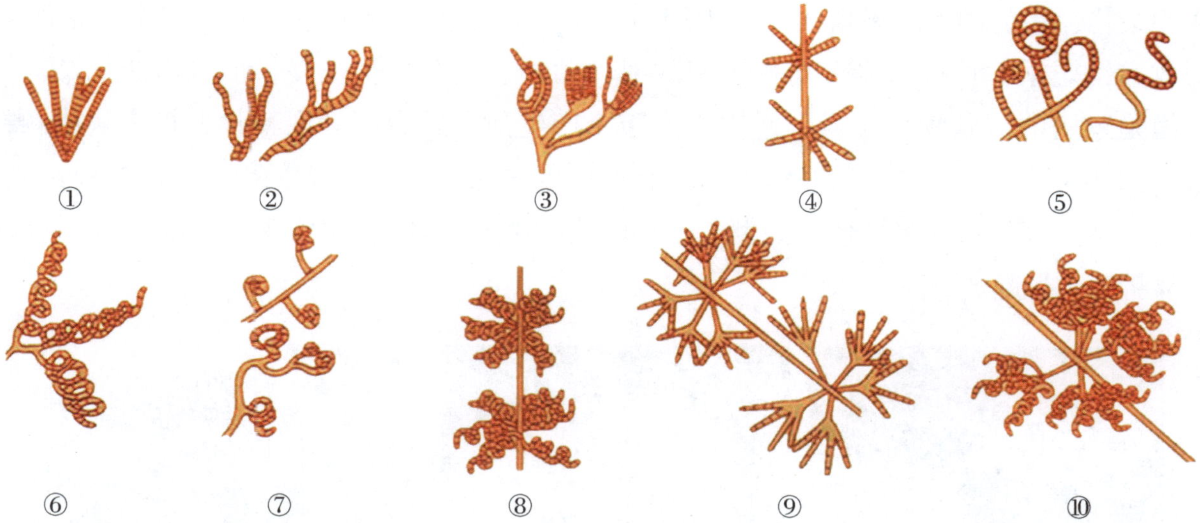

图 4-2　放线菌的各种孢子丝

①垂直；②波曲；③丛生；④单轮生无螺旋；⑤松环钩状简单螺旋；⑥松螺旋；⑦紧螺旋；⑧单轮生有螺旋；⑨双轮生无螺旋；⑩双轮生有螺旋

放线菌孢子的形态多样，有球形、椭圆形、柱形、腊肠状或瓜子状等。放线菌孢子颜色也十分丰富，如白色、灰色、橙黄色、红色、蓝色等。孢子的类型、形状、着生位置、排列方式、表面结构以及颜色都是鉴定放线菌的重要依据。

考点　放线菌的形态结构

（二）生长繁殖

1. 培养条件　多数放线菌为需氧菌，适宜酸碱度 pH 7.5 ～ 8.5，最适温度 28 ～ 30℃。营养要求不高，但培养基中需加入足量的淀粉和多种无机盐。放线菌的培养有固体培养和液体培养两种方式。固体培养可以积累大量的孢子；液体培养则可获得大量的菌丝体及代谢产物。在抗生素生产中，一般采用液体培养。

2. 繁殖方式　放线菌主要通过形成无性孢子的方式繁殖，在液体培养条件下很少形成孢子，主要以菌丝断裂的方式繁殖。

放线菌生长到一定阶段，一部分气生菌丝形成孢子丝，孢子丝成熟便分化形成许多孢子，孢子在适宜条件下吸水萌发，生出 1 ～ 3 个芽管，芽管进一步生长分枝形成基内菌丝，基内菌丝发育到一定阶段，向外部空间生长形成气生菌丝，如此反复循环，构成了放线菌的生活史（图 4-3）。

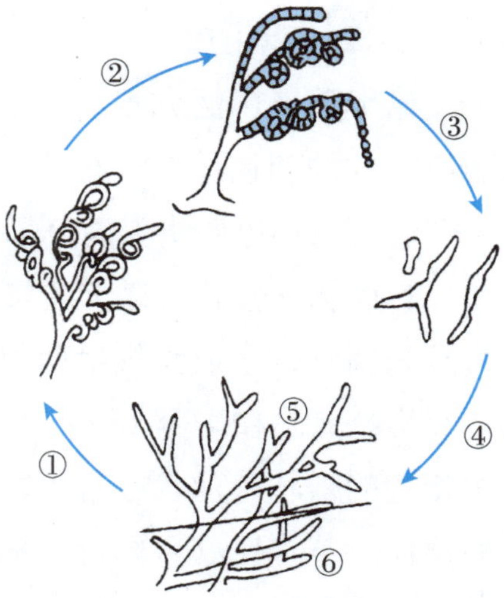

图 4-3　放线菌生活史示意图

①气生菌丝形成孢子丝；②孢子丝分化成孢子；③孢子萌发生出芽管；④芽管生长分枝形成菌丝体；⑤气生菌丝；⑥基内菌丝

考点　放线菌的繁殖方式

3. 菌落特征　放线菌的菌落是由菌丝相互缠绕而形

成的结构，多为圆形，菌落大小介于细菌菌落与霉菌菌落之间，在固体培养基表面。用放大镜观察，可以看到菌落周围有放射状菌丝。菌落生长缓慢，形成需 3 ～ 7 天，表面是紧密的绒状物，干燥、坚实、多皱，产生孢子后表面呈现絮状、粉末状或颗粒状（图 4-4）。培养基的底部和表面都有不同的颜色，正面是气生菌丝和孢子的颜色，背面是基内菌丝和水溶性色素的颜色。基内菌丝生长在培养基内，着生牢固，接种针不容易将菌丝挑起。

絮状　　粉末状　　颗粒状

图 4-4　放线菌菌落

在液体培养基中，对放线菌进行室内摇瓶培养时，常可见到在液面与瓶壁交界处粘贴着一圈菌苔，但是不会使培养液变浑浊，其中悬浮着许多球状菌丝团，一些大型菌丝团则沉在瓶底等。

考点　放线菌的菌落特征

二、致病性放线菌

（一）诺卡菌属

诺卡菌属广泛分布于土壤中，能产生多种抗生素，如对结核分枝杆菌和麻风分枝杆菌有特效的利福霉素、对革兰氏阳性细菌有作用的瑞斯托菌素等。对人体致病的主要有星形诺卡菌和巴西诺卡菌。星形诺卡菌致病力最强，在我国最常见。

1. 生物学性状　诺卡菌属在培养基上形成典型的菌丝体，剧烈弯曲如树根或不弯曲，具有长菌丝，多数无气生菌丝，少数种在营养菌丝表面覆盖极薄的一层气生菌丝。此属的突出特点是在培养 15 ～ 96h 内，菌丝体产生横隔膜，分枝的菌丝体突然全部断裂成长短相近的杆状、球状或带叉的杆状体，每个杆状体内至少有一个核，可复制并形成新的菌丝体。革兰氏染色阳性，部分诺卡菌具有抗酸性，但用 1% 盐酸乙醇延长脱色时间即可变为抗酸阴性，此点可与结核分枝杆菌相鉴别。

诺卡菌属多为需氧性腐生菌，少数为厌氧性寄生菌，能同化各种碳水化合物，有的能利用碳氢化合物、纤维素等，于 22℃或 37℃均可生长，繁殖速度缓慢，一般 1 周以上长出黄、白色的菌落，菌落形态与结构多样，一般比链霉菌菌落小，表面多皱，致密干燥或呈蜡样，一触即碎，或如面团，有的种菌落平滑或凸出，无光泽或发亮呈水浸样。

2. 致病性与免疫性　诺卡菌属致病主要靠外源性感染。人类被诺卡菌感染主要见于免疫力低下者。代表致病菌为星形诺卡菌、巴西诺卡菌。

（1）星形诺卡菌　通过呼吸道或伤口侵入机体，引起化脓性感染或坏死，引起肺炎、肺脓肿等，产生类似肺结核症状，尤其是抵抗力低下（如白血病）的患者，也可经血行播散引起脑膜炎或脑脓肿。经皮肤创伤感染，侵入皮下引起慢性肉芽肿并形成瘘管。

（2）巴西诺卡菌　主要侵入皮下组织引起慢性肉芽肿，多发生于腿部和足，故又称足分枝菌病。一般不扩散，在局部表现为脓肿和多发性瘘管。

3. 防治原则　诺卡菌的感染无特异性预防方法，对脓肿和瘘管等可手术清创，切除坏死的组织，各种感染可用抗生素或磺胺类药物、环丝氨酸等治疗，一般治疗不少于 6 周。

（二）放线菌属

放线菌属在自然界分布广泛，常寄生于人和动物口腔、上呼吸道、胃肠道和泌尿生殖道，为正常菌群。此属的典型代表是牛型放线菌。对人致病的放线菌主要是衣氏放线菌，它寄生于人体，可引发人后颚骨肿瘤和肺部感染。

1. 生物学性状　菌丝纤细，直径 0.5 ～ 0.8μm，只有营养菌丝，不形成孢子，革兰氏染色阳性。培养比较困难，在血琼脂平板上培养 4 ～ 6 天，形成微小圆形菌落，直径小于 1mm，表面粗糙，呈灰白色或淡黄色。在患者的病灶和脓液中可找到肉眼可见的黄色小颗粒，称为硫黄样颗粒，将硫黄样颗粒压片革兰氏染色镜检，呈放射状排列的菊花状。

2. 致病性　放线菌属为人体的正常菌群。在机体抵抗力减弱、口腔卫生不良、拔牙或黏膜受损时引起内源性感染，导致软组织的化脓性炎症，若无继发感染则多呈慢性肉芽肿。感染多是慢性无痛性过程，并常伴有多发性瘘管形成，即放线菌病。临床可分为面颈部、胸部、盆腔和中枢神经系统放线菌病，其中以面颈部放线菌病最为常见，多有口腔炎、拔牙史。

3. 防治原则　放线菌感染多引起内源性感染，一般不在人与人或人与动物之间传播，注意个人卫生（尤其口腔卫生）是预防放线菌病的关键。一旦确诊放线菌感染，应立即采取治疗措施，常用的治疗方案包括使用大剂量抗生素，如青霉素、红霉素、克林霉素或磺胺类药物，进行为期数周的治疗。严重感染者可采取外科手术切除脓肿瘘管。

考点　诺卡菌属与放线菌属的致病性和防治原则

三、与药学有关的放线菌

放线菌有 170 多个属，常见的有链霉菌属、小单孢菌属、诺卡菌属和放线菌属。

（一）链霉菌属

链霉菌属是放线菌类的一个大属，数量达 1000 多种，超过半数的放线菌能产生抗生素，其中九成来自链霉菌属。常用的抗生素如抗菌药链霉素和土霉素、抗肿瘤药博来霉素和丝裂霉素、抗真菌药制霉菌素、抗结核药卡那霉素等，均为链霉菌的次级代谢产物。

有些菌种还可以产生蛋白酶、葡萄糖异构酶等。

（二）小单孢菌属

小单孢菌属产生的抗生素仅次于链霉菌，如庆大霉素由绛红小单孢菌和棘孢小单孢菌产生。有的小单孢菌种还能产生利福霉素等抗生素。此属产生抗生素的潜力较大，而且有的还能积累维生素 B_{12} 等，具有较大的开发潜力。

（三）诺卡菌属

诺卡菌属广泛存在于土壤中，能产生 30 余种抗生素，包括对结核分枝杆菌和麻风分枝杆菌有特效的利福霉素，以及作用于革兰氏阳性细菌的瑞斯托菌素等。

（四）放线菌属

放线菌属在自然界分布广泛，能产生 150 多种抗生素，包括对肿瘤、真菌等有一定的作用的绛红霉素，以及对细菌引起的尿路感染有一定疗效的创新霉素。

第 2 节　真　　菌

真菌是一类无叶绿素、有细胞壁、营吸收营养的真核生物。通常以有性和无性两种方式产生孢子进行繁殖，为丝状且有分枝的体细胞结构。

真菌分布广泛、种类繁多。目前已经发现了 10 余万种真菌。多数对人类有益，可用于食用、酿酒、制醋、生产抗生素以及酶制剂等；少数对人类有致病性，与人类疾病有关的真菌 400 余种，可引起人类感染性、中毒性及超敏反应性疾病，有些真菌毒素与肿瘤的发生有关。

一、生物学特性

真菌的形态多种多样，大小差别较大，按其结构可分为单细胞真菌（酵母菌）和多细胞真菌（霉菌、蕈菌）。

1. 单细胞真菌　又称为酵母菌（图 4-5），通常呈球形或椭球形，多以出芽方式繁殖。常见的有酵母型真菌和类酵母型真菌。酵母型真菌在显微镜下可见椭球形的单个细胞。类酵母型真菌则在生长繁殖过程中，其子细胞连成长链，细胞间连接处较狭窄，形似菌丝，称为假菌丝。

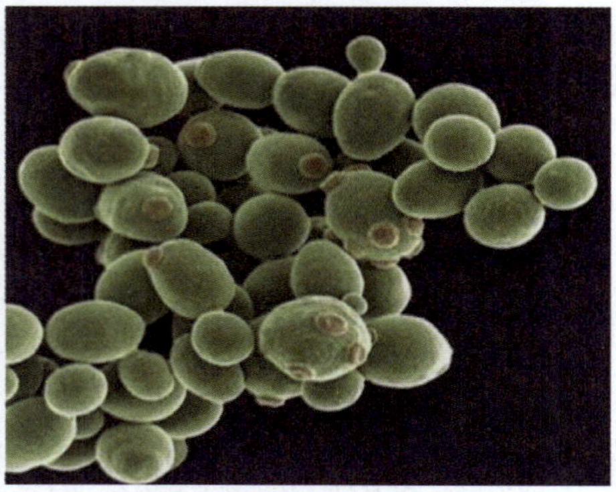

图 4-5　酵母菌形态示意图

酵母菌的细胞壁由葡聚糖、甲壳素、蛋白质等构成，不含肽聚糖，因此青霉素等药物对其无毒性作用。其细胞质中有线粒体、内质网、高尔基体等结构，有高分化程度的细胞核。

2. 多细胞真菌　如丝状真菌或丝状菌，由菌丝和孢子两部分组成。不同真菌的菌丝与孢子的形态各不相同，这是对真菌进行鉴别的重要依据。

（1）菌丝　真菌的孢子在外界环境适宜的情况下，会长出嫩芽，因其中空呈管状，称为芽管。随着真菌的逐渐生长，芽管也继续伸长呈长丝状，称为菌丝。菌丝分枝，交织成团，称为菌丝体。

按照结构可以将菌丝分为有隔菌丝和无隔菌丝。①有隔菌丝：菌丝在一定的间距形成横隔，将菌丝分为许多个单独的细胞。②无隔菌丝：横隔消失，一根菌丝即为一个细胞，其中含多个细胞核（图 4-6）。

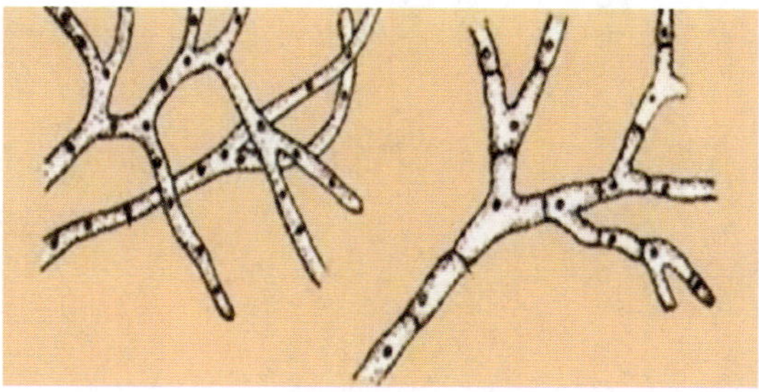

图 4-6　真菌的无隔菌丝和有隔菌丝

按照功能不同可将菌丝分为营养菌丝、气生菌丝、生殖菌丝。①营养菌丝又称基内菌丝，在培养基内生长，主要负责吸取营养。②气生菌丝，指露出培养基表面，向空气中生长的菌丝。③生殖菌丝，是指能产生孢子，负责真菌繁殖功能的菌丝，由气生菌丝发育而来。

菌丝的形态多样，如螺旋状、鹿角状、结节状、球拍状、梳状等，是对霉菌进行鉴别和分类的依据之一（图 4-7）。

图 4-7　真菌菌丝

（2）孢子　是霉菌的繁殖器官，为生殖菌丝发育到一定阶段产生的圆形或卵圆形的结构。霉菌的孢子与细菌的芽孢不同，其抵抗力不强，在 60℃、1h 可以被杀死。

霉菌的孢子分有性孢子和无性孢子两种。

1）有性孢子：由同一个菌体或两个不同菌体上的两个细胞融合，再经过减数分裂形成的，经过了基因物质的交换。如卵孢子、接合孢子、子囊孢子、担孢子。大多数非致病性霉菌产生有性孢子。

2）无性孢子：无菌丝融合和基因物质交换的过程，是由菌丝直接分裂或出芽形成的，如关节孢子、厚垣孢子、孢子囊孢子、分生孢子、芽生孢子。大多数致病性霉菌具有无性孢子（图 4-8）。

考点 真菌形态与结构

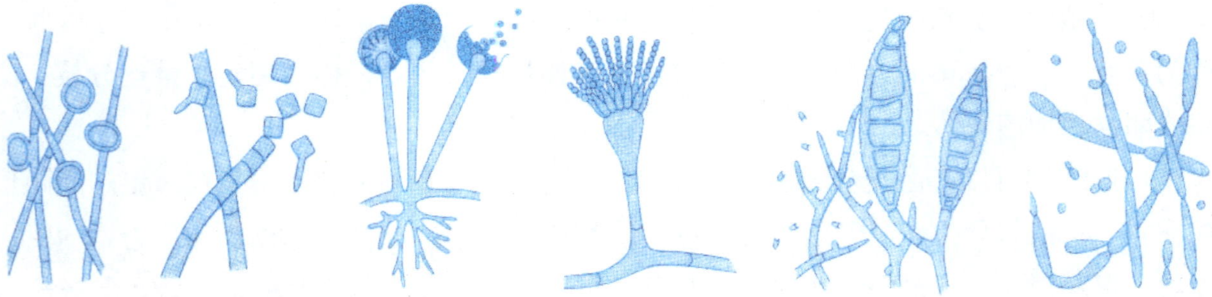

图 4-8 霉菌的无性孢子

二、生长繁殖

（一）酵母菌

1. 酵母菌的繁殖方式　酵母菌无性繁殖和有性繁殖交替进行。无性繁殖和有性繁殖所占的比例则因酵母菌种类而异。

大多数酵母菌的主要繁殖方式为无性繁殖。主要包括芽殖、裂殖、无性孢子繁殖等。芽殖是酵母菌无性繁殖的主要方式，指的是成熟的酵母菌细胞，先长出一个小芽，芽细胞长到一定程度后脱离母细胞继续生长，形成新的个体。

部分酵母菌的繁殖方式为有性繁殖。在营养状况不良时，可进行有性生殖的酵母菌会形成子囊孢子，在条件适合时再萌发。

2. 酵母菌的培养　酵母菌为兼性厌氧菌，营养要求不高，常用沙保培养基进行培养，约 48h 即可生长出菌落。

酵母菌菌落有两类。①酵母型菌落：菌落柔软致密、光滑湿润，在显微镜下观察可见芽生孢子，无菌丝。如新型隐球菌的菌落。②类酵母型菌落：某些单细胞真菌出芽后，芽管延长呈藕节状细胞链的假菌丝，伸入培养基内，外观与酵母型菌落相似，称类酵母型菌落，如白假丝酵母菌的菌落。

（二）霉菌

1. 霉菌的繁殖方式　霉菌可通过产生无性孢子和有性孢子进行繁殖。一般霉菌在生长的初始阶段先进行无性繁殖，后期在菌丝上产生有性孢子再进行有性繁殖。

2. 霉菌的培养　营养要求不高，常用沙保培养基培养，多数病原性霉菌生长缓慢，培养 1 ～ 4 周才出现典型的菌落。在沙保培养基上，霉菌菌落为丝状菌落，由疏松的菌丝体和孢子组成。菌落呈棉絮状，绒毛状或粉末状，菌落正反面可呈现不同的颜色。丝状菌落的这些特征，是真菌的鉴定与分类的依据。

三、抵　抗　力

真菌对热的抵抗力不强，60 ～ 70℃，1h 菌丝与孢子均能被杀死，但对干燥、日光、紫外线及一般消毒剂有较强的耐受力。对 2% 苯酚、1% 氯化汞及 10% 甲醛等较敏感。

对常用的抗生素及磺胺类药物均不敏感。灰黄霉素、制霉菌素、两性霉素 B、克霉唑、伊曲康唑等对多种真菌有抑制作用。

四、致病性真菌

（一）浅部感染真菌

浅部感染真菌主要侵犯机体皮肤组织或角质层、指（趾）甲以及毛发等，引起局部组织病变，如体癣、股癣、甲癣、头癣等。浅部真菌感染主要由皮肤癣菌引起，包括表皮癣菌属、毛癣菌属和小孢子菌属，经直接接触或间接接触传播。

（二）深部感染真菌

深部感染真菌主要侵犯人体皮下组织、黏膜和内脏，常引起侵犯部位慢性肉芽肿样炎症、溃疡和组织坏死等。引起深部真菌感染的主要是白假丝酵母菌、隐球菌、曲霉菌、毛霉菌、申克孢子丝菌、组织胞质菌、副球孢子菌和皮炎芽生菌等。感染途径通常是血液传播和接触传播。

（三）机会感染性真菌

1. 新型隐球菌　又称溶组织酵母菌，革兰氏染色阳性，球形，直径 5 ～ 11μm（图 4-9），常存在于鸽粪中，人吸入被鸽粪污染的空气后，引起隐性感染或肺炎，当机体免疫力降低时，可向全身播散，引起慢性脑膜炎、脑炎等，亦可入侵骨骼、肌肉、淋巴结等多器官，引起慢性炎症和脓肿。

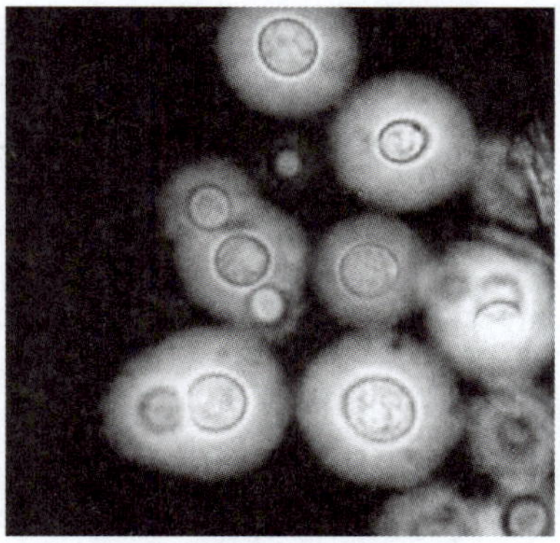

图 4-9　墨汁负染的新型隐球菌形态（×1000）

2. 白假丝酵母菌　又称白念珠菌，革兰氏染色阳性，直径 4 ～ 6μm，属类酵母型真菌，可以产生假菌丝。该菌通常作为正常微生物群存在于人体的口腔、鼻咽腔、肠道及女性的阴道黏膜上皮细胞表面。当机体大量使用广谱抗生素造成菌群失调时，可引起皮肤黏膜感染，严重的可引起内脏和中枢神经系统感染。常见的有婴幼儿鹅口疮，主要表现为口腔内膜表面形成白色斑膜；女性阴道炎，导致阴道分泌物增多呈豆腐渣样；肺炎和脑膜炎等相对少见。

（四）真菌毒素

由真菌产生的具有生物活性的小分子化合物，主要污染粮食及其制品、水果、蔬菜及饲料等，如镰刀菌、黄曲霉菌等可在粮食中生长并产生毒素，人在食用后可导致急、慢性中毒，称为真菌中毒症。临床表现为肝肾功能损害、血液系统和神经系统的损害。

多种真菌毒素与肿瘤的发生有关。如黄曲霉毒素，其毒性很强，小剂量即具有强致癌作用，可引起原发性肝癌。此外，棒状曲霉、黑曲霉、烟曲霉等也可产生类似黄曲霉毒素的致癌物质。

少数蕈菌也能产生毒素，人或动物食用后，可引起食物中毒，严重者可致死。主要表现有肠胃炎型、神经精神型、溶血型、肝脏损害型及呼吸与循环衰竭型等。

（五）真菌性疾病的防治原则

1. 预防　真菌性疾病尚无特异性预防方法。癣病的预防主要是注意个人卫生、公共卫生。要注意保持皮肤清洁、干燥及黏膜的完整性；避免直接或间接与患者接触以切断传播途径。预防深部真菌感染，去除诱因，合理使用抗生素。

2. 治疗　癣病治疗以局部治疗为主，可用克霉唑、十一烯酸或水杨酸制剂等外用药，疗效不佳时，口服抗真菌药物；深部真菌感染的治疗，根据感染的部位不同选择药物，可口服抗真菌药物治疗，如两性霉素 B、制霉菌素、氟康唑、伊曲康唑等。

考点 真菌感染的防治原则

链接　黄曲霉毒素

黄曲霉毒素是主要由黄曲霉菌、寄生曲霉菌产生的次级代谢产物，为二氢呋喃香豆素的衍生物，是一种毒性极强的物质。黄曲霉毒素属于一类致癌物，危害性在于对人及动物肝组织有破坏作用，严重时可导致肝癌甚至死亡。黄曲霉毒素常污染花生、玉米、稻米、大豆等农产品及其制品。黄曲霉毒素分子结构稳定，耐高温，一般的烹调加工温度下很难将其破坏。除了食物外，一些中药也可能会被黄曲霉毒素污染，如胖大海、桃仁、肉豆蔻等药物在入药前都需要对黄曲霉毒素的含量进行检测。《中华人民共和国药典》制定易霉变中药材及饮片真菌毒素限量标准，如蜂房、土鳖虫等增加了黄曲霉毒素的限量要求。

五、与药学有关的真菌

（一）酵母菌

把酵母菌经高温干燥可制成酵母粉，治疗消化不良，并能促进新陈代谢，增强食欲。酵母菌还可用于生产脂肪酸、甘油、甘露醇等药物，也可作为生产单细胞蛋白的原料。

（二）霉菌

霉菌能产生许多药物如抗生素、维生素等。其中青霉素是产黄青霉菌的代谢产物，对革兰氏阳性细菌有较强的杀伤作用。灰黄霉素则由荨麻青霉产生，对真菌有良好的杀伤作用，可用于抑制皮肤癣菌的生长繁殖。头孢菌素则是由青霉素 C 和青霉素 V 经化学加工后制备而成。

（三）蕈菌

许多蕈菌都具有一定的药用价值，如灵芝、猴头、茯苓、银耳等。这些蕈菌除了含有蛋白质、氨基酸、维生素、真菌多糖等营养物质，还具有抗癌、抗衰老、增强免疫力等功效。

自 测 题

一、名词解释

1. 放线菌　2. 基内菌丝　3. 气生菌丝　4. 孢子丝　5. 真菌　6. 菌丝　7. 孢子

二、单项选择题

1. 抗生素中约 70% 来自（　　）
A. 真菌　B. 细菌　C. 放线菌
D. 病毒　E. 青霉菌

2. 放线菌引起的化脓性感染及其脓液特征是（　　）
A. 黏稠，呈金黄色
B. 黏稠，呈暗黑色
C. 可见到硫黄样颗粒
D. 稀薄，呈血水样
E. 稀薄，暗绿色

3. 在放线菌的发育过程中，吸收水分和营养物质的是（　　）
A. 孢子　B. 孢子丝
C. 孢子梗　D. 基内菌丝
E. 气生菌丝

4. 放线菌在液体培养条件下很少形成孢子，主要以哪种方式繁殖（　　）
A. 无性孢子　B. 有性孢子
C. 菌丝断裂　D. 有性接合
E. 二分裂

5. 星形诺卡菌引起人的主要疾病是（　　）
A. 肺炎　B. 脑膜炎　C. 腹膜炎
D. 败血症　E. 脑脓肿

6. 可引起鹅口疮的微生物是（　　）
A. 新型隐球菌　B. 毛霉
C. 白念珠菌　D. 皮肤癣菌
E. 根霉

7. 鉴定患者标本中新型隐球菌最有效的染色方法是（　　）
A. 革兰氏染色　B. 瑞氏染色
C. 镀银染色　D. 抗酸染色
E. 墨汁染色

8. 与肝癌有关的真菌产物是（　　）
A. 赤霉素　B. 黄曲霉毒素
C. 灰黄霉素　D. 青霉素
E. 镰刀菌素

9. 下列病原体中属于真核细胞型微生物的是（　　）
A. 支原体　B. 病毒
C. 白色念珠菌　D. 细菌
E. 螺旋体

10. 真菌区别于细菌的本质是（　　）
A. 菌落外观不同
B. 有多种繁殖方式
C. 真菌有典型的细胞核和核结构
D. 细胞壁中无肽聚糖
E. 有单细胞或多细胞

11. 致病性真菌不包括（　　）
A. 皮肤丝状菌　B. 酵母菌
C. 新型隐球菌　D. 白假丝酵母菌
E. 黄曲霉菌

三、简答题

1. 简述放线菌的菌落特征和繁殖方式。
2. 简述放线菌的常见代表属及它们在医药方面的用途。
3. 简述真菌按结构的分类及真菌的繁殖方式。
4. 简述与药物相关的真菌种类及它们在医药方面的用途。

（林敏娜）

第5章 其他原核细胞型微生物

学习目标

1. 素质目标　培养学生科学探究精神，以及在职业实践中的伦理责任感。

2. 知识目标　掌握衣原体、支原体、立克次体和螺旋体的概念及主要生物学特性；熟悉衣原体、支原体、立克次体和螺旋体的防治原则；了解衣原体、支原体、立克次体和螺旋体的致病性。

3. 能力目标　提高预防和控制衣原体、支原体、立克次体和螺旋体所致疾病的能力。

课程思政：汤飞凡——沙眼衣原体的发现者与疫苗研制先锋

在1954年，沙眼病的流行范围之广令人震惊，它严重损害了许多人的视觉，甚至导致一些人失去了视力。世界卫生组织也将沙眼列为国际重大流行疾病之一。

中国科学家汤飞凡，在1955年采用创新的鸡卵黄囊接种法，首次成功分离出沙眼衣原体。为了验证他所提取的沙眼衣原体正是引起沙眼的病原体，他勇敢地让助手将沙眼衣原体滴入自己的眼睛。不久，他的双眼便出现了沙眼的典型临床症状。在接下来的40天里，尽管遭受眼睛肿胀和剧痛的折磨，汤飞凡坚持不进行治疗，以便收集详尽的临床资料和数据。他的坚持最终证实了沙眼是由沙眼衣原体引起的。

汤飞凡不仅在这一领域取得了突破，还在微生物学领域取得了多项重要的研究成果。特别值得一提的是，他在快速研制传染病疫苗方面展现出了卓越的才能。

第1节　衣　原　体

衣原体是专性寄生在原核细胞内，有细胞结构但无自主产能代谢系统的，对抗生素敏感的一类原核生物。广泛寄生于人类、其他哺乳动物及鸟类，仅少数有致病性。能引起人类疾病的有沙眼衣原体、鹦鹉热衣原体、肺炎衣原体。沙眼衣原体包括沙眼生物变种、淋巴肉芽肿生物变种和鼠生物变种，主要引起沙眼、泌尿生殖系统疾病、性病淋巴肉芽肿及婴幼儿肺炎。

一、生物学特性

（一）形态染色与培养特性

衣原体为专性原核细胞内寄生，有细胞壁，但无肽聚糖，含有DNA和RNA，有独特的发育周期（图5-1），光学显微镜下可见两种不同的形态：①原体，小而致密，直径为 0.2 ～ 0.4μm，呈球形，无繁殖能力，有高度感染性；②始体，球形或卵球形，直径为 0.5 ～ 1.0μm，大而疏松的网状体，以二分裂方式繁殖，无感染性。革兰氏染色阴性，用吉姆萨染色，原体为紫红色，始体为深蓝色。

考点　衣原体的发育周期

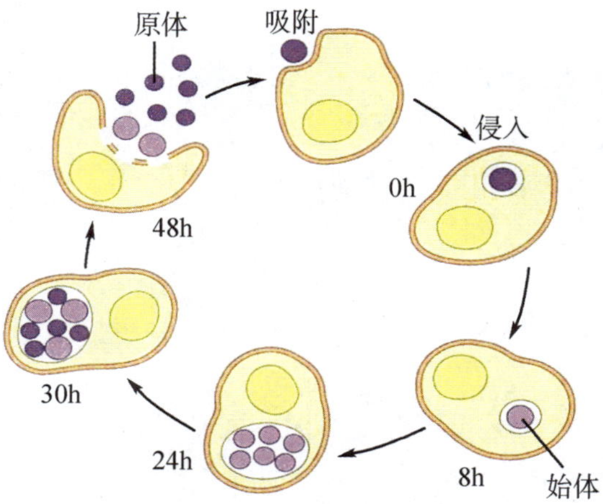

图 5-1　衣原体的生活周期示意图

（二）抵抗力

衣原体耐冷不耐热，56 ～ 60℃仅能存活 5 ～ 10min，在 -60℃可保存 5 年，液氮内可保存 10 年以上。对四环素、氯霉素、多西环素和红霉素等抗生素敏感。用 2% 氢氧化钠或 1% 的盐酸 2 ～ 3min，75% 乙醇溶液 1min，0.1% 甲醛溶液或 0.5% 苯酚溶液 24h 以及紫外线照射均可将其灭活。

二、致　病　性

1. 致病物质　主要是外膜蛋白、毒性代谢产物和内毒素样物质。

2. 所致疾病　对人类有致病性的衣原体主要有沙眼衣原体、鹦鹉热衣原体、肺炎衣原体，所致疾病见表 5-1。

表 5-1　衣原体的分类及致病性

衣原体的种类	所致疾病	传播途径	主要临床表现
沙眼衣原体	沙眼	眼 - 眼或眼 - 手 - 眼	早期的症状表现为流泪、黏液脓性分泌物、结膜充血、滤泡和乳头增生，晚期可出现结膜瘢痕、眼睑内翻、倒睫等，甚至失明（图 5-2）
	包涵体结膜炎：婴儿结膜炎及成人结膜炎	新生儿经产道感染；成人经两性接触、经手 - 眼途径或污染的游泳池水感染	新生儿表现为急性化脓性结膜炎（包涵体脓漏眼）；成人表现为滤泡性结膜炎
	泌尿生殖道感染	性接触	男性多表现为非淋菌性尿道炎，可合并附睾炎、直肠炎等。女性表现为尿道炎、宫颈炎、输卵管炎等，以及不孕不育或异位妊娠等严重并发症
	性病淋巴肉芽肿	性接触	男性表现为化脓性淋巴结炎和慢性性病淋巴肉芽肿，常形成瘘管；女性表现为会阴、肛门、直肠炎症，以及会阴 - 肛门 - 直肠组织狭窄
鹦鹉热衣原体	鹦鹉热	呼吸道	临床表现多为非典型性肺炎，以发热、头痛、干咳为主要症状，可并发心肌炎

续表

衣原体的种类	所致疾病	传播途径	主要临床表现
肺炎衣原体	呼吸道感染	呼吸道	引起急性呼吸道感染，肺炎、支气管炎和鼻窦炎等，以发热、咽痛、咳嗽、头痛等为主要症状

考点 沙眼的传播途径及临床表现

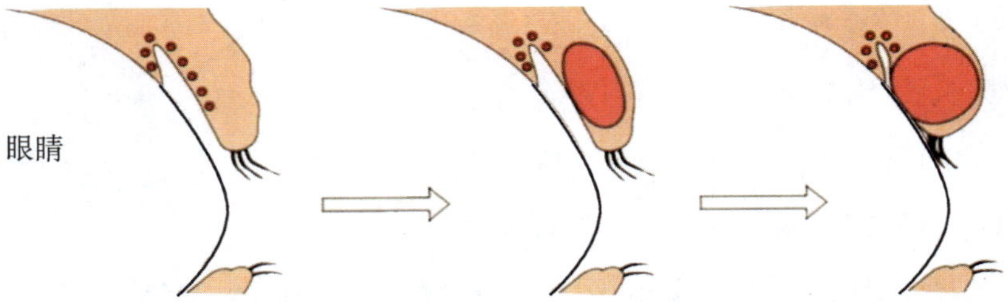

图 5-2 沙眼的病理过程示意图

三、防治原则

沙眼衣原体的预防重点是注意个人卫生，不使用公共毛巾和脸盆，避免直接或者间接的接触传染。泌尿生殖道衣原体的预防应广泛开展性传播疾病防治知识的宣传，避免不洁性行为。鹦鹉热衣原体的预防应加强鸟类与禽类的管理与检疫。目前尚无疫苗预防，常用多西环素、罗红霉素、阿奇霉素等抗生素治疗。

第 2 节 支 原 体

案例 5-1

患者，男，35 岁。因尿道刺激症状和尿道分泌物增多前来医院就诊。患者自述过去一周内有过不安全性行为。症状开始时为轻微尿道瘙痒，随后出现尿道口有黏稠分泌物，且伴有轻微的下腹部不适。查体：尿道口有少量黏液性分泌物，无明显红肿。实验室检查显示尿道分泌物中有大量多形核白细胞，PCR 检测确认解脲支原体感染。

问题：本病如何预防和用药？

支原体是没有细胞壁，呈高度多形性，能通过细菌滤器，能在无生命人工培养基中生长繁殖的最小原核生物。广泛分布于自然界及人和动物体内，大多不致病，对人致病的支原体主要有肺炎支原体、解脲支原体、人型支原体、生殖支原体等。

一、生物学特性

（一）形态及染色

支原体菌体一般在 0.3 ～ 0.5μm，无细胞壁，高度多形性，包括球形、丝状和分枝状等。

革兰氏染色阴性，但不易着色，一般以吉姆萨染色为佳，被染成淡紫色。

（二）培养特性

对营养物质的要求高于一般细菌，大部分的支原体在 37℃、pH7.6 ～ 8.0 的微氧环境中生长最佳。繁殖方式多样，除二分裂繁殖外，还有分节、断裂、出芽或分枝等方式。在含 10% ～ 20% 人或动物血清培养基中生长缓慢，长成典型的油煎蛋样菌落（图 5-3）。

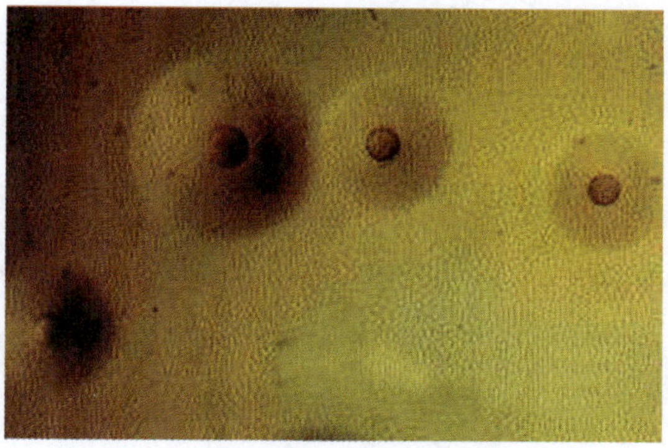

图 5-3　支原体的油煎蛋样菌落

（三）抵抗力

对热、干燥的抵抗力弱，对化学消毒剂敏感，但对结晶紫、醋酸铊有抵抗力；对影响细胞壁合成的抗生素如青霉素天然耐受，对干扰蛋白质合成的抗生素如多西环素、交沙霉素、左旋氧氟沙星、红霉素等敏感。

考点 支原体的形态特征及抵抗力特点

二、致　病　性

（一）致病物质

致病物质有神经毒素、过氧化氢等。解脲支原体可分解尿素放出大量的氨。

（二）所致疾病

肺炎支原体经呼吸道传播，引起人类上呼吸道感染、非典型病原体肺炎、支气管炎等，多发于夏末秋初，患者可表现为咳嗽、发热、头痛等症状，X 线检查肺部有明显浸润，个别伴有心血管、神经症状和皮疹；其他支原体所致疾病，见表 5-2。

表 5-2　其他支原体的感染部位与所致疾病

其他支原体	感染部位	所致疾病
人型支原体	呼吸道	附睾炎、盆腔炎、新生儿肺炎、脑膜炎
解脲支原体	呼吸道、生殖道	非淋菌性尿道炎、前列腺炎、尿路结石
生殖支原体	生殖道	尿道炎、宫颈炎、子宫内膜炎、盆腔炎

三、防治原则

治疗肺炎支原体的感染多采用大环内酯类药物，如罗红霉素、克林霉素、阿奇霉素等，或使用喹诺酮类药物，如氧氟沙星等。对于解脲支原体需加强卫生宣教，避免不洁性行为，切断传播途径。感染者可用四环素类、喹诺酮类药物等治疗。

第3节 立克次体

立克次体是一类以节肢动物为媒介进行传播、专性细胞内寄生的原核生物。大小介于细菌与病毒之间，可传播至人或其他动物，引起人兽共患病。可通过吸血节肢动物蚤、虱、蜱、螨等的叮咬侵入人体。与人类疾病有关的立克次体主要有：普氏立克次体、莫氏立克次体、恙虫病立克次体、Q热立克次体，可引起的疾病有流行性斑疹伤寒、地方性斑疹伤寒、恙虫病、Q热等。

一、生物学特性

（一）形态及染色

立克次体大小为（0.3 ～ 0.6）μm×（0.8 ～ 2.0）μm，一般不能通过细菌滤器，在光学显微镜下清晰可见，形态呈多形态性，以球杆状为主。革兰氏染色阴性，但不易着色，常用吉姆萨染色法，被染成蓝紫色（图 5-4），有细胞壁，无核仁及核膜，无鞭毛。

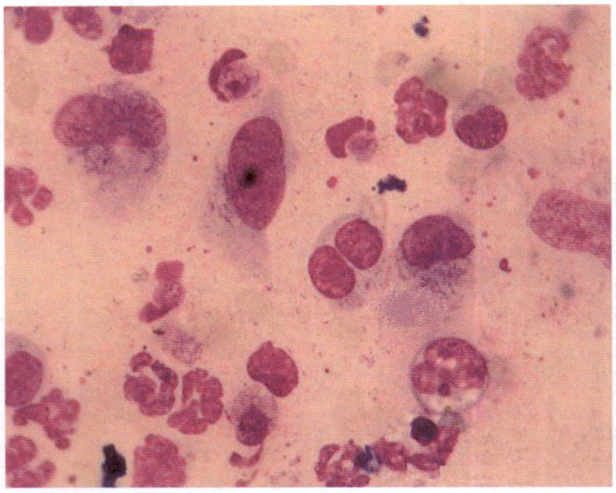

光镜图（吉姆萨染色，油镜，×1000）

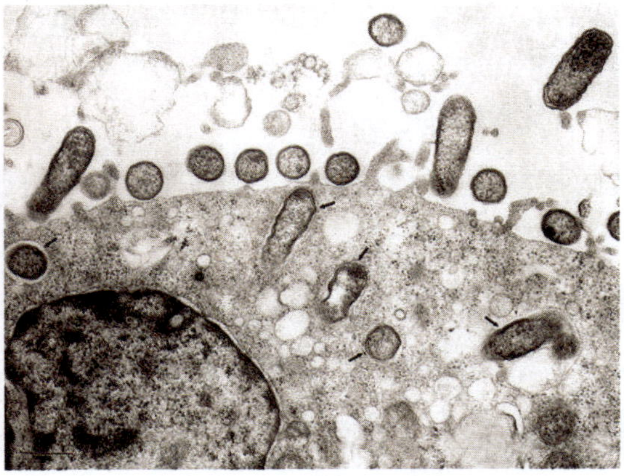

电镜图

图 5-4 立克次体形态

（二）培养特性

以二分裂方式进行繁殖，但繁殖速度较细菌慢，一般 9 ～ 12h 繁殖一代。大多数不能用人工培养基培养，须用鸡胚、敏感动物及动物组织细胞来培养。

（三）抵抗力

对热、光照、干燥及化学药剂抵抗力差，56℃ 30min 即可将其杀死。对一般消毒剂及四环素、氯霉素、红霉素、青霉素等抗生素敏感。

二、致病性与免疫性

（一）致病性

致病物质主要为内毒素和磷脂酶，可引起细胞肿胀、坏死、微循环障碍、DIC 及血栓的形成。常见对人致病的立克次体种类与致病特点见表 5-3。

表 5-3　对人致病的立克次体的致病特点

病原体	媒介昆虫	传播方式	所致疾病	临床表现
普氏立克次体	人虱	人虱叮咬	流行性斑疹伤寒	高热、肌肉痛、皮疹，伴神经系统、心血管系统或其他实质脏器损害的症状
莫氏立克次体	鼠蚤	鼠蚤叮咬	地方性斑疹伤寒	与流行性斑疹伤寒相似，但症状较轻，病程较短
恙虫病立克次体(东方体)	恙螨	恙螨幼虫叮咬	恙虫病	高热，叮咬部位有焦痂、皮疹，全身淋巴结肿大，心血管系统、肝、脾、肺等损害症状

（二）免疫性

立克次体感染后可获得持久免疫力，以细胞免疫为主。

考点 我国常见的立克次体的致病特点

三、微生物学检查

变形杆菌的某些菌株与某些立克次体之间有共同抗原，以变形杆菌为抗原与被检血清进行的凝集反应称为外斐反应，用于诊断立克次体感染。

四、防治原则

预防立克次体病的关键是灭虱、灭蚤、灭鼠、灭螨等。注意个人卫生，改善环境卫生，加强自身防护。斑疹伤寒可接种疫苗进行特异性预防，免疫力维持一年左右。治疗该病可选用氯霉素、四环素等广谱抗生素。

第 4 节　螺　旋　体

螺旋体是一类细长、柔软、弯曲呈螺旋状、运动活泼的原核生物。全长 3 ～ 500μm，具有细菌的所有内部结构，介于细菌与原虫之间。广泛分布在自然界和动物体内，种类很多。对人致病的主要有钩端螺旋体属、密螺旋体属和疏螺旋体属等。

一、钩端螺旋体属

钩端螺旋体（简称钩体）是钩端螺旋体病（钩体病）的病原体。钩端螺旋体病是全球性分布的人兽共患病，我国以南方各省份多见。该病目前是我国重点防控的 13 种传染病之一。

（一）生物学性状

1. 形态与染色　钩端螺旋体呈细长丝状，有 12 ～ 18 个螺旋，菌体的一端或两端弯曲成钩状。革兰氏染色阴性，常用镀银染色法将菌体染成金黄色或者棕褐色。在暗视野显微镜下，可见形如细小闪亮的珍珠串，沿长轴旋转运动，有较强的穿透力。电镜观察到的钩端螺旋体结构包括圆柱形菌体、轴丝和外膜三部分，外膜具有免疫原性。

2. 培养特性　需氧或微需氧，营养要求较高，常用含有10%兔血清的柯氏培养基培养。最适pH7.2～7.4，最适生长温度为28～30℃，生长缓慢，在液体培养基中分裂一次约需8h。

3. 抵抗力　抵抗力较弱，对热、酸和消毒剂均敏感，60℃ 1min即死亡，0.2%甲酚皂、1%苯酚、1%漂白粉处理10～30min被杀灭。在酸碱度适中的湿土或水中可存活数月，钩端螺旋体病是我国洪涝、地震等自然灾害中重点监控的四种传染病之一。钩端螺旋体对青霉素高度敏感，对庆大霉素、四环素、多西环素均较敏感。

（二）致病性与免疫性

1. 致病物质　内毒素是钩端螺旋体主要的致病物质，还有黏附素和溶血素。

2. 所致疾病　钩端螺旋体病是由各种型别钩端螺旋体引起的自然疫源性急性传染病。黑线姬鼠、猪、牛为主要储存宿主，也是主要传染源，患者主要是疫区人群。

动物感染钩端螺旋体后，钩端螺旋体在病畜体内长期生存并持续从尿液中排出，污染土壤和水源。人类接触污染的水或者湿土后，钩端螺旋体通过皮肤黏膜侵入人体，经淋巴系统或直接进入血流引起钩端螺旋体病，出现如发热、肌痛、乏力、眼结膜充血、浅表淋巴结肿大等全身中毒症状。钩端螺旋体还侵犯肺、肝、肾及神经系统等，造成更广泛的损害。

临床症状及表现差异较大，临床特点为早期有钩端螺旋体败血症，中期为各脏器损害和功能障碍，后期为各种超敏反应并发症，重症患者有明显的肝、肾、中枢神经系统损害和肺弥漫性出血，危及生命。

考点 钩端螺旋体的致病特点

3. 免疫性　病后可获得对同型钩端螺旋体的持久免疫力，主要为体液免疫。

（三）防治原则

钩端螺旋体病的预防以防鼠、灭鼠为主。加强对带菌家畜的粪便管理，保护好水源。夏季和早秋是该病流行的季节，应避免与疫水接触。疫区人群可进行多价钩端螺旋体死疫苗接种。对患者要做到早发现、早治疗，治疗首选青霉素，如过敏可选用庆大霉素或多西环素。

二、密螺旋体属

案例5-2

患者，女，29岁。自由职业者，因生殖器部位出现无痛性溃疡前来医院就诊。患者自述近一个月内曾有不安全性行为，但未采取保护措施。症状为生殖器部位出现一个边缘清晰、基底硬的无痛性溃疡，同时伴有全身轻微不适和低热。查体：生殖器部位有一圆形无痛性溃疡，无分泌物，周围无红肿。实验室检查显示快速血浆反应素试验和梅毒螺旋体颗粒凝集试验均呈阳性，确诊为梅毒。

问题：本病如何预防和用药？

密螺旋体属分为致病性与非致病性两大类，对人致病的主要有梅毒螺旋体和雅司螺旋体等。梅毒螺旋体属于苍白密螺旋体苍白亚种，是人类梅毒的病原体，梅毒是危害比较严重的性传播疾病。

（一）生物学性状

1. 形态与染色　菌体细长，（4 ～ 14）μm×0.2μm，由 8 ～ 14 个整齐规则、固定不变、折光性强的螺旋构成，两端尖直，活动性较强。因其透明不易着色，用吉姆萨染色可染成桃红色。革兰氏染色阴性，常用镀银染色法染成棕褐色，检查常用暗视野显微镜悬滴法（图 5-5）。

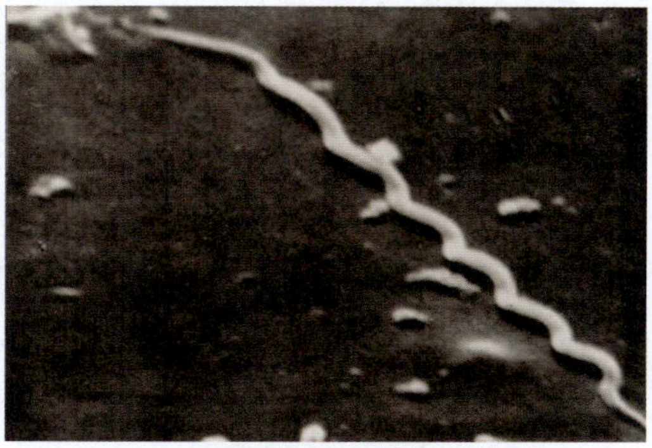

图 5-5　梅毒螺旋体形态电镜图

2. 培养特性　人工培养较困难且易失去毒力，用动物接种或细胞培养（在微需氧条件下 33℃培养）可保持毒力并生长繁殖。

3. 抵抗力　极弱，离开人体不易生存，煮沸、干燥、日光、肥皂水和普通消毒剂均可迅速将其杀灭，但其耐寒力强，4℃可存活 3 天，–78℃保存数年仍具有传染性，对青霉素、四环素、砷剂等敏感。

（二）致病性与免疫性

1. 致病物质　主要为荚膜样物质、黏附因子和透明质酸酶。

2. 所致疾病　梅毒螺旋体只引起人类疾病，梅毒患者是唯一的传染源。梅毒可分为后天获得性梅毒和胎传梅毒（先天梅毒）。后天获得性梅毒又分为早期和晚期梅毒。早期梅毒指感染梅毒螺旋体 2 年内的梅毒，包括一期、二期和早期隐性梅毒（又称早期潜伏梅毒）。晚期梅毒即三期梅毒，病程≥ 2 年，包括晚期良性梅毒、心血管梅毒、晚期隐性梅毒（又称晚期潜伏梅毒）等。

一期梅毒：梅毒螺旋体侵入皮肤黏膜 2 ～ 4 周后，出现无痛性硬结及溃疡，称硬下疳，多发生于外生殖器，其溃疡渗出物含有大量梅毒螺旋体，传染性极强。

二期梅毒：主要表现为全身皮肤及黏膜出现铜红色皮疹，即梅毒疹，全身淋巴结肿大，有时亦累及骨、关节、眼及其他器官。在梅毒疹及淋巴结中有大量螺旋体。

三期梅毒：病变表现为全身组织和器官慢性炎症损伤、皮肤黏膜的溃疡性损害或内脏器官的肉芽肿样病变（如梅毒瘤）。严重者可引起心血管损害，如主动脉瘤、冠状动脉狭窄、心绞痛等，危及生命。

3. 免疫性　梅毒的免疫是有菌免疫，以细胞免疫为主，体液免疫只有一定的辅助作用，当螺旋体从体内清除后仍可再感染梅毒，造成复发。

考点　梅毒的传播途径及疾病发展

（三）防治原则

目前尚无疫苗预防，预防梅毒的主要措施是加强性卫生教育、洁身自好，并加强社会管理。应早发现，早彻底治疗。青霉素治疗梅毒效果较好，如苄星青霉素、普鲁卡因青霉素。

三、疏螺旋体属

对人致病的主要有伯氏疏螺旋体、回归热疏螺旋体、奋森螺旋体。

螺旋体两端尖直，有 3 ～ 10 个稀疏且不规则的螺旋，运动活泼，革兰氏染色阴性。营养要求较高，微需氧或需氧，5% ～ 10% CO_2 培养良好，抵抗力弱，60℃加热 1 ～ 3min 即死亡，0.2% 甲酚皂或 1% 苯酚溶液处理 5 ～ 10min 即死亡，对青霉素等敏感。

伯氏疏螺旋体是莱姆病的病原体，莱姆病是自然疫源性传染病。储存宿主是鼠、兔等野生动物及家畜。主要传播媒介是硬蜱，通过叮咬的方式传染给人，经过 3 ～ 30 天的潜伏期，在叮咬部位出现一个或数个慢性移行性红斑，伴有头痛、发热、肌肉和关节痛等症状。

回归热螺旋体可引起回归热，其是一种以反复周期性急起急退的以高热为临床特征的急性传染病。根据回归热病原体及其传播媒介昆虫的不同，可分为虱传回归热（流行性回归热）和蜱传回归热（地方性回归热）。

自 测 题

一、名词解释

1. 支原体　2. 衣原体　3. 立克次体　4. 螺旋体

二、单项选择题

1. 立克次体具有以下哪种特征（　　）
   A. 具有细胞壁、以二分裂繁殖、能通过细菌滤器
   B. 不具有细胞壁、以二分裂繁殖、能通过细菌滤器
   C. 不具有细胞壁、以二分裂繁殖、不能通过细菌滤器
   D. 具有细胞壁、以二分裂繁殖、不能通过细菌滤器
   E. 具有细胞壁、以孢子形式繁殖、不能通过细菌滤器
2. 菌落长成典型的“油煎蛋样”的微生物是(　　)
   A. 病毒　B. 支原体
   C. 立克次体　D. 衣原体
   E. 螺旋体
3. 在衣原体发育周期中，有高度感染性的是（　　）
   A. 原体　B. 始体
   C. 包涵体　D. 中间体
   E. 核糖体
4. 首次成功分离培养出沙眼衣原体的学者是（　　）
   A. 李斯特　B. 汤飞凡
   C. 巴斯德　D. 琴纳
   E. 郭霍
5. 地方性斑疹伤寒的传播媒介是（　　）
   A. 蚊子　B. 蜱虫
   C. 恙螨　D. 鼠蚤
   E. 鼠
6. 能在无生命培养基上繁殖的最小原核生物是（　　）
   A. 病毒　B. 衣原体
   C. 立克次体　D. 支原体
   E. 螺旋体

7. 关于梅毒，下列叙述错误的是（　　）

A. 病原体是梅毒螺旋体

B. 可经性接触传播或垂直传播

C. 人是唯一传染源

D. 先天梅毒又称为胎传梅毒

E. 梅毒螺旋体的抵抗力强

8. 不会通过性接触传播的病原体是（　　）

A. 解脲支原体　　B. 沙眼衣原体

C. 梅毒螺旋体　　D. 淋病奈瑟球菌

E. 钩端螺旋体

9. 立克次体与病毒的共同特点是（　　）

A. 对抗生素不敏感

B. 专性细胞内寄生

C. 无细胞壁和细胞膜

D. 以节肢动物为媒介进行传播

E. 以二分裂方式繁殖

10. 后天获得性梅毒依其传染过程分为（　　）

A. 1 期　　B. 2 期

C. 3 期　　D. 4 期

E. 5 期

三、简答题

1. 简述衣原体的发育周期及特点。

2. 简述常见的对人致病的立克次体的种类、传播方式及所致疾病。

3. 简述梅毒所致疾病及防治原则。

（林敏娜）

第6章 病毒概述

学习目标

1. 素质目标　培养学生科学探究精神。
2. 知识目标　掌握病毒的基本概念，熟悉病毒与疾病的关系，了解病毒感染的防治原则。
3. 能力目标　提高合理选择和使用抗病毒药物的能力，以及病毒检测技术的应用能力。

病毒（virus）是一大类个体微小，结构简单，由 RNA 或 DNA 及蛋白质等组成的，必须在活细胞内寄生并以复制方式增殖的非细胞型微生物。

病毒广泛分布于自然界，可寄生于人类、动物、植物、细菌等多种生物体内，引起宿主产生各类疾病。微生物引起的传染病中，由病毒引起的人类传染病约占 75%。病毒性疾病不仅传染性强，传播迅速，流行广泛，后遗症严重，致死率高，而且目前缺乏特效治疗药物，对人类的健康危害极大。观察病毒的大小、形态和结构是确定和研究病毒的前提，研究病毒的大小、形态和结构的方法有很多，如电子显微镜、超速离心法及 X 线晶体衍射技术等。

考点 病毒的概念

第1节　病毒的基本性状

案例 6-1

患者，女，34 岁。主诉发热、乏力、肌痛 3 天。体温最高达 39℃，伴有头痛和轻度咽痛。经临床检查，患者淋巴结肿大，咽部充血。初步诊断为病毒性上呼吸道感染。实验室检查显示白细胞正常，淋巴细胞比例升高，病毒核酸检测阳性。

问题：本病如何预防？如何治疗？

一、病毒的大小与形态

（一）病毒的大小

病毒的大小以纳米（nm）作为测量单位。各种病毒的大小相差悬殊，分为小、中、大三型。小型病毒如脊髓灰质炎病毒、口蹄疫病毒等，直径为 18 ～ 30nm；中型病毒，如流行性感冒病毒、疱疹病毒等，直径为 80 ～ 150nm；大型病毒如痘类病毒，直径为 200 ～ 300nm，在光学显微镜下勉强可见。多数病毒的直径小于 150nm，须用电子显微镜放大才能看到。

（二）病毒的形态

病毒的形态多种多样，有球形、砖形、杆状、弹状、蝌蚪状等（图 6-1），大多数病毒呈球形，少数病毒呈砖形（如痘类病毒）、呈弹状（如狂犬病毒）、呈杆状（如植物病毒）、呈蝌蚪状（如噬菌体）。

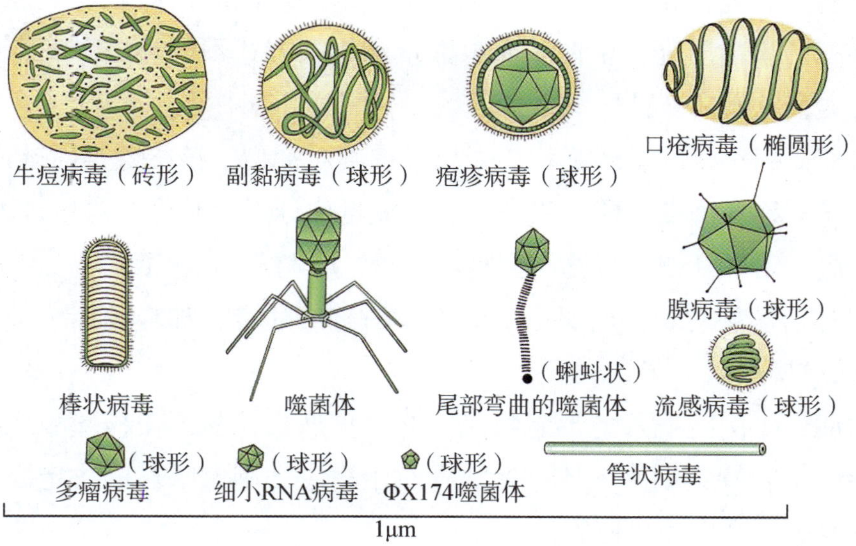

图 6-1　常见病毒的形态与结构

考点　病毒的测量单位及常见形态

二、病毒的结构与组成

病毒是一类非细胞型微生物，没有完整的细胞结构，故称为病毒体、病毒颗粒、病毒粒子等；其化学成分主要是核酸（DNA 或 RNA）与蛋白质。病毒结构简单，其基本结构是由核心和衣壳组成的核衣壳，又称为裸病毒。有的病毒核衣壳外表面有包膜包裹称为包膜病毒，包膜表面还有刺突（图 6-2）。

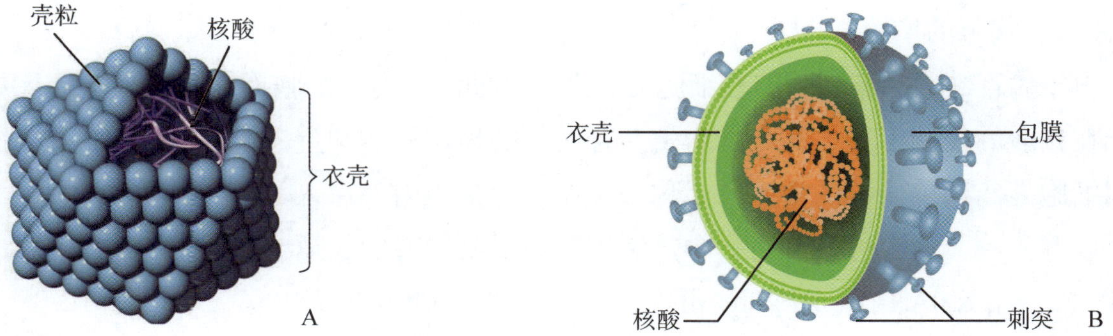

图 6-2　病毒体结构模式图

A. 裸病毒；B. 包膜病毒

（一）核心

位于病毒中心的结构为病毒的核心，主要成分为核酸（DNA 或 RNA），是病毒的基因组，决定病毒的各种生物学特性，携带病毒的全部遗传信息。一种病毒仅有一种核酸，病毒根据核酸类型可分为 DNA 病毒和 RNA 病毒。

（二）衣壳

蛋白质是病毒衣壳的化学成分，衣壳是由一定数量的蛋白质壳粒规则排列组成的、包绕在核心外围的蛋白质壳。蛋白质壳粒数量和排列方式不同形成了病毒的多样性。常见的病毒衣壳类型主要有三种。

1. 螺旋对称　病毒核酸呈螺旋状，壳粒呈螺旋对称型沿核酸链走向排列。

2. 二十面体对称　病毒核酸浓集在一起形成近似球形，其壳粒对称排列呈二十面体，每个面都是等边三角形，如流行性乙型脑炎病毒、脊髓灰质炎病毒等。

3. 复合对称　螺旋对称同时又有二十面体对称的病毒，如噬菌体（头部呈体对称结构，尾部为螺旋对称）。

衣壳的功能：①决定病毒的形态特点；②保护病毒核酸不被核酸酶或其他理化因素所破坏；③能够结合特定细胞受体，是病毒对于宿主细胞亲嗜性的决定因素；④具有抗原性，能够诱导机体产生免疫应答。

（三）包膜

包膜是包裹在核衣壳外层的膜状结构，通过出芽方式释放时病毒获得的宿主细胞膜或核膜，其主要成分包括宿主的脂蛋白和病毒编码的糖蛋白。

包膜的主要功能包括：①起到保护核衣壳的作用，用以维持病毒结构的完整性；②使得病毒与宿主细胞膜具有亲嗜性，可帮助病毒穿入宿主细胞；③包膜表面的糖蛋白有抗原性，可诱导机体产生免疫应答。

考点 病毒的结构与组成

三、病毒的增殖、培养与包涵体

（一）病毒的增殖

由于病毒缺乏完整酶系统和细胞器，必须借助活的宿主细胞提供原料、能量及酶等，才能在核酸的控制下完成病毒的增殖，合成新的病毒核酸和蛋白质，并以一定的方式释放到细胞外，这种病毒的增殖方式称为复制，包括吸附、穿入、脱壳、生物合成、组装与释放等步骤，这个过程称为一个复制周期，复制周期的长短与病毒的种类有关，如腺病毒 25h、小 RNA 病毒 6 ～ 8h、正黏病毒为 15 ～ 30h（图 6-3）。

1. 吸附　指病毒吸附于易感细胞的表面，它是感染的第一步。病毒进入宿主后其表面结构与易感细胞表面的特异性受体结合，完成特异性吸附。

2. 穿入　指病毒核酸或感染性核衣壳通过不同的方式穿过细胞膜进入细胞质后，开始病毒感染的阶段，有胞饮（无包膜病毒）、融合（有包膜病毒）、直接穿入（少数无包膜病毒）三种方式。

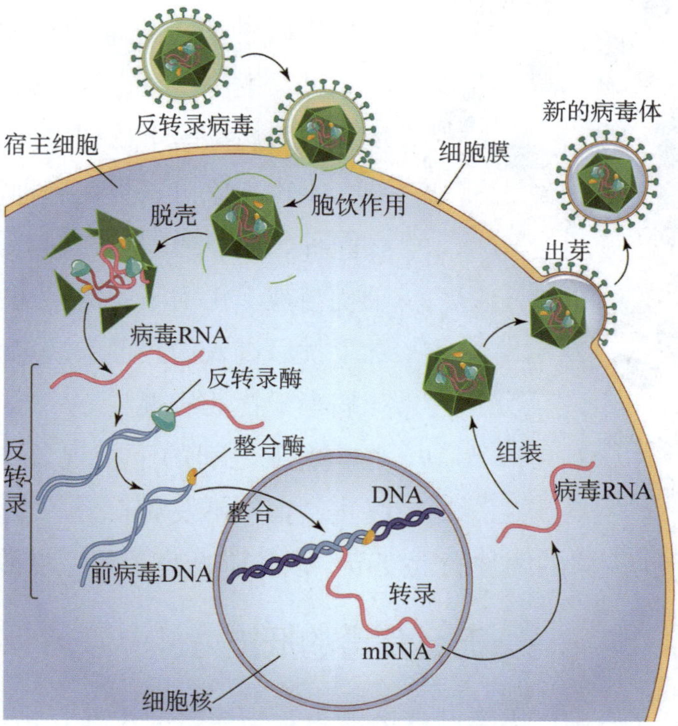

图 6-3 病毒复制周期模式图

3. 脱壳 多数病毒侵入宿主细胞后需要脱去衣壳，暴露病毒核酸的过程。

4. 生物合成 在宿主细胞质内，以病毒核酸为模板，利用宿主细胞提供的原料复制子代核酸并合成子代蛋白质的过程。

5. 组装与释放 子代病毒核酸与蛋白质衣壳组装成完整病毒颗粒的过程称为组装；释放是指成熟的病毒颗粒从宿主细胞内游离出来的过程，主要是破胞释放和出芽释放。

考点 病毒的复制的概念与过程

（二）病毒的培养

对病毒进行实验和研究、制备病毒疫苗、特异性诊断疾病等，需要进行人工培养病毒。作为严格细胞内寄生的非细胞型微生物，病毒的培养必须提供活的易感细胞。常用的病毒培养方法有动物接种、鸡胚培养、细胞培养。

（三）包涵体

感染宿主细胞的某些病毒在增殖过程中，会导致细胞质或细胞核内出现圆形或卵圆形，嗜碱或嗜酸性的斑块结构称为包涵体。作为细胞被病毒感染后留下的痕迹，包涵体一般由完整的病毒颗粒或尚未组装的病毒亚基聚集而成。有的在细胞核中，有的位于细胞质中，在光学显微镜下可见包涵体，通过检查病毒包涵体，可以辅助诊断某些病毒性疾病，如狂犬病毒在神经细胞内增殖后形成的内氏小体（图 6-4）。

考点 包涵体的概念和意义

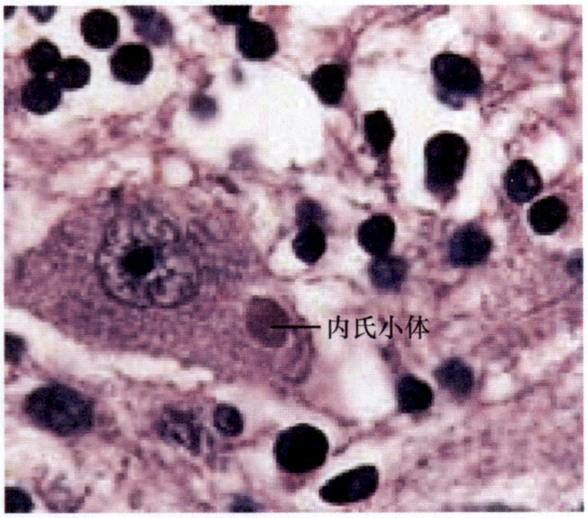

图 6-4 狂犬病毒内氏小体（×1000，HE 染色）

四、病毒的干扰现象

当两种病毒先后或同时感染同一宿主细胞时，可发生一种病毒抑制另一种病毒复制增殖的现象称为病毒的干扰现象。

干扰现象可发生在异种病毒之间，也可发生在同种、同型或同株之间。干扰现象无特异性，干扰与被干扰均不固定，通常是先进入细胞的病毒干扰后进入的病毒，缺陷病毒干扰完整病毒，死病毒干扰活病毒。

病毒之间的干扰现象一方面可使某些感染终止，宿主不发病；另一方面，应避免在预防接种时同时使用具有干扰现象的两种病毒疫苗，以防降低疫苗的免疫效果。

五、病毒的抵抗力

病毒受理化等因素作用而失去其感染能力称为病毒的灭活。被灭活的某些病毒仍具有免疫原性。结合理化因素等对病毒的影响，对于病毒疫苗的研制、制订预防病毒感染的措施等有重要意义。

（一）温度与酸碱度

病毒耐冷不耐热，常用低温（–70℃）、液氮温度（–196℃）及冷冻真空干燥保存病毒。加热 60℃ 30min，多数病毒（除肝炎病毒外）被灭活。多数病毒在 pH5 ～ 9 的范围内较稳定，否则可被迅速灭活。

（二）脂溶剂

三氯甲烷、乙醚、丙酮等脂溶剂可以溶解破坏病毒包膜中的脂质成分，故包膜病毒对脂溶剂敏感。无包膜病毒因不含脂质成分，则对脂溶剂不敏感。

（三）消毒剂

病毒对醇类、醛类、氧化剂、烷化剂等消毒剂敏感。常用的有 H_2O_2 、乙醇、过氧乙酸等。甲醛可在破坏病毒感染性的同时，保留其免疫原性，因此常用来制备病毒的灭活疫苗。

（四）其他因素

病毒对抗生素不敏感，但对干扰素敏感；有些中草药如板蓝根、大青叶等对某些病毒有一定的抑制作用。电离辐射（紫外线、X 线、γ 射线）均可灭活病毒。病毒对 50% 甘油有耐受力，常用 50% 甘油盐水保存送检的病毒材料。

考点 病毒的抵抗力

第2节 病毒的致病性与感染

人类传染病多由病毒引起，病毒与人类的关系非常密切。因此，研究病毒的特点与各方面性能，可推动医药行业的发展，保障人类身体健康。

一、病毒的传播方式和途径

（一）水平传播

水平传播指病毒在人群不同个体之间的传播方式，也包括从动物到人的传播。常见的传播途径有：①呼吸道传播，如流感病毒；②消化道传播，如甲型肝炎病毒；③接触传播，包括直接或间接接触而引起的感染，如人类免疫缺陷病毒；④血液或血液制品传播，如乙型肝炎病毒；⑤虫媒及动物咬伤传播，如流行性乙型脑炎病毒。

（二）垂直传播

垂直传播是指感染病毒的母体病毒经母体卵巢、子宫或胎盘、初乳、卵黄等传播给子代的方式。目前已知能经垂直传播的病毒有十余种，如巨细胞病毒、风疹病毒、人类免疫缺陷病毒、乙型肝炎病毒等。常见病毒的感染方式与途径见表6-1。

考点 水平传播和垂直传播的概念及方式

表6-1 常见病毒的感染方式与途径

传播方式	感染方式	病毒种类
水平传播	呼吸道传播	流感病毒、冠状病毒、腮腺炎病毒
	消化道传播	甲型肝炎病毒、脊髓灰质炎病毒、其他肠道病毒等
	虫媒或动物咬伤传播	狂犬病毒、流行性乙型脑炎病毒、出血热病毒等
	血液或血液制品传播	人类免疫缺陷病毒、乙型肝炎病毒等
垂直传播	产道、胎盘等传播	风疹病毒、巨细胞病毒、乙型肝炎病毒等

二、病毒的感染类型

病毒的种类不同其致病能力的强弱程度也不一样，不同机体的免疫功能也有差异，造成了侵入机体的病毒出现不同的感染类型，主要包括以下几种。

（一）隐性感染

当病毒侵入机体的数量少且致病能力弱，而机体抵抗病毒的免疫功能较强时，不引起明显临床症状，称为隐性感染。隐性感染不仅可使机体获得特异性免疫力，同时也可使机体成为重要的传染源。

（二）显性感染

当病毒侵入机体的数量多且致病能力强，而机体抵抗病毒的免疫功能较弱时，机体表现出明显的临床症状，称显性感染。根据症状出现早晚、持续时间长短以及病毒在体内存在的状态又分为急性感染和持续性感染。

1. 急性感染　病毒侵入机体后，一般潜伏期较短，起病急，病程短（数月或数周），病情较重，病愈后机体内病毒消失，如急性甲型肝炎和流行性感冒等。

2. 持续性感染　病毒在体内感染的时间较长，数月甚至数年，甚至终身携带病毒，可出现症状，也可不出现症状成为长期携带者。按照病程又可分为三种感染。

（1）潜伏感染　原发性感染后，病毒长期潜伏于特定的组织细胞内，不增殖，也不出现临床症状，在机体免疫功能低下等条件下，潜伏的病毒被激活增殖，感染急性发作而出现临床症状，如单纯疱疹病毒引起的口唇疱疹等。

（2）慢性感染　急性感染或隐性感染后，病毒未被完全清除，而是在体内持续存在，可不出现症状，但病毒不断排出体外，患者长期携带病毒，成为重要传染源。症状时有时无，病程可达数月至数年之久，如由乙型肝炎病毒引起的慢性乙型肝炎等。

（3）慢发病毒感染　病毒感染后潜伏期可达数年或数十年，一旦发病出现症状，多为亚急性进行性加重，最终导致死亡，如人类免疫缺陷病毒感染引起获得性免疫缺陷综合征等。

考点 病毒感染的类型

三、病毒的致病机制

进入机体的病毒主要通过以下两种方式造成机体损伤，一是寄生在宿主细胞内的病毒直接损伤宿主细胞；二是作为异种抗原的病毒诱发机体的免疫应答，从而造成免疫病理损伤。

（一）病毒对宿主细胞的直接损伤

1. 杀细胞效应　病毒在宿主细胞内增殖成熟后，在很短的时间内一次性释放大量子代病毒，导致宿主细胞溶解死亡。主要见于无包膜病毒，杀伤性强的病毒，如腺病毒等，其发生机制如下。

（1）感染时的病毒利用宿主细胞的原料、能量等合成了自身核酸及蛋白质成分，干扰了宿主细胞正常的新陈代谢。

（2）病毒蛋白直接或间接发挥毒性作用，引起宿主细胞损伤。

（3）引起宿主细胞溶酶体膜通透性增大从而释放溶酶体酶，引起细胞自溶。

（4）病毒大量复制激活宿主死亡基因，导致细胞裂解死亡。

2. 稳定状态感染　主要是改变宿主细胞膜，在宿主细胞内增殖的包膜病毒以出芽方式释放出胞时，引起宿主细胞膜的改变，其发生机制如下。

（1）细胞融合　病毒在感染细胞内增殖，使细胞膜发生病理性改变，与邻近的细胞融合，形成多核巨细胞，病毒可借此扩散。

（2）细胞膜出现新的病毒基因编码的抗原，引起机体免疫应答，导致免疫病理损伤。

（3）引起细胞膜通透性异常。

3. 细胞转化 多见于 DNA 病毒和反转录病毒。病毒核酸整合到宿主细胞 DNA 中，导致宿主细胞发生遗传性状改变，甚至成为肿瘤细胞。

考点 病毒的致病机制

（二）病毒感染引起的免疫病理损伤

1. 病毒直接杀伤淋巴细胞，导致机体免疫功能缺失，如人类免疫缺陷病毒（HIV）。

2. 细胞免疫损伤是机体抗病毒免疫的主要免疫应答方式。机体在杀伤病毒时通常连同被感染细胞一起杀灭，造成Ⅳ型超敏反应，引起机体组织损伤。

3. 机体产生抗体清除病毒的同时，可引起Ⅱ、Ⅲ型超敏反应，导致机体组织损伤。

链 接 病毒在制药工业中的多功能应用

病毒在制药工业中扮演着多重角色，其应用广泛而深远。疫苗开发利用病毒或其衍生物激发免疫反应，预防疾病。基因治疗中，改造病毒作为载体，将治疗基因送入宿主细胞，治疗遗传性疾病。溶瘤病毒特异性攻击癌细胞，成为新型癌症治疗手段。此外，病毒表达系统高效生产生物制品，如重组蛋白和抗体。抗病毒药物的开发直接抑制病毒复制，治疗病毒性疾病。病毒也作为研究工具，深入探索细胞机制和疾病路径。病毒样颗粒（VLP）在疫苗领域的应用，因其免疫原性和非感染性，为安全疫苗开发提供新方向。基因编辑技术中，病毒元件如 CRISPR-Cas 系统，精准修改基因序列。病毒或其衍生物在药物递送和生物制品稳定性提升中也显示出潜力。这些应用体现了病毒在医药领域的多面性和创新价值。

第 3 节 病毒的检查方法与防治原则

一、病毒感染的微生物学检查

（一）标本的采集与送检

根据临床表现及病程期采取不同标本，如痰液、脑脊液、血液、粪便等。尽量在感染早期采集，采样过程中要做到无菌操作，标本采集后应立即送检，在低温下保存送检，如不能立即送检，将标本置于含抗生素的 50% 甘油盐水缓冲液中。

（二）形态学检查

1. 光学显微镜检查 可用于检查病毒的包涵体，如狂犬病毒；少量的大型病毒颗粒可直接用显微镜检查，如痘病毒。

2. 电子显微镜检查 病毒颗粒的形态、结构等使用电子显微镜进行观察，有利于检查早期病毒感染，如秋季腹泻患者粪便中的轮状病毒、甲型肝炎患者粪便中的甲型肝炎病毒等。

（三）免疫学检查

鉴定病毒或快速诊断可利用抗原抗体反应。常用方法有：放射免疫测定、中和试验、酶联免疫吸附试验等。

（四）病毒核酸的检测

检测病毒核酸具有特异性强、灵敏度高等优点。常用方法有：聚合酶链反应、核酸杂交技术等。

二、病毒感染的防治原则

目前尚无特效药物，因此，预防病毒性疾病十分重要。

（一）病毒感染的预防

1. 一般性预防　随着季节交替，温度发生变化，病毒开始活跃，一般病毒性疾病多发生于冬春季。通过加强宣传活动，使更多的人认识到病毒性疾病对人类的危害。要做到：控制传染源，隔离、治疗患者；切断传播途径；保护易感人群。

2. 特异性预防　①人工自动免疫：预防和控制病毒性疾病的有效措施可以通过接种疫苗使机体产生自动免疫。常用的包括减毒活疫苗、灭活疫苗、基因工程疫苗。②人工被动免疫：某些病毒性疾病的紧急预防与治疗常用的生物制剂，常见的有人免疫球蛋白、人特异性免疫球蛋白、转移因子等。

（二）病毒感染的治疗

1. 药物治疗　目前抗病毒药物主要有：阿昔洛韦、盐酸金刚烷胺和阿糖腺苷等。

2. 干扰素及干扰素诱生剂　干扰素具有抗病毒、抗肿瘤和免疫调节作用，可用于某些病毒性疾病的治疗。利用干扰素诱生剂，如聚肌苷酸-聚胞苷酸（Poly I：C），诱导机体产生干扰素而发挥抗病毒等作用。

3. 中医药　治疗病毒感染常采用具有清热解毒的草药，如金银花、板蓝根、甘草、大青叶、贯众等；中医针灸推拿等方法也有一定效果。

考点 病毒感染的预防

自 测 题

一、名词解释

1. 病毒　2. 干扰现象　3. 垂直感染
4. 持续性感染

二、单项选择题

1. 病毒感染的类型与下列哪种因素无关（　　）
A. 隐性感染　B. 显性感染
C. 无性感染　D. 急性感染
E. 慢性感染

2. 测量病毒大小的单位是（　　）
A. m　B. cm　C. mm
D. nm　E. μm

3. 关于病毒的描述，下列错误的是（　　）
A. 属于原核细胞生物
B. 结构简单
C. 核酸为 DNA 或 RNA
D. 要在活的易感细胞内增殖
E. 属于非细胞生物

4. 病毒的增殖方式是（　　）

A. 二分裂　　B. 复制
C. 芽生　　D. 裂殖
E. 增殖

5. 能感染人类的病毒基本形态多数呈（　　）
A. 杆状　　B. 丝状
C. 球形　　D. 弹状
E. 弧形

6. 对抗生素不敏感但对干扰素敏感的微生物是（　　）
A. 细菌　　B. 立克次体
C. 病毒　　D. 螺旋体
E. 支原体

7. 下列为病毒特殊结构的是（　　）
A. 核心　　B. 衣壳
C. 壳粒　　D. 核衣壳
E. 蛋白质

8. 裸露病毒体的结构是（　　）
A. 核酸 + 包膜
B. 核心 + 衣壳 + 包膜
C. 核衣壳 + 包膜
D. 核心 + 衣壳
E. 蛋白质 + 包膜

9. 有包膜的病毒侵入细胞的方式是（　　）
A. 胞饮　　B. 直接穿入
C. 膜融合　　D. 吞噬
E. 注入

10. 构成病毒核心的化学成分是（　　）
A. 磷酸　　B. 蛋白质
C. 核酸　　D. 肽聚糖
E. 脂肪

三、简答题

1. 简述病毒的增殖过程。
2. 试述病毒的感染类型。

（王　杰）

第 7 章
常见病毒

学习目标

1. 素质目标　弘扬医者精神，培养学生敬佑生命的职业道德。
2. 知识目标　掌握常见病毒的生物学特性和防治原则，熟悉致病性，了解免疫性。
3. 能力目标　提高学生面对不同类型病毒的防控能力，为公共卫生事业贡献力量。

课程思政：顾方舟——择一事终一生，一丸济世德

2019 年 1 月 2 日，著名病毒学专家顾方舟同志在北京逝世，享年 92 岁。在 20 世纪 50 年代，脊髓灰质炎严重危害了儿童健康。顾方舟教授牵头成功研制糖丸减毒活疫苗，最终阻断了国内小儿麻痹的传播。顾教授不仅带头亲身接受小儿麻痹活疫苗试验，还冒风险让自己的孩子试服首批活疫苗。1958 年，顾方舟在中国首次分离出“脊灰”病毒，为免疫方案的制定提供了科学依据。他主持制定了我国第一部《脊灰活疫苗制造及检定规程》，指导了我国后来 20 多年数十亿份疫苗的生产与鉴定。2000 年 10 月，经中国国家以及世界卫生组织西太区消灭“脊灰”证实委员会证实，中国成为无脊灰国家。顾方舟克时代之所难，解时代之所急，一生致力于免疫事业，他身上的医者责任感值得我们学习。

第 1 节　呼吸道病毒

呼吸道病毒是以呼吸道为侵入门户，在呼吸道黏膜上皮细胞增殖，引起呼吸道局部感染或呼吸道以外组织器官病变的病毒。据统计，超过 90% 的急性呼吸道感染病例与呼吸道病毒相关，主要有流行性感冒病毒、冠状病毒、麻疹病毒、腮腺炎病毒、风疹病毒及腺病毒等。

一、流行性感冒病毒

案例 7-1

患者，女，22 岁。大学生，因突发高热、咳嗽、咽痛伴肌肉疼痛前来医院就诊。患者自述起病前 3 天参加了学校举办的户外运动会，当时天气较为寒冷，未注意保暖。次日便感觉轻微乏力，但并未在意。随后 1 天，症状迅速加重，出现高热、咳嗽、咽痛，并伴有明显的肌肉疼痛和关节疼痛。查体：患者体温 38.8℃，脉搏 105 次 / 分，呼吸稍快，面色苍白，咽喉部充血严重，扁桃体稍肿大。听诊肺部呼吸音稍粗，未闻及明显干湿啰音。血常规检查显示：白细胞数稍低，为 5.5×10^9/L，中性粒细胞 38%，淋巴细胞 62%。

问题：1. 患者可能感染哪种微生物引起的疾病？

2. 本病如何预防和用药？

流行性感冒病毒简称流感病毒，属于正黏病毒科，分为甲（A）、乙（B）、丙（C）三型，是引起人和动物的流行性感冒（简称流感）的病原体。其中甲型流感病毒是引起人类流感流行最主要的病原体。

（一）生物学性状

1. 形态与结构　电镜下流感病毒呈球形或椭圆形，也可呈丝状，球形直径 80 ～ 120nm，有包膜。病毒核酸为分 7 或 8 个节段的单股负链 RNA，病毒的衣壳为核蛋白（NP），呈螺旋对称型包绕着核酸（图 7-1）。

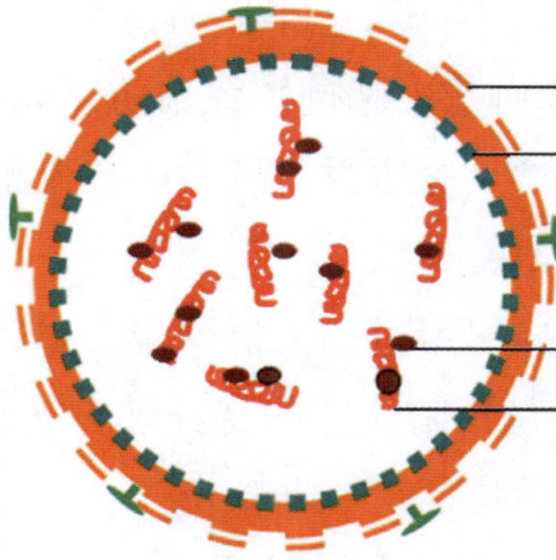

图 7-1　流行性感冒病毒示意图

流感病毒包膜有两层结构，内层为病毒基因编码的基质蛋白（MP），具有保护病毒核心和维持病毒外形的作用；外层为来自宿主细胞的脂质双层膜。甲型和乙型流感病毒包膜上面镶嵌有两种糖蛋白刺突，即血凝素（HA）和神经氨酸酶（NA）。目前发现的 HA 有 15 种（H1 ～ H15），NA 有 9 种（N1 ～ N9）。HA 和 NA 是划分流感病毒亚型的依据。

2. 分型与变异　根据 NP 和 MP 蛋白抗原性的不同可将流感病毒分为甲、乙、丙三型；甲型又根据 HA 和 NA 抗原性不同，再分为若干亚型。乙型、丙型流感病毒至今尚未发现亚型。

三型流感病毒中，甲型流感病毒的 HA 和 NA 抗原性最易发生变异，HA 变异更快。流感病毒抗原变异有两种形式。①抗原漂移：流感病毒抗原变异的一种形式，由点突变所致，其变异幅度小。如血凝素和神经氨酸酶的氨基酸变异率小于 1%，属量变。面对此种病毒，人群有免疫力，但免疫力不强，一旦发生流行，一般引起较小范围流行。②抗原转变：是指流感病毒抗原发生大幅度的变异现象。变异幅度大，HA 氨基酸的变异率为 20% ～ 50%，是一种质变，导致新亚型的出现。由于人群完全失去免疫力，每次新亚型出现都会引起世界性的流感暴发流行。近一个世纪，甲型流感病毒已经历过数次重大变异。

考点　甲型流感病毒变异与流感流行的关系

3. 抵抗力　流感病毒抵抗力弱，耐冷不耐热，56℃ 30min 可被灭活，0 ～ 4℃能存活数周，–70℃可以长期保存；对干燥、紫外线、乙醚、甲醛、醋酸、乳酸等均敏感。

（二）致病性与免疫性

1. 致病性　冬春季为流感高发季节。传染源主要为患者和病毒携带者，在急性期症状出现 1 ～ 2 天内，鼻咽分泌物排出的病毒量较多，传染性最强。传播途径主要是呼吸道飞沫传播，也可通过气溶胶传播。病毒仅在呼吸道上皮细胞内增殖，引起细胞变性、坏死、脱落，黏膜充血水肿，一般不入血。

病毒传染性强，病毒感染后症状轻重不等，潜伏期1～4天，突然发病，有畏寒、发热、头痛、肌痛、厌食、乏力、鼻塞、流涕、咽痛和咳嗽等症状；体温可高达38～40℃，持续3～5天。流感具有自限性，无并发症患者5～7天即可痊愈。免疫力低下、心肺功能不全者在感染后易继发细菌性感染，特别是肺炎，可危及生命。

2. 免疫性　流感病毒感染后可产生特异性中和抗体，包括IgG、IgM和sIgA，局部中和抗体sIgA和血清中和抗体在预防感染和阻止疾病发生有重要作用。病后免疫力不持久，仅对同型病毒具有短暂免疫力。各亚型间无交叉免疫性。

（三）防治原则

1. 流行期间应尽量避免人群聚集，必要时戴口罩，保持室内通风清洁。

2. 免疫接种是预防流感的特异性方法，但必须与当前流行株的型别基本相同，目前使用较多的为灭活疫苗。

3. 流感治疗主要采取对症治疗和预防继发感染为主。例如，用干扰素滴鼻及中草药如板蓝根、大青叶、黄芩等具有防治作用；奥司他韦和扎那米韦是病毒NA的抑制剂，对甲型和乙型流感均有效；盐酸金刚烷胺及其衍生物甲基金刚烷胺可减轻全身中毒症状。

考点 流感的防治原则

链接 禽流感

甲型流感病毒的禽流感亚型是一种严重威胁人类健康的传染病，能够感染人类并引发高热、咳嗽、流涕等症状。自1997年香港发现首例H5N1禽流感病例以来，该病毒已在全球多个国家和地区传播，病死率高达52.7%。2013年，上海报告了首例H7N9禽流感病例，全球报告病例的病死率稳定在约40%。此后，我国还报告了多种人感染禽流感病例，如H10N8、H5N6等，这些病毒同样具有高致病性和致死性。禽流感病毒对人类健康的威胁不容忽视，需要全球共同努力，加强监测、防控和研究，以应对这一严峻挑战。

二、冠状病毒

电子显微镜下似皇冠的一类病毒称为冠状病毒。为具有外膜的正链单链RNA病毒，直径80～120nm，RNA长27～31kb。冠状病毒在分类上属于冠状病毒科冠状病毒属。只感染人、鼠、猪、猫、犬、禽类脊椎动物。已知会引起从普通感冒到重症肺部感染不同的疾病，如中东呼吸综合征（MERS）、严重急性呼吸综合征（SARS）和新型冠状病毒感染（COVID-19）。

（一）生物学性状

1. 形态与结构　冠状病毒呈多形性，核酸为单股正链RNA病毒，不分节段，核衣壳呈螺旋对称，有包膜，其表面有向四周伸出的突起，形如花冠而得名（图7-2）。病毒直径80～160nm。包膜表面上的刺突蛋白与细胞受体结合，介导细胞融合，为病毒侵入宿主易感细胞的关键蛋白。

2. 分类　根据病毒表面糖蛋白抗原不同，分为两个哺乳动物群和两个鸟类群。人冠状病毒只有一种。

3. 抵抗力　冠状病毒对乙醚等脂溶剂和紫外线敏感，不耐酸或碱，56℃，30min 可被灭活。

（二）致病性与免疫性

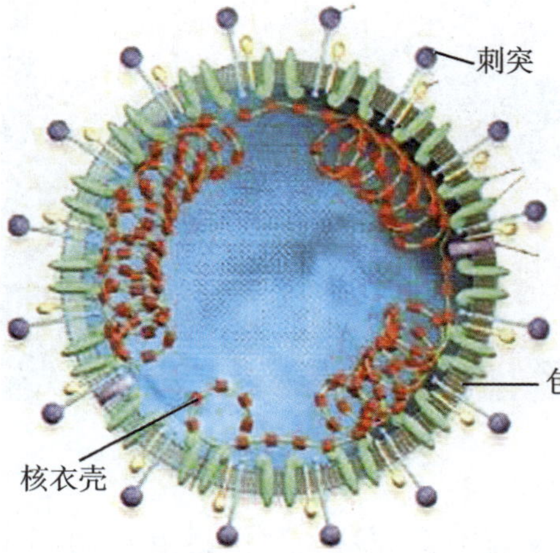

图 7-2　冠状病毒

1. 致病性　冠状病毒在世界各地普遍存在，可感染各年龄组人群，主要侵犯成年人或大龄儿童，引起普通感冒和咽喉炎。经飞沫传播，冬春季流行。多为自限性疾病，潜伏期平均 3 天，病程一般 6 ～ 7 天，病后免疫力不强，可发生再感染。冠状病毒的某些毒株还可引起中东呼吸综合征（MERS）、严重急性呼吸综合征（SARS）和新型冠状病毒感染（COVID-19）。

SARS 病毒以近距离空气飞沫传播为主，也可通过接触患者呼吸道分泌物经口、鼻、眼等途径传播。传染源主要是 SARS 患者。人对 SARS 病毒无天然免疫力，故人群普遍易感。流行的主要季节是冬、春季，潜伏期为 2 ～ 10 天，一般为 4 ～ 5 天。临床表现以发热、头痛、全身酸痛、乏力、干咳少痰、气促或呼吸困难等为主要症状，部分可发展为呼吸窘迫综合征。如原有糖尿病、冠心病、肺气肿等基础疾病的老年患者病死率可达 40% ～ 50%。

2. 免疫性　感染 SARS 病毒后，机体可产生特异性抗体。有人用恢复期血清治疗患者获得疗效，说明特异性抗体有中和该病毒的作用。

（三）防治原则

针对冠状病毒的传播快、流行快和病情严重的特点，流行期间切断传播途径，隔离传染源，避免人群聚集，进行空气消毒等。主要采取对症治疗和综合支持治疗。

三、麻疹病毒

麻疹病毒属副黏病毒科，呈球状，内核为单链 RNA，螺旋对称，有包膜，其上含血凝素，只有一种血清型。

麻疹病毒是麻疹的病原体。麻疹好发于冬春季，多见于 6 个月至 5 岁的婴幼儿。传染源为急性期患者，传播途径主要通过飞沫直接传播，有的还可通过鼻腔分泌物污染玩具、用具等感染，潜伏期 9 ～ 12 天，潜伏期至出疹期均具有传染性。

病毒首先在呼吸道上皮细胞内增殖，再进入血流，出现第一次病毒血症，多数患儿口颊黏膜出现灰白色外绕红晕的黏膜斑——科氏斑（图 7-3），对早期诊断有重要意义。病毒随血流侵入全身淋巴组织和单核吞噬细胞系统，在细胞内增殖后，再次入血为第二次病毒血症，临床表现为高热、畏光、鼻炎、眼结膜炎、咳嗽等症状。发病 2 天后，患

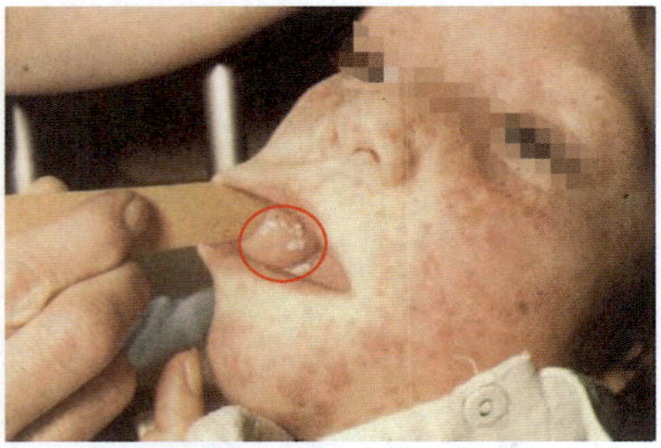

图 7-3 麻疹科氏斑

者全身皮肤相继出现红色斑丘疹，先颈部，然后躯干，最后四肢；麻疹一般可自行缓解；抵抗力低下者，可出现肺炎等并发症，占麻疹死亡率的 60%；极个别患者病毒可持续潜伏在脑组织，于患者恢复数年后，引起亚急性硬化性全脑炎（SSPE），病死率达 100%。

麻疹自然感染后可获得牢固免疫力，经母体获得的抗体能保护新生儿。麻疹减毒活疫苗是当前最有效的预防方法。对接触麻疹患者的易感者，用丙种球蛋白或胎盘球蛋白进行紧急预防，可有效阻止发病或减轻症状。

考点 麻疹的预防

四、腮腺炎病毒

腮腺炎病毒是流行性腮腺炎的病原体。病毒呈球形，直径为 85 ～ 300 nm，平均 140 nm。核心为单股负链 RNA，衣壳为螺旋对称型，核衣壳蛋白具有可溶性抗原（S 抗原），有包膜，表面含有神经氨酸酶和一种血凝素糖蛋白，有抗原性，对物理、化学因素均很敏感。

病毒通过飞沫或人与人直接接触传播。儿童为易感者，好发于冬春季节。病毒可侵入腮腺及其他器官，如睾丸、卵巢、胰腺、肾脏和中枢神经系统等。主要症状以腮腺非化脓性炎症、腮腺区肿痛为临床特征，有发热、肌痛和乏力等。腮腺炎病后可获得牢固免疫力。

减毒活疫苗接种是唯一有效的预防措施，丙种球蛋白有防止发病和减轻症状作用。

五、其他呼吸道病毒

（一）风疹病毒

风疹病毒，是风疹的病原体，为单股正链 RNA 病毒，直径约 60nm，核衣壳为二十面体对称型，有包膜，包膜刺突含血凝素。

病毒经呼吸道传播。临床表现类似麻疹样出疹，但较轻，伴耳后和枕下淋巴结肿大。成人感染症状较严重，除出疹外，还有关节炎和关节疼痛，出疹后脑炎等。

风疹病毒感染引起的最严重的问题是能通过垂直传播导致胎儿先天性感染。孕妇在孕期前 3 个月感染风疹病毒对胎儿危害极大，可引起胎儿流产、死亡或畸形，主要表现为婴儿出生后的先天性心脏病、先天性耳聋、失明、智力低下等。

风疹疫苗是预防风疹的有效手段，较常见的风疹疫苗包括风疹减毒活疫苗、麻疹风疹联合减毒活疫苗和麻疹腮腺炎风疹三联减毒活疫苗。

考点 风疹垂直传播的危害

（二）腺病毒

腺病毒为双链 DNA 无包膜病毒。核衣壳为二十面体对称型，直径 70 ～ 90nm。腺病毒主要感染儿童，主要通过呼吸道、胃肠道和密切接触进行传播，大多无症状，成人感染不常见。腺病毒感染主要引起咽炎、扁桃体炎、肺炎等呼吸道疾病，以及流行性眼结膜炎、急性出血性膀胱炎和胃肠炎等多种疾病。病后，机体产生的相应抗体对同型病毒具有持久的保护作用。另外，通过注射腺病毒疫苗，也可以在体内产生抗体，有效预防腺病毒的感染。

除风疹病毒和腺病毒外，还有几种比较常见的呼吸道病毒（表 7-1）。

表 7-1　其他常见呼吸道病毒

病毒名称	形态与结构	传播途径	所致疾病
呼吸道合胞病毒	球形，单股 RNA，有包膜	主要经飞沫	婴儿多为毛细支气管炎和肺炎，较大儿童和成人为鼻炎、感冒等
鼻病毒	生物学性状与肠道病毒相似的小 RNA 病毒	呼吸道	在成人引起普通感冒等上呼吸道感染；在儿童还能引起支气管炎和肺炎，为自限性疾病，1 周左右可自愈
副流感病毒（PIV）	单链 RNA 病毒，共分 4 型	飞沫传播或经污染的手和物体表面传播	主要引起急性上呼吸道感染，可能与哮喘相关，其中 3 型 PIV 传染性较大

第 2 节　肠道病毒

肠道病毒是一类经消化道感染，在肠道上皮细胞内增殖引起消化道及消化道外组织器官病变的一类病毒。人类肠道病毒包括：脊髓灰质炎病毒、柯萨奇病毒、埃可病毒、轮状病毒、新型肠道病毒。

肠道病毒都有以下共同特点：病毒呈球形，直径 27 ～ 30nm，衣壳呈二十面体对称，为无包膜的小 RNA 型病毒。耐乙醚和酸，在宿主细胞质内复制，以破胞形式释放。主要经粪 - 口途径传播，引起人类多种疾病，如脊髓灰质炎、无菌性脑膜炎、心肌损伤、腹泻和皮疹等。

一、脊髓灰质炎病毒

脊髓灰质炎病毒引起脊髓灰质炎，是一种危害中枢神经系统的传染病，可致肢体弛缓性麻痹，患者以儿童多见，又称小儿麻痹症。

（一）生物学特性

脊髓灰质炎病毒具有典型的肠道病毒形态（图 7-4）。有Ⅰ、Ⅱ、Ⅲ三个血清型，各型之间无交叉免疫性。病毒在外界环境中有较强的生存力，在污水和粪便中可存活数月，在酸性环境中较稳定，不易被胃酸和胆汁灭活，对紫外线、干燥、热敏感，56℃ 30min

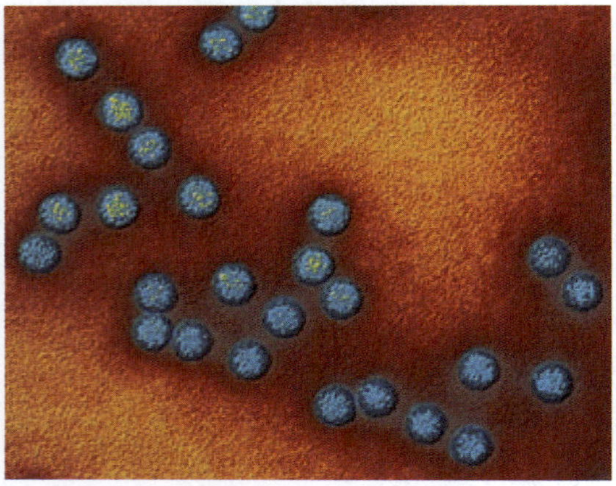

图 7-4 脊髓灰质炎病毒形态示意图

可灭活。耐乙醚、乙醇，对各种氧化剂如高锰酸钾、过氧化氢溶液、漂白粉等敏感。

（二）致病性与免疫性

传染源为患者和无症状感染者。主要通过粪-口途径传播，亦可通过呼吸道传播。病毒经口侵入机体，先在咽喉部扁桃体和肠道下段上皮细胞、肠系膜淋巴结内增殖，约 90% 感染者不出现症状或只有轻微发热、咽喉痛、腹部不适等，表现为隐性感染或轻症感染。只有少数感染者，病毒入血引起第一次病毒血症，出现发热、头痛、腹部不适等症状。病毒随血流扩散进一步增殖后，大量病毒再度入血形成第二次病毒血症，导致全身症状加重。仅有 1‰患者病毒可侵入脊髓前角或脑干的运动神经细胞中增殖，轻者引起暂时性肌肉麻痹，重者可造成肢体弛缓性麻痹后遗症。极个别病例发生延髓麻痹，导致呼吸循环衰竭而死亡。

病后和隐性感染均可使机体获得对同型病毒的牢固免疫力。

（三）防治原则

1. 预防措施主要是隔离患者、消毒患者排泄物、加强饮食卫生管理。

2. 未进行疫苗接种又与患者有过密切接触者，可注射丙种球蛋白作紧急预防。

3. 我国预防脊髓灰质炎的制剂主要包括注射型的脊髓灰质炎灭活疫苗（IPV）和口服的二价脊髓灰质炎减毒活疫苗（bOPV）。从 2020 年 1 月起，适龄儿童常规免疫程序为“2 剂 IPV+2 剂 bOPV”。

考点 脊髓灰质炎的特异性预防制剂

二、轮状病毒

（一）生物学特性

轮状病毒为大小不等的球形颗粒，核心为双链 RNA，双层衣壳，无包膜。壳粒从内向外呈放射状排列，犹如车轮状，故名轮状病毒。

病毒对理化因素有较强的抵抗力，耐酸、耐碱，耐乙醚、氯仿和反复冻融。55℃ 30min 可被灭活。在室温下相对稳定，在粪便中可存活数天到数周。

（二）致病性与免疫性

病毒呈世界性分布，可分为 A ～ G 七组，其中 A 组最常见，引起 6 个月至 2 岁婴幼儿的严重腹泻，占病毒性胃肠炎的 80% 以上。传染源是患者和无症状感染者，主要通过粪 - 口途径传播，多发于秋冬季，在我国常称为“秋季腹泻”。潜伏期为 24 ～ 48h，临床表现为发病突然，患儿有发热、水样腹泻、呕吐等症状，病毒感染多为自限性，可完全恢复。重者可出现脱水、酸中毒而死亡。

病愈后机体对同型病毒有一定抵抗力，但婴幼儿免疫力尚不完善，病愈后重复感染的机会较多。B组病毒可引起成人腹泻，病死率低。C组病毒感染发病率低，多散发。

（三）防治原则

1. 接种轮状病毒疫苗是预防轮状病毒感染的有效手段，同时结合良好的卫生习惯和避免与感染源接触，可以显著降低感染风险。

2. 对于已经感染的患者，及时补充水分和电解质、服用益生菌和使用蒙脱石散等是常见的治疗方式。

三、其他肠道病毒

其他常见肠道病毒，见表7-2。

表7-2 其他肠道病毒

病毒名称	传播途径	所致疾病
柯萨奇病毒	消化道、呼吸道、垂直感染	无菌性脑炎、疱疹性咽喉炎、胸痛、手足口病、心肌炎、类脊髓灰质炎、普通感冒等
埃可病毒（ECHO病毒）	粪-口途径、呼吸道	婴幼儿腹泻、儿童皮疹、无菌性脑炎、普通感冒等
新型肠道病毒	粪-口途径，经污染的游泳池水、毛巾、手等感染	急性出血性结膜炎、手足口病、小儿肺炎、支气管炎、脑膜炎
诺如病毒	粪-口途径，经接触污染的物品或表面后，再接触到口、鼻或眼睛而感染	急性胃肠炎，常导致恶心、呕吐、腹泻、腹痛等症状

链接 手足口病

手足口病主要由柯萨奇病毒A组16型和肠道病毒71型引起，是一种常见于婴幼儿的发疹性传染病。其传播途径多样，包括消化道、呼吸道和密切接触，症状包括发热和手、足、口腔皮疹、疱疹、溃疡。严重病例可并发无菌性脑膜炎等，危及生命。预防上，需保持个人卫生，勤洗手，避免去人群密集场所。目前，中国已研制出肠道病毒71型灭活疫苗并于2016年上市，主要预防肠道病毒71型感染的手足口病，减少重症和死亡风险。该疫苗适用于6个月至5岁儿童，接种后保护率达90%以上。建议家长根据孩子情况，及时接种疫苗，以预防手足口病。

第3节 肝炎病毒

肝炎病毒可引起病毒性肝炎，能引起人类疾病的有甲型肝炎病毒（HAV）、乙型肝炎病毒（HBV）、丙型肝炎病毒（HCV）、丁型肝炎病毒（HDV）和戊型肝炎病毒（HEV）等。其中甲型肝炎病毒与戊型肝炎病毒由消化道传播，引起急性肝炎，预后良好，一般不转为慢性肝炎或慢性病毒携带者；乙型肝炎病毒与丙型肝炎病毒主要经血液、血液制品污染的注射器等途径传播，可引起急性肝炎与慢性肝炎，甚至发展为肝硬化及肝癌；丁型肝炎病毒为缺陷病毒，常在乙型肝炎病毒感染的基础上感染丁型肝炎病毒。这五种病毒虽然均为嗜肝病毒，但在生物学特性、传播方式、致病性等方面有明显区别（表7-3）。

表7-3　五型肝炎病毒简要对照

名称	基因型	主要传播途径	感染慢性化	疫苗
甲型肝炎病毒	RNA	消化道	无	有
乙型肝炎病毒	DNA	血液/体液	有	有
丙型肝炎病毒	RNA	血液/体液	有	无
丁型肝炎病毒	RNA	血液/体液	有	无
戊型肝炎病毒	RNA	消化道	无	有

一、甲型肝炎病毒

甲型肝炎病毒（HAV）是甲型肝炎的病原体，属于肠道病毒。

（一）生物学特性

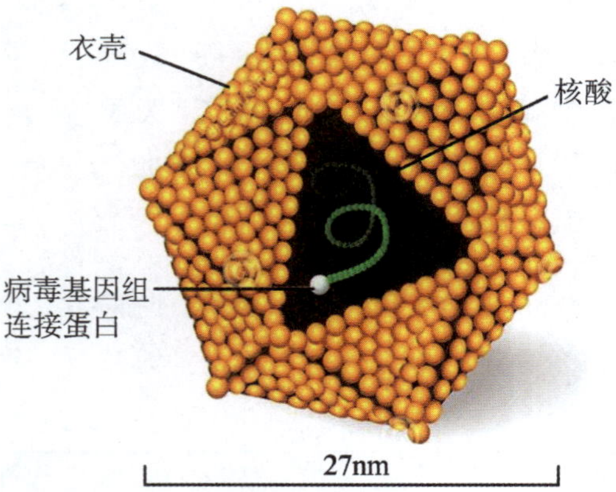

图7-5　甲型肝炎病毒结构示意图

HAV呈球形，单链RNA，直径为27nm，无包膜，衣壳为二十面体对称（图7-5）。HAV只有一个血清型，抗原性稳定。

HAV抵抗力较强，60℃ 4h才能灭活，100℃ 5min可灭活。耐酸、乙醚和氯仿等。在海水、淡水和毛蚶中可存活数天至数月。对紫外线、甲醛、次氯酸钠和漂白粉敏感。

（二）致病性与免疫性

HAV的传染源为急性期患者和隐性感染者，主要经粪-口途径传播，通过污染的食物、水源、食具和海产品等感染，多见于儿童和青少年。甲型肝炎的潜伏期为15～45天。首先在口咽部或唾液腺中增殖，然后到达肠黏膜和局部淋巴组织中大量增殖，侵入血流形成病毒血症，最终侵入肝脏，在肝细胞内增殖而致病。HAV在肝细胞内增殖缓慢，一般不直接造成肝细胞损害，其致病机制主要与机体的免疫应答有关。人体感染后多不出现明显的症状和体征，只有少数表现为急性肝炎，患者可出现发热、疲乏、厌食、恶心、呕吐、黄疸、肝脾肿大和疼痛及肝功能异常等症状。甲型肝炎为自限性疾病，不转为慢性肝炎和慢性携带者，预后良好。

甲型肝炎病后或隐性感染后，机体产生抗-HAV抗体，在体内可持续多年，对病毒的再感染有持久免疫力。

考点 HAV的传染源、传播途径及临床表现

（三）防治原则

加强卫生宣传教育和饮食、粪便、水源管理，对患者排泄物、食具等应进行消毒处理。

对适龄儿童接种减毒活疫苗或灭活疫苗是最有效的预防措施。对 HAV 感染者的紧急预防和治疗，可注射丙种球蛋白。HAV 为自限性疾病，以休息、支持疗法为主，症状严重者可用利巴韦林片、复方甘草酸苷片等进行抗病毒治疗。

考点 HAV 的防治原则

二、乙型肝炎病毒

案例 7-2

患者，女，45 岁，近期因持续疲劳、恶心、厌油、右上腹不适持续两个月，近期尿色明显加深前来就诊。患者自述在过去的一年里，工作压力大，经常熬夜加班，且饮食不规律。

查体：患者皮肤及巩膜出现中度黄染，肝脏可触及边缘，轻度肿大，质地稍硬，压痛明显，无其他明显异常。实验室检查：血清总胆红素和直接胆红素均升高，谷丙转氨酶和谷草转氨酶均显著升高。乙肝两对半检查显示 HBsAg、HBeAg 及抗 -HBc 均为阳性。

问题：1. 患者可能患有哪种微生物引起的疾病？

2. 本病如何预防和用药？

乙型肝炎病毒（HBV）是乙型肝炎的病原体。主要经血液、性行为和垂直传播。乙型肝炎为一种世界性疾病，我国是乙型肝炎的高发区。

（一）生物学性状

1. 形态与结构　HBV 属嗜肝 DNA 病毒科，HBV 感染者血清中可见三种不同形态的 HBV 颗粒即大球形颗粒、小球形颗粒和管形颗粒（图 7-6）。

（1）大球形颗粒（Dane 颗粒）　是具有感染性的完整 HBV 颗粒，直径 42nm，有双层衣壳。外衣壳相当于一般病毒的包膜，由脂质双层和包膜蛋白组成。包膜上含有乙型肝炎病毒表面抗原（HBsAg），核衣壳呈二十面体对称，直径约 27nm。内衣壳蛋白为 HBV 核心抗原（HBcAg），HBcAg 仅存在于 Dane 颗粒的核衣壳表面和感染的肝细胞内，一般在血清中检测不到。去除 HBcAg 后暴露出 e 抗原（HBeAg），HBeAg 可分泌到血清中。Dane 颗粒的核心含有环状双链 DNA 和 DNA 多聚酶（图 7-7）。

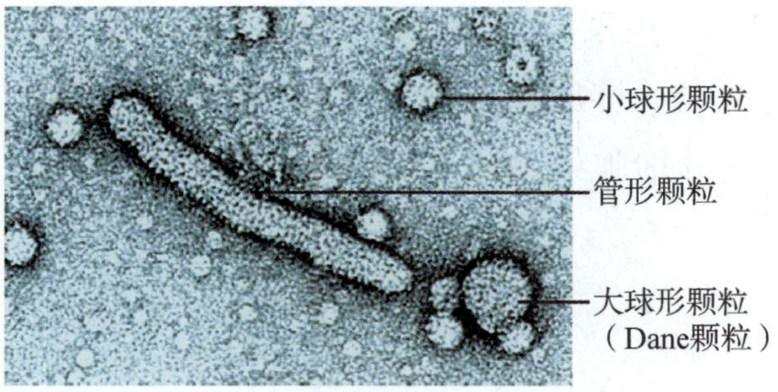

图 7-6　HBV 3 种颗粒示意图

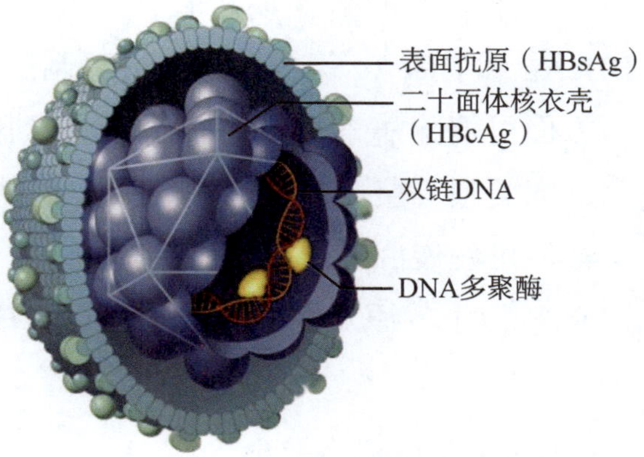

图 7-7　HBV Dane 颗粒结构模式图

（2）小球形颗粒　直径22nm，主要成分为HBsAg，为HBV复制过程中过剩的HBsAg构成，感染者血清中最为常见，无传染性。

（3）管形颗粒　直径22nm，由小球形颗粒聚合而成，长100～500nm，成分与小球形颗粒相同，无传染性。

考点 HBV的形态结构特点

2. 抗原组成

（1）表面抗原（HBsAg）　存在于上述三种颗粒中，大量存在于感染者的血清中，是HBV感染的主要标志。HBsAg具有抗原性，能刺激机体产生中和抗体（抗-HBs），对机体有保护作用，也是制备疫苗的主要成分。

（2）核心抗原（HBcAg）　存在于Dane颗粒核衣壳表面，为内衣壳成分，其表面被HBsAg覆盖，故不易在感染者血清中检测到。HBcAg能刺激机体产生相应抗-HBc，此抗体为非中和抗体，血清中检测到抗-HBc IgM提示HBV处于复制状态。

（3）e抗原（HBeAg）　是病毒基因转录翻译的蛋白质经加工后形成的可溶性蛋白。HBeAg在血液中的消长与病毒体及DNA多聚酶的消长基本一致，阳性者标志HBV复制和血清具有传染性。HBeAg具有抗原性，可刺激机体产生相应抗-HBe，对HBV感染有一定清除作用，抗-HBe阳性是患者预后良好的征象。

考点 HBV的抗原组成及意义

3. 抵抗力　HBV抵抗力较强，对低温、干燥、紫外线均有耐受性，不被70%乙醇灭活。高压蒸汽灭菌、加热100℃ 10min等可灭活HBV。5%次氯酸钠、0.5%过氧乙酸、3%漂白粉液、0.2%苯扎溴铵等能灭活病毒，使HBV失去感染性。

（二）致病性与免疫性

传染源主要是患者和无症状HBV携带者。传播途径为血液传播、垂直传播、性接触传播。

致病机制目前尚未完全清楚，主要为：①病毒对肝细胞的直接破坏；②通过机体的免疫应答以及病毒与机体的相互作用引起肝细胞的病理改变。

乙型肝炎的潜伏期较长，为30～160天。HBV侵入肝细胞内增殖，其HBsAg、HBcAg和HBeAg等抗原成分，可刺激机体产生特异性免疫应答，其结果具有两面性：一方面可清除病毒；另一方面可造成肝细胞损伤。免疫应答的强弱与HBV感染后引起的临床类型、疾病转归有关。临床表现为急性肝炎、重症肝炎和慢性肝炎。有的慢性肝炎最后可发展成肝硬化。HBV的DNA可整合到肝细胞染色体上而诱发原发性肝癌。我国90%以上的原发性肝癌患者感染过HBV。

考点 HBV的传染源及传播途径

（三）微生物学检查

1. HBV抗原抗体检测　对乙型肝炎的实验室诊断，常用血清学方法检测感染者血清中 HBV 标志物。主要检测血清中的 HBsAg、抗 -HBs、HBeAg、抗 -HBe 和抗 -HBc（即"两对半"）。HBV 的血清学检测结果与临床关系复杂，应对几项检测指标综合分析，才能作出临床判断（表 7-4）。

表 7-4　HBV 抗原抗体检测结果的临床分析

HBsAg	HBeAg	抗 -HBs	抗 -HBe	抗 -HBc（IgM）	抗 -HBc（IgG）	结果分析
+	−	−	−	−	−	无症状携带者
+	+	−	−	+	−	急性或慢性乙型肝炎（俗称"大三阳"）
+	−	−	+	−	+	急性感染趋向恢复（俗称"小三阳"）
+	+	−	−	+	+	急性或慢性乙型肝炎，或无症状携带者
−	−	+	+	−	+	乙型肝炎恢复期
−	−	−	−	−	+	既往感染
−	−	+	−	−	−	既往感染或接种过疫苗

考点　HBV 抗原抗体的检测及结果分析

2. 血清中 HBV-DNA 检测　常用 PCR 或核酸杂交技术进行检测，HBV- DNA 阳性表明血清中存在完整的 HBV 颗粒，HBV 正在复制，传染性强。

（四）防治原则

1. 一般预防　严格管理传染源和切断传播途径。严格筛选献血员，加强对血液和血液制品的管理；提倡使用一次性注射器及输液器等；严格消毒医疗器械；对乙型肝炎患者及无症状携带者的血液、分泌物和用具进行严格消毒。《中华人民共和国药典》中"血液制品生产用人血浆"规定不得检出乙型肝炎病毒和丙型肝炎病毒。

2. 特异性预防　接种乙型肝炎疫苗，我国规定新生儿和易感人群全面接种乙型肝炎疫苗。含高效价抗 -HBs 的人乙型肝炎免疫球蛋白（HBIg）可用于紧急预防。

3. 药物治疗　常用的治疗方法是抗病毒药物和免疫调节药物的联合治疗。常用抗病毒药物如干扰素、拉米夫定、阿糖腺苷，以及清热解毒、活血化瘀的中草药等。

考点　乙型肝炎的预防措施

三、丙型肝炎病毒

丙型肝炎病毒（HCV）呈球形，大小 50 ～ 60nm，为有包膜的 RNA 病毒，核心含单链 RNA。HCV 对氯仿、甲醛、乙醚等有机溶剂敏感，加热 100℃ 5min、20% 次氯酸、紫外线照射处理均可将 HCV 灭活。

HCV 引起丙型肝炎（输血后肝炎）。传染源主要是患者和无症状携带者。主要经血液传播，同性恋者、静脉药瘾者及接受血液透析的患者是高危人群，也可经性接触、垂直传播和家庭内密切接触传播。

潜伏期一般为 2 ～ 17 周，HCV 的致病机制有病毒对肝细胞的直接损害、免疫病理损伤以及细胞凋亡导致肝细胞破坏。HCV 感染者可表现为急性肝炎，症状较轻，易转为慢性，多数可不出现症状，发现时已呈慢性过程，约 20% 可发展为肝硬化甚至肝癌。

一般预防与HBV相似，无特异性疫苗。主要通过切断传播途径预防。严格筛选献血员、加强血液制品管理是控制 HCV 感染最主要的预防手段。目前丙型肝炎的治疗主要采用直接抗病毒药物，常用的药物组合为索磷布韦 / 维帕他韦，以及我国自主研发的可洛派韦联合索磷布韦。

四、丁型肝炎病毒

丁型肝炎病毒（HDV）引起丁型肝炎。病毒为球形，直径 35 ～ 37nm，核心为单链 RNA，衣壳呈二十面体对称，衣壳上有 HDV 抗原（HDAg），核衣壳外有 HBV 的 HBsAg 组成的包膜。HDV 必须在 HBV 或其他嗜肝病毒的辅助下才能复制，故 HDV 是一种缺陷病毒。HDV 的包膜来自 HBV，故 HDV 的抵抗力与 HBV 相同。

HDV 传播途径与 HBV 相似，由于 HDV 是一种缺陷病毒，必须在同时感染 HBV 或其他嗜肝病毒的条件下，HDV 才能复制增殖。HDV 的感染有两种形式：①同时感染，同时感染 HBV 和 HDV，同时发生急性乙型肝炎和急性丁型肝炎；②重叠感染，在感染 HBV 的基础上再感染 HDV。多数重叠感染者转为慢性肝炎，导致原有的症状加重或恶化，诱发重症肝炎甚至死亡。故对重症肝炎患者，应注意是否有 HDV 共同感染。防治原则与 HBV 相同，丁型肝炎没有独立的疫苗，但接种乙型肝炎疫苗可以预防丁型肝炎。

五、戊型肝炎病毒

戊型肝炎病毒（HEV）感染可引起戊型肝炎。HEV 呈球形，核心为单链 RNA，无包膜，直径 32 ～ 34nm，有两种颗粒：实心颗粒为 HEV 完整结构；空心颗粒核心为不完整 HEV 基因。HEV 不稳定，对高盐、氯仿等敏感。在液氮中保存，性质稳定。

传染源为潜伏期和急性期患者，主要经粪 - 口途径传播，病毒在肝内增殖后释放入血和胆汁，随粪便排出污染水源或食品，经消化道感染。

HEV 侵入机体后，通过病毒对肝细胞的直接破坏和免疫病理损伤作用，引起炎症或坏死。感染者表现：成人多表现为临床型，儿童则多为亚临床型。临床型表现包括急性戊型肝炎、重症肝炎和胆汁淤滞型肝炎。多数患者出现黄疸，一般不发展为慢性。孕妇感染 HEV 后病情较重，怀孕 6 ～ 9 月者最为严重，病死率可高达 10% ～ 20%。

临床采用 ELISA 法等检测患者血清中抗 -HEV 有助于诊断 HEV 感染。抗 -HEV IgM 可作为 HEV 急性感染的诊断指标。

预防戊型肝炎与预防甲型肝炎相同，主要是切断粪 - 口传播途径。接种戊型肝炎疫苗，可以有效预防戊型肝炎。

第 4 节　人类免疫缺陷病毒

人类免疫缺陷病毒（HIV）可引起获得性免疫缺陷综合征（AIDS，艾滋病）。HIV 有两型：HIV-1 和 HIV-2。HIV-1 传染性较强，在全世界流行；HIV-2 主要在西非流行。

（一）生物学特性

HIV 为球形颗粒，直径 100 ～ 120nm，由核心和包膜两部分组成。HIV 核心由半锥形衣壳蛋白 p24 所组成，衣壳内有两条相同的单股正链 RNA、核蛋白和病毒复制所必需的酶类（反转录酶、整合酶和蛋白酶）。HIV 的包膜上有糖蛋白刺突 gp120 和跨膜蛋白 gp41。包膜结构之下是呈球形的内膜蛋白 p17（图 7-8）。

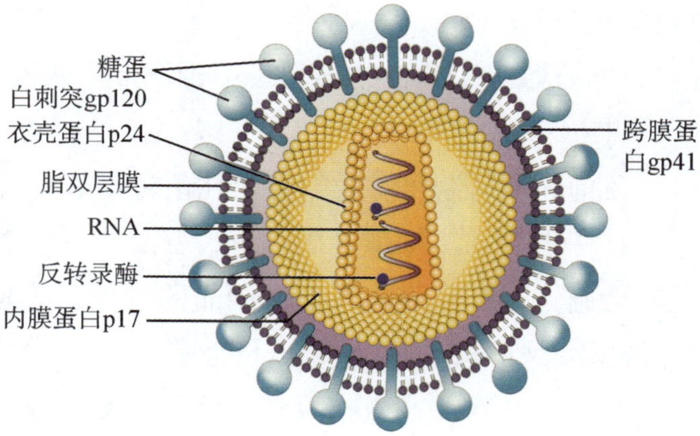

图 7-8　HIV 结构

HIV 抵抗力较弱，56℃处理 30min 可使 HIV 失去感染性，100℃处理 20min 可将 HIV 完全灭活；0.5% 次氯酸钠、70% 乙醇或 5% 甲酚皂处理 10min 对 HIV 均有灭活作用；紫外线或 γ 射线不能灭活 HIV。

考点 HIV 的形态结构

（二）致病性与免疫性

艾滋病传染源包括 HIV 感染者和艾滋病患者。主要传播途径：①性传播，可通过同性或异性间性行为传播；②血源传播，通过输注带 HIV 的血液、血液制品、器官移植等传播；③垂直传播，通过宫内感染、分娩过程和哺乳传播。

HIV 主要侵犯人体的免疫系统，由于 CD4 是 HIV 的 gp120 的受体，HIV 选择性侵入 $CD4^+$T 淋巴细胞、单核巨噬细胞和树突状细胞中，造成 $CD4^+$T 淋巴细胞数量不断减少，最终导致人体细胞免疫功能缺陷，引起各种机会性感染和肿瘤的发生。

根据感染后的临床表现，HIV 感染的全过程可分三个期，即急性期、无症状期和 AIDS 期。①急性期通常为发生 HIV 感染后的 6 个月内，临床表现以发热最为常见，可伴有咽痛、盗汗、恶心、呕吐、腹泻、皮疹等，多数患者症状轻微，持续 1 ～ 3 周后可缓解；②无症状期可无症状或仅有无痛性淋巴结肿大，通常持续 4 ～ 8 年；③ AIDS 期主要临床表现为 HIV 相关综合征，以及多种机会感染和肿瘤。患者表现为发热、盗汗、慢性腹泻及全身淋巴结肿大等艾滋病相关症状、体征，典型艾滋病患者出现各种严重机会感染和罕见的恶性肿瘤。另外，40% ～ 90% 艾滋病患者会有神经系统病变，表现出外周神经炎、无菌性脑膜炎及 AIDS 痴呆综合征等。患者常于出现症状后 1 ～ 3 年内死亡。

HIV 侵入人体后，能刺激机体产生相应抗体，如包膜蛋白抗体、核心蛋白抗体等，但这些抗体无病毒清除作用。

（三）微生物学检查

艾滋病的检查主要包括 HIV 抗体检测、HIV 核酸检测、$CD4^+T$ 淋巴细胞计数等。HIV 抗体检测阳性是判断 HIV 感染的重要标准，常用的检测方法是 ELISA，但该方法仅作为 HIV 感染的初步筛查，阳性者必须做确认试验：蛋白印迹法检测 p24 和 gp120 的抗体等。HIV 核酸定性检测可用于 HIV 感染的辅助诊断，HIV 核酸定量检测和 $CD4^+T$ 淋巴细胞计数是判断疾病进展、临床用药、疗效和预后的重要指标。

（四）防治原则

目前尚未研制出有效的特异性预防疫苗。

1. 一般预防　加强健康教育，普及艾滋病知识，可有效预防和控制 HIV 传播。主要预防措施：①加强血液及血液制品的管理；②防止医源性感染；③提倡安全性行为，积极预防治疗性病；④防止垂直传播等。

2. 治疗　应用高效抗反转录病毒药物治疗艾滋病，采取联合用药法，俗称鸡尾酒疗法，即联合应用 3 种或 3 种以上抗病毒药物，可以显著降低各种相关机会性感染的发生率和艾滋病患者的死亡率，从而促进艾滋病患者免疫功能的重建。近年来，骨髓移植和新型药物如来那帕韦给艾滋病治疗带来新希望。

考点 HIV 的形态结构、致病性和预防措施

第 5 节　其 他 病 毒

对人致病的其他病毒包括狂犬病毒、人类疱疹病毒、流行性乙型脑炎病毒、登革病毒及人乳头瘤病毒等。

一、狂 犬 病 毒

（一）生物学性状

狂犬病毒是弹状病毒，形如子弹，一端钝圆，另一端扁平。直径 65 ～ 80nm，长 130 ～ 240nm。核衣壳呈螺旋对称，表面具有包膜，内含有单链 RNA。只有一个血清型。核衣壳呈螺旋对称，由单股 RNA 和蛋白质组成。外壳为脂蛋白双层包膜，嵌有刺突蛋白，是主要抗原，与致病性有关，在核衣壳和包膜之间是基质蛋白（图 7-9）。狂犬病毒在中枢神经细胞中增殖后，可在细胞质中形成一种特异而具诊断价值的嗜酸性包涵体，称为内氏小体。

狂犬病毒抵抗力弱，易被紫外线、甲醛、乙醇、乙醚、肥皂水及去垢剂等灭活，经 56℃ 30min 或 100℃ 2min 可灭活，对酚有高度抵抗力。可在冰冻干燥下保存数年。

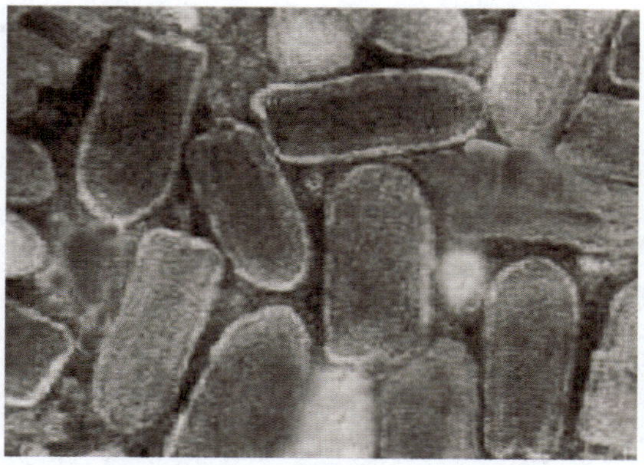

电镜图

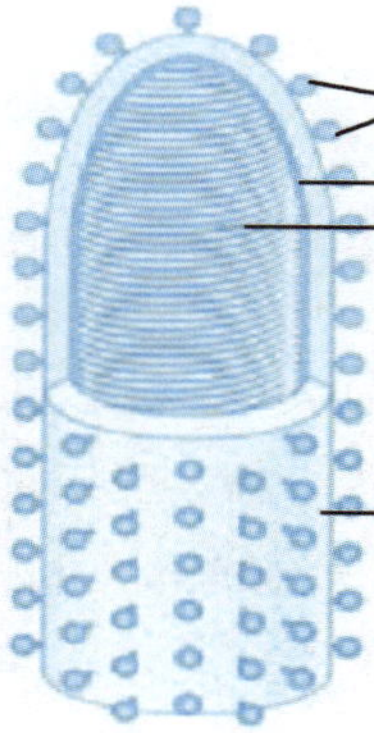

结构模式图

图 7-9 狂犬病毒形态与结构

（二）致病性

狂犬病毒引起人或动物狂犬病。传染源主要是病犬，其次是病猫。传播途径主要是被患病动物咬伤或抓伤。潜伏期 3 ～ 8 周，短者 10 天，长者可达数年。狂犬病毒主要存在于患病动物的中枢神经细胞中，唾液腺和唾液中也常含有大量病毒。患者的特征性表现是吞咽困难及恐水，因此狂犬病又称为“恐水症”。患者一旦发病，病死率几近 100%。

（三）防治原则

一般性预防：使用 20% 肥皂水清洗伤口，用大量清水清洗伤口，再用 70% ～ 75% 乙醇或 2% ～ 3% 碘酊涂擦伤口。特异性预防：接种狂犬病疫苗进行主动免疫或必要时注射抗狂犬病毒免疫球蛋白进行被动免疫。

考点 狂犬病毒的生物学性状、致病性及防治原则

二、人类疱疹病毒

疱疹病毒是一组具有包膜的 DNA 病毒，现已发现 110 种以上，其感染宿主广泛，主要侵害皮肤、黏膜以及神经组织。人类疱疹病毒（HHV）是与人类有关的疱疹病毒，分为三个亚科：α 疱疹病毒亚科、β 疱疹病毒亚科和 γ 疱疹病毒亚科，目前已发现的八种人类疱疹病毒见表 7-5。

表 7-5 人类疱疹病毒种类及所致疾病

病毒常用名	亚科	传播途径	所致疾病
单纯疱疹病毒 1 型	α	直接接触或间接接触传播	唇疱疹、疱疹性龈口炎、角膜炎、单纯疱疹性脑膜炎
单纯疱疹病毒 2 型	α	性接触传播	生殖器疱疹、新生儿单纯疱疹
水痘 - 带状疱疹病毒	α	呼吸道飞沫传播或接触传播	水痘、带状疱疹
EB 病毒	γ	唾沫的接触或性接触感染	传染性单核细胞增多症、非洲儿童恶性淋巴瘤、鼻咽癌

续表

病毒常用名	亚科	传播途径	所致疾病
巨细胞病毒	β	接触传播、性传播或胎盘传播	巨细胞包涵体病、肝炎、先天性畸形、间质性肺炎
人类疱疹病毒 6 型	β	普遍易感，主要经唾液传播	幼儿急疹
人类疱疹病毒 7 型	β	普遍存在，主要经唾液传播	尚不明确
人类疱疹病毒 8 型	γ	未明确，性传播、唾液传播等	与卡波西肉瘤的发生相关

人类疱疹病毒的共同特征有：①病毒呈球形，直径为 120 ～ 150nm，核心为双链 DNA，衣壳呈二十面体对称，外覆一层厚薄不均匀的被膜，最外层为典型的脂质双层包膜，上有突起。②多数人类疱疹病毒均能在二倍体细胞核内复制，产生明显的细胞病变，形成核内嗜酸性包涵体。感染细胞可与邻近未感染的细胞融合，形成多核巨细胞。③病毒感染宿主细胞后，可表现为显性感染、潜伏感染、整合感染、先天性感染多种感染类型。

考点 人类疱疹病毒的种类及所致疾病

三、流行性乙型脑炎病毒

流行性乙型脑炎病毒又称日本脑炎病毒，是引起流行性乙型脑炎的病毒，属虫媒病毒乙组的黄病毒科。其呈球形，大小为 30 ～ 40nm，核心为正链单链 RNA，有包膜，核衣壳呈二十面体对称，外有脂质包膜，含糖蛋白的刺突即血凝素，流行性乙型脑炎病毒只有一个血清型，主要的抗原成分为包膜上所含的 E 蛋白，可诱导机体产生特异性中和抗体。经 56℃ 30min 或 100℃ 2min 可灭活。对酸、乙醚、氯仿等脂溶剂及多种化学消毒剂敏感。

流行性乙型脑炎（简称乙脑，又称日本脑炎），是由嗜神经的乙型脑炎病毒引起，经蚊等吸血昆虫传播的一种急性传染病。传染源主要是幼猪，三带喙库蚊是我国乙脑的主要传播媒介。流行于夏秋季，多见于儿童。感染者多数为隐性感染，少数出现脑实质和脑膜炎症，表现为高热、头痛、呕吐、惊厥、抽搐、脑膜刺激征等。病死率达 10%，约 20% 幸存者留下严重后遗症，出现痴呆、失语或瘫痪等。乙脑病后或隐性感染后可获得持久而牢固的免疫力。

ELISA 法检测患者血清或脑脊液中特异性 IgM 可用于乙脑的早期快速诊断。近年来广泛应用 PCR 技术检测病毒核酸进行乙脑早期快速诊断。

预防措施：防蚊、灭蚊和接种乙脑疫苗，目前尚无特效药物治疗。

考点 乙脑病毒的致病性

四、登革病毒

登革病毒是登革热的病原体，有的病毒颗粒呈哑铃状，大小为 700nm×（20 ～ 40）nm；有的呈棒状或球形，直径为 20 ～ 50nm，核心为单链线状 RNA。最外层为两种糖蛋白组成的包膜，包膜上含型和群特异性抗原。有 4 个血清型（DEN1 ～ DEN4）。

登革病毒的传染源主要是患者和隐性感染者。经蚊虫叮咬传播，主要传播媒介是伊蚊，所致疾病是登革热，以发热、皮疹、全身肌肉痛、骨关节痛、极度疲乏、淋巴结肿大、白细胞减少为特征。主要在热带及亚热带地区流行。

登革出血热是登革热的严重类型，以发热、皮疹、出血、休克为主要特征，发热2～5天后突然加重，多个器官发生出血和（或）休克，血液浓缩，血小板减少。病死率高。登革休克综合征（DSS）是登革热的一种严重临床类型，除发热、出血外，常发生循环衰竭（严重休克）和弥散性血管内凝血，甚至发生多器官衰竭。病死率高。

应用ELISA、免疫胶体金检测、间接荧光免疫试验等方法检测血清中特异性抗体或应用PCR技术检测病毒核酸可获得早期诊断。

防蚊、灭蚊是主要预防措施，疫苗还在研究中；目前尚无特效治疗方法。

五、人乳头瘤病毒

人乳头瘤病毒（HPV）属于乳多空病毒科的乳头瘤病毒属，是球形DNA病毒，直径52～55nm，衣壳为二十面体对称，无包膜，核心为双链环状DNA，能引起人体皮肤黏膜的鳞状上皮增殖。抵抗力强，能耐受干燥并长期保存，高温消毒和2%戊二醛消毒可灭活。

HPV主要通过直接或间接接触污染物品、性接触传播或垂直传播感染人类，可以引起寻常疣、跖疣、扁平疣、尖锐湿疣及恶性病变。目前已分离出130多种，不同型的HPV侵犯部位和所致疾病不相同，嗜黏膜性HPV主要侵犯黏膜，其中HPV-6、HPV-11型可引起尖锐湿疣、喉乳头瘤等良性病变，称为低危型HPV；而HPV-16、HPV-18等型别与宫颈上皮内赘生物及宫颈癌等恶性肿瘤的发生密切相关，称为高危型HPV。人类是其唯一宿主。病毒感染后只局限于皮肤黏膜细胞中，不引起病毒血症。

通过PCR技术等检测标本中的病毒DNA，对感染的早期诊断及型别鉴定有意义。

特异性预防：截至2023年，国产二价HPV疫苗已正式面市并投入使用，可预防16、18型两种高危HPV亚型感染，而国产四价和九价HPV疫苗尚在研发中。

加强性教育和社会管理对控制HPV经性传播途径感染，减少生殖器疣和宫颈癌的发生具有重要意义。对寻常疣和尖锐湿疣的治疗可采用激光、冷冻、手术等方法去除疣体，局部涂擦5%的咪喹莫特或氟尿嘧啶，但根除组织中的病毒较难，易复发。

考点 人乳头瘤病毒的致病性及防治原则

链 接 HPV疫苗

HPV疫苗用于预防HPV引起的宫颈癌、外阴癌、阴道癌、肛门癌、生殖器疣、持续感染、癌前病变或不典型病变。其中九价HPV疫苗有良好的免疫原性，三剂接种后，相关HPV型别的血清抗体阳转率近乎百分百。接种后一个月，抗体效价峰值可超自然感染水平百倍，随后降至十倍并保持稳定。这一高水平抗体至少可维持四年，为女性健康提供坚实防线。

六、其他病毒

更多其他病毒见表 7-6。

表 7-6 其他病毒

病毒名称	传播途径	所致疾病
人类嗜 T 淋巴细胞病毒（HTLV）	输血、注射、性接触、垂直传播	成人 T 淋巴细胞白血病、HTLV-1 相关脊髓病或热带痉挛性截瘫等
埃博拉病毒	密切接触、注射传播、空气传播	埃博拉出血热
克里米亚 - 刚果出血热病毒	蜱叮咬传播	克里米亚 - 刚果出血热（新疆出血热）
森林脑炎病毒	蜱叮咬传播	森林脑炎
黄热病毒	蚊子叮咬传播	急性病毒性出血热
寨卡病毒	蚊子叮咬传播	发热、皮疹、关节痛、神经系统疾病
汉坦病毒	啮齿动物（如鼠类）传播	汉坦病毒肺综合征、肾综合征出血热等

自 测 题

一、名词解释

1. 抗原转变　2. Dane 颗粒

二、单项选择题

1. 下列流行性感冒病毒的生物学特征中，错误的是（　　）
   A. 结构分核衣壳和包膜
   B. 双链 DNA 病毒
   C. 根据核心抗原分型
   D. 包膜上刺突容易变异
   E. 病后免疫力弱
2. 慢发感染可引起亚急性硬化性全脑炎的病毒是（　　）
   A. 腮腺炎病毒　B. 风疹病毒
   C. 麻疹病毒　D. 乙脑病毒
   E. 森林脑炎病毒
3. 下列微生物中易发生垂直传播导致胎儿畸形的是（　　）
   A. 麻疹病毒　B. SARS 病毒
   C. 流感病毒　D. 腮腺炎病毒
   E. 风疹病毒
4. 腮腺炎病毒感染常见的并发症是（　　）
   A. 咽炎　B. 肺炎
   C. 睾丸炎或卵巢炎　D. 肝炎
   E. 肾炎
5. 能导致患儿口颊内侧黏膜处出现柯氏斑的是（　　）
   A. 流感病毒　B. 麻疹病毒
   C. 风疹病毒　D. SARS 病毒
   E. 肺炎支原体
6. 小儿麻痹症的病原体是（　　）
   A. 脊髓灰质炎病毒
   B. 柯萨奇病毒
   C. 埃可病毒
   D. 麻疹病毒
   E. 冠状病毒
7. 脊髓灰质炎的预防措施是（　　）
   A. 消灭蚊虫
   B. 隔离患者
   C. 注射丙种球蛋白
   D. 口服脊髓灰质炎疫苗
   E. 注射疫苗
8. 我国引起婴幼儿秋季腹泻的病毒主要是（　　）

A. 脊髓灰质炎病毒
B. 新型肠道病毒
C. 柯萨奇病毒
D. 轮状病毒
E. 埃可病毒

9. 甲型肝炎病毒感染后的结局是（ ）
A. 多转为慢性肝炎
B. 病毒长期潜伏在肝细胞内
C. 一般不会再感染该病毒
D. 体内不产生中和抗体，无特异性免疫力
E. 感染者多数出现明显临床表现

10. 用血清学方法检测 HBV 感染者，很难在其血清中查出的成分是（ ）
A. HBsAg B. HBcAg
C. HBeAg D. 抗 -HBe
E. 抗 -HBc

11. 甲型肝炎病毒主要传播途径是（ ）
A. 呼吸道 B. 消化道
C. 节肢动物叮咬 D. 注射
E. 垂直传播

12. 下列属于缺陷病毒的是（ ）
A. HAV B. HBV
C. HCV D. HDV
E. HEV

13. 下列属于 DNA 病毒的是（ ）
A. HAV B. HBV
C. HCV D. HDV
E. HEV

14. 乙型肝炎患者血清检出成分中，具有中和性的抗体是（ ）
A. HBsAg B. HBeAg
C. 抗 -HBc D. 抗 -HBs
E. 抗 -HBe

15. HIV 可与 T 淋巴细胞表面的 CD4 分子结合的是（ ）
A. 反转录酶 B. p17
C. p24 D. gp120
E. gp41

16. 下列哪个不是预防 HIV 感染的手段（ ）
A. 严格筛选献血员
B. 杜绝不安全性行为
C. 使用一次性注射器
D. 避免与患者交谈、握手
E. 严禁吸毒

17. 在神经细胞内发现内氏小体，有助诊断的疾病是（ ）
A. 肾综合征出血热
B. 乙脑
C. 麻疹
D. 狂犬病
E. 登革热

18. 目前认为与宫颈癌的发生有关的病毒是（ ）
A. 单纯疱疹病毒 1 型
B. 单纯疱疹病毒 2 型
C. EB 病毒
D. 脊髓灰质炎病毒
E. 人乳头瘤病毒

19. 下列疾病以蚊作为传播媒介的是（ ）
A. AIDS B. 脊髓灰质炎
C. 乙脑 D. SARS
E. 风疹

三、简答题

1. 如何防治流行性感冒？
2. 简述肠道病毒的主要种类及共同特点？
3. 简述乙肝两对半的检测指标及临床意义。
4. 简述 HBV 的传播途径及预防措施。
5. 简述艾滋病的传播途径以及预防艾滋病的主要措施。

（邓舒尹）

第 8 章 微生物的分布与控制

学习目标

1. 素质目标　强化无菌观念和生物安全意识，始终把人民群众生命安全与身体健康放在首位。

2. 知识目标　掌握微生物的分布和控制微生物常用的物理方法；熟悉控制微生物常用的化学方法、正常菌群的生理作用和病理意义；了解生物安全。

3. 能力目标　提高学生无菌操作和控制微生物的能力。

微生物广泛分布于自然界以及正常人体，与外界环境及宿主一起构成相对平衡的生态体系。学习微生物与环境的基本知识，熟悉人体微生物的分布情况，认识人体正常菌群的作用，对保护环境、建立无菌观念、严格无菌操作、正确使用消毒灭菌方法，以及防止医院内感染、传染病和菌群失调的发生等都具有十分重要的意义。

第 1 节　微生物的分布

微生物的生命活动与环境有着密切的关系。适宜的环境能促进微生物的生长繁殖，不适宜的环境，可引起微生物的变异或死亡。在药学实践中熟悉掌握微生物的分布情况及微生物与环境的基本知识是非常重要的。

一、微生物在自然界的分布

微生物广泛分布于自然界、人体体表及与外界相通的腔道。了解细菌的分布对于保护环境，加强无菌观念，防止微生物感染、药品污染等具有重要意义。

（一）土壤中的微生物

土壤具备微生物生长繁殖所必需的水分、有机物、无机盐等营养物质，以及适宜的pH与气体等条件，是微生物生长繁殖的良好环境，因此，土壤中的微生物种类多，数量多，土壤是微生物生活的大本营。其中细菌最多，其次是真菌、放线菌等，它们多为有益菌，可改善土壤，提高肥力，也可以产生大量抗生素；其中细菌的芽孢可通过伤口引起创伤感染，土壤会因动物和人的排泄物及传染病动物尸体而被污染，如产气荚膜梭菌及破伤风梭菌等会引起伤口感染。

（二）水中的微生物

水中有天然生存的微生物群，也有来自土壤、尘埃、人畜排泄物、垃圾的微生物。

不同的水源以及不同的存在状态，水中的微生物种类和数量也有所不同，一般地面水比地下水含菌量多；沿岸水比中流水含菌量多；静止水比流动水含菌量多。常引起消化道传染病的病原菌，如霍乱弧菌、伤寒沙门菌等，水源污染可引起消化道传染病呈暴发流行。控制消化道传染病最重要的措施是要进行粪便管理和水源保护。水也是制药过程中微生物的重要来源。

（三）空气中的微生物

由于空气中缺少微生物生长所需的营养成分及生长所需的适宜温度，微生物不能生长繁殖，且因日光照射，微生物容易死亡，故空气中微生物的种类和数量都较少。其多数来源于人及动物呼吸道的飞沫及地面飘扬起来的尘埃。室内空气中的微生物比室外多，土壤、尘埃、人或动物呼吸道排出物等的病原菌可引起呼吸道感染和化脓性感染。空气中的非致病菌常造成医药制剂、外科手术的感染及培养基的污染。为了防止细菌污染或感染的发生，要严格进行空气消毒。

二、微生物在正常人体的分布

（一）正常菌群的概念

定居在人体体表及与外界相通的腔道黏膜上，正常情况下对宿主有益或无害的微生物，称为正常菌群，其中以细菌居多。正常菌群对于机体具有重要作用。人体各部位的正常菌群分布见表 8-1。机体的多数组织器官和血液是无菌的，若有侵入的微生物未被消灭，则可引起感染。因而在医疗实践中，当手术、注射、穿刺、导尿时，应严格执行无菌操作，以防感染。

表 8-1　人体常见的正常菌群

人体部位	正常微生物
皮肤	葡萄球菌、类白喉棒状杆菌、铜绿假单胞菌、痤疮丙酸杆菌、非致病性分枝杆菌等
口腔	葡萄球菌、链球菌（甲型或乙型）、肺炎链球菌、非致病性奈瑟菌、乳酸杆菌、类白喉棒状杆菌、螺旋体、梭形杆菌、白假丝酵母菌、放线菌、拟杆菌等
鼻咽腔	葡萄球菌、甲型链球菌、肺炎链球菌、非致病性奈瑟菌、流感杆菌、铜绿假单胞菌、大肠埃希菌、变形杆菌等
眼结膜	葡萄球菌、干燥棒状杆菌、非致病性奈瑟菌等
外耳道	葡萄球菌、类白喉棒状杆菌、铜绿假单胞菌、非致病性分枝杆菌等
胃	正常一般无菌
肠道	大肠埃希菌、产气肠杆菌、变形杆菌、铜绿假单胞菌、葡萄球菌、肠球菌、拟杆菌、破伤风梭菌、产气荚膜梭菌、双歧杆菌、乳酸杆菌、白假丝酵母菌等
尿道	大肠埃希菌、乳酸杆菌、阴道棒状杆菌、白假丝酵母菌等
阴道	葡萄球菌、乳酸杆菌、白假丝酵母菌、类白喉棒状杆菌、大肠埃希菌、非致病性分枝杆菌等

注：正常情况下，人体的血液、肌肉、胃、内脏等是无菌的。

考点　正常菌群的概念

（二）正常菌群的生理作用与病理意义

正常条件下，人体与正常菌群之间、正常菌群内各种微生物之间构成了一种生态平衡，既相互制约，又相互依存。正常菌群对保持人体生态平衡和内环境的稳定等方面起着重要作用。

1. 正常菌群的生理作用

（1）拮抗作用　正常菌群通过产生细菌素或争夺营养等方式对入侵的病原菌产生明显的生物拮抗作用，如大肠埃希菌产生的大肠菌素对痢疾杆菌的抑制作用。

（2）营养作用　如大肠埃希菌合成的维生素 K 及维生素 B 等产物可供人体吸收利用，具有营养作用。

（3）免疫作用　正常菌群能促进机体免疫器官的发育和成熟，也可刺激免疫系统发生免疫应答，产生的免疫效应物质对具有交叉抗原的病原微生物有抑制作用和杀灭作用。

2. 正常菌群的病理意义　正常菌群中的某些细菌，正常条件下不致病，但在特定条件下，也能引起疾病的这类细菌称为条件致病菌。其致病条件有以下几种。

（1）改变寄居的部位　例如，寄居于肠道的大肠埃希菌进入泌尿系统，引起了泌尿系统感染，或因外伤、手术等进入腹腔，有开放性伤口血流时，可引起腹膜炎或败血症等。

（2）机体免疫功能低下　抗肿瘤药物和放射治疗，以及应用大剂量皮质激素的患者，机体的免疫功能降低，某些正常菌群中的细菌可引起自身感染而出现各种疾病，严重的可导致败血症而死亡。

（3）菌群失调及菌群失调症　正常菌群中细菌由于某些因素的影响，导致细菌的种类和数量发生较大的变化，称为菌群失调。严重的菌群失调使机体表现出一系列临床症状，称菌群失调症，如长期使用抗生素可引起繁殖而感染大量的耐药菌又称二重感染。

考点 正常菌群的生理作用和病理意义

第 2 节　微生物的控制

案例 8-1

某医院新生儿科收治的 94 名新生儿患者中，有 8 名新生儿相继出现发热、心率加快、肝脾肿大等临床症状，并很快发生弥散性血管内凝血相继死亡，只有 1 名新生儿经医院治疗好转。某妇幼保健院，新成立的婴儿室接连死了 7 个新生儿，患儿死前的症状都是嗜睡、呼吸急促、心率加快，不出 5 天内死亡。调查原因后对新生儿室的仪器，如暖箱、蓝光箱、氧饱和度监测仪、输液泵、微量泵、湿化瓶等设备彻底消毒，维持消毒液浓度合格等，蓝光箱、暖箱等常用设备每周进行一次大消毒，相关患儿死亡的病例减少。

问题：1. 患儿死亡的原因是什么？

2. 应如何避免悲剧的发生？

人们生活的环境中广泛分布着各种各样的微生物。为保证公共环境卫生和人体的健康，必须要有效地控制微生物，同时可防止生活用品、食品、药品的霉腐变质。

一、基本概念

1. 消毒　是指杀死物体上的病原微生物但不一定杀死细菌芽孢的方法。用于消毒的化学药物称为消毒剂，消毒剂一般在常用浓度下只对细菌的繁殖体有效。

2. 灭菌　是指杀死物体上的所有的微生物（包括病原微生物、非病原微生物和细菌芽孢）的方法。

3. 防腐　防止和抑制微生物生长繁殖的方法，用于防腐的化学药物称防腐剂。

4. 无菌　是指系统中没有活的微生物存在。

5. 无菌操作（无菌技术）　防止微生物进入机体或其他物体的操作方法称为无菌操作，整个操作过程杜绝微生物污染特定环境或物品。

考点　消毒与灭菌的有关概念

二、控制微生物的物理方法

利用物理因素作用于微生物将之清除或杀灭的方法称为物理控制法，包括热力灭菌法、辐射灭菌法、滤过除菌法等。

（一）热力灭菌法

高温能使微生物的蛋白质和酶变性或凝固，新陈代谢受到影响而死亡，从而达到消毒与灭菌的目的。热力灭菌法（表 8-2）分为干热灭菌法与湿热灭菌法两大类。同样温度下，湿热灭菌比干热灭菌效果好，其原因是：①湿热的穿透力比干热大；②湿热中细菌菌体蛋白较易凝固；③湿热的蒸汽与物品接触时凝固成水可放出潜热，可迅速提高被灭菌物体的温度。

1. 干热灭菌法　利用火焰或干热空气使微生物脱水干燥和大分子变性而进行灭菌的方法。

2. 湿热灭菌法　以高温的水或蒸汽为导热介质提高物品温度进行灭菌的方法。

表 8-2　常用热力灭菌法

名称	种类	方法	用途
干热灭菌法	焚烧法	直接点燃或在焚烧炉内焚烧	动物尸体或废弃物品
	烧灼法	用火焰直接烧灼	试管口、接种环等灭菌
	干烤法	使用干烤箱加温 160 ～ 170℃、维持 2 ～ 3h 进行灭菌	玻璃、陶瓷器皿、金属等灭菌
湿热灭菌法	煮沸消毒法	正常气压下，加热水至 100℃消毒 5 ～ 6min 可杀菌；1 ～ 2h 可杀灭芽孢	食具、饮水、注射器、金属器材消毒

续表

名称	种类	方法	用途
湿热灭菌法	流通蒸汽消毒法	利用蒸汽消毒，100℃ 30min	食物、外科器械、食具等
	高压蒸汽灭菌法	用高压蒸汽灭菌器，压力 103.4kPa 121.3℃，20～30min 可灭菌	手术器械、医用敷料、药品、普通培养基的灭菌
	巴氏消毒法	61.1～62.8℃、30min，或 71.7℃、15～30s	牛奶、酒类的消毒

考点 热力灭菌法的种类及用途

（二）辐射灭菌法

利用电磁辐射杀灭物品上微生物的方法。主要包括紫外线和电离辐射，不同辐射源及辐射剂量其杀菌效果有很大差异。

1. 紫外线　日光中的紫外线具有杀菌效果，强弱与波长有关，波长为 200～300nm 时有杀菌效果，其中以 265～266nm 杀菌力最强。其杀菌机制是紫外线干扰细菌 DNA 的复制，导致细菌的变异或死亡。紫外线穿透力弱，普通水蒸气、尘埃、玻璃、纸、布等均能阻挡紫外线，故一般用于空气和物体的表面消毒。紫外灯管照射时间为 30min，有效距离不超过 2m，杀菌波长的紫外线对人体的眼睛、皮肤均有损伤作用，使用时应注意防护。

考点 紫外线杀菌的原理、用法及注意事项

2. 电离辐射　利用电离辐射杀灭微生物的方法。γ 射线、X 线和电子束为常用的辐射射线，在足够剂量射线照射细菌时均能杀灭细菌。电离辐射破坏细菌的 DNA，由于电离辐射穿透力强且照射时物品不升温，故主要用于能够耐辐射的药品原料药、食品等的包装材料、医疗器械的消毒。

（三）滤过除菌法

用过滤装置除去液体或气体中的微生物，从而达到灭菌目的的方法，利用物理阻留的方法将液体或空气中的细菌除去。主要用于抗生素、药液、不耐高温的血清等物品以及空气的除菌。

三、控制微生物的化学方法

利用化学药品（防腐剂、消毒剂、化学治疗剂）杀死或抑制微生物生长繁殖的方法称为化学控制法。化学消毒剂对细菌和人体细胞都有毒性，故只能外用或用于环境的消毒。如用于人体体表（皮肤黏膜、伤口等）、医疗器械、患者的排泄物、分泌物及环境（病区环境等）的消毒。

（一）常用消毒剂的种类、浓度及用途

常用消毒剂的种类、浓度及用途见表 8-3。

表 8-3　常用消毒剂的种类、浓度与用途

名称	常用浓度	用途
漂白粉	≥ 20%（按有效氯计）	物体表面、织物等污染物品，以及水、果蔬和食饮具等消毒
二氯异氰尿酸钠	≥ 55%（按有效氯计）	物体表面、织物等污染物品，以及水、果蔬和食饮具等消毒
过氧化氢	3%	伤口、皮肤黏膜消毒
过氧乙酸	0.1% ~ 0.5%	物品表面、地面消毒
戊二醛	2% ~ 2.5%	医疗器械的浸泡消毒与灭菌
乙醇	70% ~ 75%	手、皮肤消毒、较小物体表面消毒
碘酊	有效碘 18 ~ 22g/L，乙醇 40% ~ 50% 配制	手术部位、注射和穿刺部位皮肤及新生儿脐带部位皮肤消毒
碘伏	有效碘 2 ~ 10g/L	外科手及前臂消毒，黏膜冲洗消毒
苯扎溴铵	0.05% ~ 0.10% 溶液	皮肤、黏膜、物品表面消毒
高锰酸钾	0.1%	皮肤、黏膜、餐具、水果消毒
氯己定	0.02% ~ 0.05%	皮肤、黏膜、物品表面消毒
生石灰	按 1 ∶ 4 ~ 1 ∶ 8 配成糊状	地面、排泄物消毒

链 接　化学消毒剂的使用方法

化学消毒剂的使用方法有以下 4 种。①浸泡法：将消毒的物品浸泡在消毒剂溶液中的方法。浸泡前将消毒物品清洗干净，浸泡在消毒液中，达到消毒的时间方可取出，如有管腔需灌满消毒液。浸泡过的器械使用前用无菌生理盐水冲洗干净，方可使用。②擦拭法：使用化学消毒剂擦拭皮肤表面或污染物体表面的消毒方法。此方法适用于易溶于水、穿透性强、无明显刺激性的消毒剂。③熏蒸法：利用消毒剂产生的气体进行消毒的方法，如手术室的空气消毒。临床常用的有甲醛和环氧乙烷。④喷雾法：将化学消毒剂均匀喷洒在物体表面和空气进行消毒的方法，如墙壁、地面等。

（二）影响化学消毒剂消毒效果的因素

1. 消毒剂的性质、浓度和作用时间　不同消毒剂的理化性质存在差异，同一种消毒剂的浓度不一样，对微生物作用大小、消毒效果也有差异。大多数消毒剂在高浓度时杀菌作用强，当浓度降低到一定程度时只有抑菌作用。但醇类例外，70% ~ 75% 的乙醇消毒效果最好。在一定浓度下，作用时间越长，消毒效果越好。

2. 微生物的种类和数量　不同种类的微生物对消毒剂的敏感性不同，不同状态的微生物对消毒剂的抵抗力也存在差异。幼龄菌比老龄菌敏感，细菌的芽孢比繁殖体抵抗力强，需要根据消毒对象选择合适的消毒剂。细菌的数量越多，所需消毒时间越长。

3. 环境中有机物的存在　环境中的有机物不仅对细菌有保护作用，还能与消毒剂发生化学反应，降低消毒剂的浓度而影响其杀菌效果。

此外，影响消毒效果的因素还有温度、酸碱度等。

考点　影响消毒效果的因素

四、生物安全

生物安全是指避免危险生物因子（一切微生物和生物活性物质）造成实验室人员暴露，向实验室外扩散并导致危害的综合措施。生物安全问题是指现代生物技术的研究、开发、应用以及转基因生物的跨国越境转移可能对生物多样性、生态环境和人类健康产生潜在的不利影响。特别是各类转基因活生物体释放到环境中，可能对生物多样性构成潜在威胁。

（一）实验室生物安全

实验室生物安全是指在工作人员与相关工作人员从事病原微生物实验活动的实验室中避免微生物的危害，避免对环境的污染和对公众的危害，为了保证实验室研究的科学性，还要保护被试验因子免受污染。

（二）病原微生物危害程度分级

根据微生物的传染性、感染后对个体或者群体的危害程度，将病原微生物分为四类。

第一类是能够引起人类或者动物非常严重疾病的微生物，以及我国尚未发现或者已经宣布消灭的微生物。

第二类是能够引起人类或者动物严重疾病，比较容易直接或者间接在人与人、动物与人、动物与动物之间传播的微生物。

第三类是能够引起人类或者动物疾病，但一般情况下对人、动物或环境不构成严重危害，传播风险有限，实验室感染后很少引起严重疾病，并且具备有效治疗和预防措施的微生物。

第四类是指在通常情况下不会引起人或动物疾病的微生物。

其中第一类、第二类病原微生物统称为高致病性病原微生物。

（三）生物安全水平分级

生物安全水平分级见表 8-4。

表 8-4　生物安全水平分级

生物安全水平（BSL）	危险等级	操作对象
BSL-1	Ⅰ级	在通常情况下不会引起人类或者动物疾病的微生物
BSL-2	Ⅱ级	适用于操作能够引起人类或者动物疾病，但一般情况下对人、动物或者环境不构成严重危害，传播风险有限，实验室感染后很少引起严重疾病，并且具备有效治疗和预防措施的微生物
BSL-3	Ⅲ级	能够引起人类或者动物严重疾病，比较容易直接或者间接在人与人、动物与人、动物与动物间传播的微生物
BSL-4	Ⅳ级	能够引起人类或者动物非常严重疾病的微生物，我国尚未发现或者已经宣布消灭的微生物

（四）生物恐怖的防范

生物恐怖是指故意使用致病性微生物、生物毒素等实施袭击，损害人类或者动植物健康，引起社会恐慌，企图达到特定政治目的的行为。

生物恐怖活动往往采用隐蔽的方式进行，如利用感染者本身甚至“自杀感染者”在人群中扩散，或是通过供水、食物运输及通风系统投毒。不同的生物病原体有长短不一的潜伏期，当人们察觉时，已有相当多的人被传染，此类事件往往难以追踪到真正的传播源或投毒者。疑似生物武器袭击的指征主要是人或动物出现某种相似症状，患者数量突然增多，最可能的症状是类似的急性上呼吸道感染疾病、胃肠道症状、发热及可疑的皮疹等。

自 测 题

一、名词解释

1. 正常菌群　2. 条件致病菌　3. 消毒　4. 灭菌　5. 无菌操作

二、单项选择题

1. 以下哪项不是常用消毒剂（　　）
   A. 75% 乙醇　B. 84 消毒液　C. 95% 乙醇　D. 碘伏　E. 过氧化氢溶液
2. 对特殊物品感染而无保留价值的物品，最彻底的灭菌方法是（　　）
   A. 煮沸消毒法　B. 过氧乙酸浸泡法　C. 干烤法　D. 紫外线法　E. 焚烧法
3. 正常情况下无菌的部位是（　　）
   A. 口腔　B. 肠道　C. 血液　D. 泌尿生殖道　E. 眼结膜
4. 杀灭芽孢最有效的方法是（　　）
   A. 煮沸消毒法　B. 高压蒸汽灭菌法　C. 干烤法　D. 间歇灭菌法　E. 巴氏消毒法
5. 干烤法灭菌的温度和时间为（　　）
   A. 170℃，2h　B. 105℃，30min　C. 121.3 ℃，20min　D. 250℃，30min　E. 71.7℃，3h

三、简答题

1. 简述正常菌群的生理意义和病理意义。
2. 相同温度下，为什么湿热灭菌法比干热灭菌法效果好？
3. 影响化学消毒剂作用的因素主要有哪些？

（王　杰）

第 9 章 微生物的遗传变异与菌种保藏

学习目标

1. 素质目标　培养学生的科学素养和创新精神。

2. 知识目标　掌握菌种的保藏；熟悉微生物的主要遗传物质，微生物变异常见现象及实际意义，细菌耐药性变异和毒力变异对医学实践的意义；了解微生物变异的机制。

3. 能力目标　提高学生菌种保藏能力和制药的创新能力。

第 1 节　微生物的遗传变异

遗传与变异是生物体最本质的特征，是一切物种延续和进化的物质基础。

遗传是指微生物的性状由亲代向子代传递的现象，使子代与亲代表现出相似性，并能够代代相传。微生物的子代与亲代之间、子代不同个体之间存在不同程度的差异称为变异。遗传使得微生物保持了种属的稳定性，而变异则使微生物表现出新性状，产生变种和新种，从而使其物种得以发展和进化。

考点　微生物遗传与变异的概念

一、微生物的主要遗传物质

脱氧核糖核酸（DNA）由四种脱氧核糖核苷酸经磷酸二酯键连接而成的长链聚合物，是遗传信息的载体。DNA 分子的功能是储存决定物种各种特征的全部遗传信息，策划生物有次序地合成其组分的时间和空间，确定生物生命周期的活性和生物的个性。

核糖核酸（RNA）由四种核糖核苷酸经磷酸二酯键连接而成的长链聚合物，是遗传信息的载体。存在于生物细胞中，也是部分病毒的遗传信息载体。

1. 原核细胞型微生物　没有真正的细胞核，其遗传物质 DNA 集中在无核膜包围的区域即拟核。其由一条裸露的双股环状 DNA 分子组成，控制原核细胞型微生物的各种遗传性状。

2. 真核细胞型微生物　有真正的细胞核，其遗传物质是线状双股 DNA，有多条染色体，每条染色体也只含一个 DNA 分子。不过它们一般都比原核细胞型微生物中的 DNA 分子大而且和蛋白质结合在一起。

3. 病毒　遗传物质是 DNA 或 RNA，病毒的核酸类型较多：有单链和双链，有正链和负链，有环状和线状，有的是一条，还有的分节段。病毒的遗传物质控制病毒的遗传性状。

4. 质粒（plasmid） 是微生物细胞内稳定地独立存在于染色体外，能自我复制并传递到子代的双链 DNA 分子，主要存在于一些微生物细胞中，为双链 DNA 分子，但具有与染色体不同的一些特性。

（1）分子量远比染色体小，游离存在于细胞质内，能整合入染色体。

（2）具有独立自我复制的能力，可在细菌间转移。

（3）质粒所携带的基因为非细胞生存所必备的结构。

目前已在很多种微生物中发现质粒，比较重要的质粒有：①编码细菌性菌毛的 F 质粒；②携带耐药性基因，使细菌产生耐药性的 R 质粒；③编码大肠埃希菌细菌素的 Col 质粒；④与细菌毒力有关的 Vi 质粒等。

质粒与微生物遗传物质的转移有关，遗传工程中常用质粒作为载体，将供体基因转移到受体细胞中。质粒还与某些微生物的致病性、耐药性及次级代谢产物的合成有关。

考点 质粒的特征

二、微生物变异的机制

微生物变异的发生机制主要是基因突变和基因转移与重组。

（一）基因突变

基因突变是微生物遗传物质的结构发生突然而稳定的可遗传变化，导致微生物的生物学性状变异。根据发生原因可把基因突变分为自发突变和诱发突变，前者是指微生物在自然生长繁殖分裂时，基因自然发生突变；后者是用物理因素（如紫外线）、化学物质（如烷化剂）及生物因素（如抗生素）诱发的突变，诱发突变的概率高于自发突变。

（二）基因转移与重组

基因转移是受体菌接受外源性遗传物质的过程；基因重组是转移的基因与受体菌 DNA 发生重新组合即整合的过程；基因转移与重组往往相随发生，并使受体菌因此获得某些新的特性，成为一个新的遗传型个体。细菌的基因转移和重组可通过转化、接合、转导、溶原性转换等方式进行。

1. 转化 受体菌直接摄取供体菌裂解游离的 DNA 片段，发生基因重组，获得新的性状的过程。

2. 接合 供体菌通过性菌毛与受体菌相互连接沟通，将遗传物质（主要是质粒 DNA）转移给受体菌，使受体菌获得新的遗传性状的过程，如 F 质粒的接合。

3. 转导 以温和噬菌体为载体，将供体菌的一段 DNA 转移到受体菌内，使受体菌获得新的性状。根据转导基因片段的随机性，可分为普遍性转导和局限性转导。如金黄色葡萄球菌的 R 质粒转导。

4. 溶原性转换　温和噬菌体感染细菌时，其基因与宿主菌染色体重组，使宿主菌成为溶原状态而获得新的性状。如白喉棒状杆菌被噬菌体感染后就能产生白喉外毒素。

链接　噬菌体

噬菌体是感染细菌、真菌、放线菌或螺旋体等微生物的病毒，并能通过转导或溶原性转换等方式赋予宿主菌新的遗传性状。噬菌体分布广，有宿主菌的场所就有相应的噬菌体存在，噬菌体可作为基因的载体，应用于基因工程。根据感染宿主菌后的结局不同可将噬菌体分为毒性噬菌体和温和噬菌体，前者感染宿主菌后能在宿主细胞内增殖，产生许多子代噬菌体，并最终裂解细菌释放，只形成溶菌周期；后者感染细菌后不增殖，不裂解细菌，而是将噬菌体的基因组与宿主菌基因组整合，形成溶原周期，此周期可自发或诱发终止，进入溶菌周期裂解细菌释放大量噬菌体。

三、微生物的变异现象

（一）形态和结构的变异

形态和结构的变异指细菌的形态和结构在某些因素影响下发生的变异，如细菌的细胞壁受到青霉素或溶菌酶等物质的作用可使肽聚糖合成受阻或遭到损伤而失去细胞壁，发生细胞壁缺陷型变异，由于这种变异首先在Lister研究院发现的，故称为L型变异。荚膜、芽孢、鞭毛等特殊结构也可发生变异，变异后可失去特殊结构，同时毒力也下降。如有鞭毛的伤寒沙门菌变异后可失去鞭毛，称为H-O变异。

（二）菌落变异

细菌的菌落主要有光滑型（S）和粗糙型（R）两种，S型菌落表面光滑、湿润、边缘整齐，细菌经人工培养多次传代后菌落表面变为粗糙、干燥、边缘不整齐，即从光滑型变为粗糙型，称为S-R变异，S-R变异常见于肠道杆菌。这种变异往往伴有其他性状的改变，如毒力、抗原性和生化反应等。

（三）毒力变异

细菌的毒力变异包括毒力的增强和减弱，如携带β棒状杆菌噬菌体的白喉棒状杆菌，获得了产生白喉外毒素的能力，其毒力增强。用于预防结核病的卡介苗（BCG）是将有毒的牛型结核分枝杆菌培养在含胆汁、甘油和马铃薯的培养基上，经13年230次传代培养，使其毒力减弱而保留有免疫原性制备而成，可用于结核病的预防。

课程思政：卡介苗的发明者——卡尔美和介林

20世纪初，结核病威胁着人类的健康，很长时间人们找不到对付结核病的办法。法国细菌学家卡尔美和介林为研制征服结核病的疫苗，做了数不清的实验，经历了一次又一次的失败。然而功夫不负有心人，他们从农场玉米传代十几代之后不断退化的现象得到启示，开始了漫长艰苦的定向培育实验。开始时他们设想：如果把毒性很强的结核分枝杆菌一代一代地培养下去，也许到了哪一代他们的毒性也会退化，制成的疫苗就可以预防结核病了。为了证实他们的设想，两个人整整培养了13年230次，终于获得了理想的减毒株。从此，结核病有了克星。为了纪念这两位伟大的科学家，人们把预防结核病的疫苗称为“卡介苗”。

（四）耐药性变异

细菌对某种抗菌药物由敏感变成耐药的变异称为耐药性变异。有的细菌表现为同时对多种抗菌药物耐药，称为多重耐药菌株。细菌通过基因突变、接合、转导、转化等方式获得耐药性。从抗生素广泛应用以来，细菌对抗生素耐药性的不断增长是世界范围内的普遍趋势。金黄色葡萄球菌耐青霉素的菌株已从 1946 年的 14% 上升至目前的 90% 以上。细菌的耐药性变异给临床治疗带来很大的困难，并成为当今医学界的一大难题。也有的细菌变异后产生对药物的依赖性，如痢疾志贺菌链霉素依赖减毒株，可用于痢疾的预防。

链 接 抗生素耐药——现代医学的困境

抗生素是 20 世纪最重要的医学发现之一，其对控制人类感染性疾病发挥了巨大的作用。在抗菌药物应用的早期，几乎所有细菌感染性疾病都很容易治愈。但近年耐药细菌越来越多，多重耐药菌不断出现。在畜牧养殖业中，为促进动物生长发育和减少疾病感染，大量的抗菌药被应用在饲料中，使用抗生素过程中，由于剂量不足及残留造成耐药菌株的出现及耐药性的传播，耐药性可通过食物链转移到人群当中，对人类自身的健康造成极大的危害。因此，了解细菌的耐药机制，有效避免细菌耐药性的产生，寻求开发新的抗细菌耐药或防止细菌耐药的药物迫在眉睫。

考点 常见的细菌变异现象

四、微生物变异的意义

微生物的遗传与变异在医药上的意义主要体现在以下方面。

（一）病原学诊断

由于微生物在形态、结构、染色性、生化反应等方面可发生变异，给实验室诊断带来一定困难，要注意鉴别，以免误诊。

（二）临床治疗

耐药菌株的出现给感染性疾病的治疗造成很大困难。为了防止耐药菌株的扩散，治疗时应采取多种措施：①治疗前应分离病原菌，做药物敏感试验，以选用敏感药物，用药时要严格掌握适当的剂量和疗程；②加强药政管理；③研制和开发新的药物。

（三）特异性预防

利用遗传与变异的原理筛选或诱导减毒变异株制备减毒活疫苗，用于某些传染病的预防。减毒活菌苗可以从自然界分离获得，也可用人工方法选择改变毒力的变异株。目前应用的减毒活菌苗，如卡介苗。

（四）在育种和制药方面的应用

根据细菌变异机制，利用基因突变、基因的转移与重组，把目的基因（如胰岛素基因）与质粒或噬菌体重组后再导入宿主菌体内表达，可大量生产胰岛素、干扰素等。

第 2 节　菌种改良、复壮与保藏

一、菌种改良

菌种改良（strain improvement）是指应用微生物遗传与变异理论，在已经自然变异、人工诱变或杂交后的微生物群体中选出所需要的优良菌种的过程。

常用的菌种改良途径有自然选育、诱变育种、杂交育种和代谢控制育种。

1. 自然选育　微生物细胞群体不经过人工处理而利用菌种的自发突变进行菌种筛选的育种方法称为自然选育。由于自发突变率很低，故获得优良菌株的概率极低。

2. 诱变育种　是指用诱变因子处理微生物的细胞群体，以诱发遗传突变，从中选出所需突变体的过程。

3. 杂交育种　是指通过杂交来培育新品种或品系的育种方法，是将父母本杂交，形成不同的遗传多样性，再通过对杂交后代的筛选，获得具有亲本优良性状，且不带有亲本中不良性状的新品种的育种方法。基因重组是杂交育种的理论基础。

4. 代谢控制育种　是指在研究微生物代谢产物的生物合成途径和代谢调节机制的基础上，通过人工诱发突变的技术获得各种解除或绕过了微生物正常代谢途径的突变株，从而选择性地使有用的产物大量合成和积累。例如，产生灰黄霉素的荨麻青霉菌株经紫外线与氯化锂诱变处理后，其产量大大提高。

二、菌种复壮

菌种在培养或保藏过程中，由于自发突变的存在，出现某些原有优良性状的劣化、遗传标记的丢失等现象。微生物群体中性能弱化的细胞占一定比例后导致生产性能下降的现象称为菌种退化（strain degeneration）。

按照良种标准和选种要求，对品种退化所采取的补救措施称为复壮（rejuvenation）。狭义的复壮是一消极措施，一般指对已退化的菌种通过纯种分离和生产性状测定等方法，从退化的群体中找出未衰退的个体，以达到恢复该菌原有典型性状的措施；广义的复壮是一积极的措施，即在菌种的生产性状未退化前就不断进行纯种分离和生产性状测定，以在群体中获得生产性状更好的自发突变株。菌种复壮的方法有：纯种分离法、接种宿主体内复壮、淘汰已退化的个体。

三、菌种保藏

微生物性状稳定是微生物学工作最重要的基本要求，而微生物受外界环境的影响，经常会发生小概率的变异，这种变异可能造成菌种性状的劣化或自身死亡。要使菌种长期保持优良的性状，就必须设法减少菌种的退化和死亡，即做好保藏工作。

菌种保藏（culture preservation）是用适宜方法将微生物的代谢速率降至最低，使其长期存活、不被污染、不易衰退、原有生物学特性稳定，便于以后使用的储存过程。目的在于把从自然界分离到的野生型，或经人工选育得到的变异型纯种，使其存活、不丢失、不污染杂菌、不发生或少发生变异，保持菌种原有的各种特征和生理活性。

菌种保藏有多种方法，其原理主要是运用低温、缺氧、干燥等方式尽量降低生物体内的代谢，达到延长生命，减少变异的目的。常见的菌种保藏方法有冰箱保藏法、液体石蜡覆盖保藏法、砂土管保藏法、冷冻干燥保藏法、超低温保藏法等（表 9-1）。

表 9-1　常见菌种保藏方法的比较

方法	措施	菌种	保藏时间
冰箱保藏法	固体斜面、低温（4℃）	各类	＜6 个月
	半固体、低温（4℃）	细菌，酵母菌	＜12 个月
液体石蜡覆盖保藏法	低温（4℃）	各类	1～2 年
砂土管保藏法	干燥，无营养	产孢子的微生物	1～10 年
冷冻干燥保藏法	干燥，低温，无氧，有保护剂	各类	10～15 年
超低温保藏法	超低温（＜–70℃）	各类	＞15 年

第 3 节　微生物药物

微生物药物是指由微生物代谢产生的，具有抗微生物作用和其他生物学活性的药物，如维生素、抗生素、氨基酸、核苷酸、酶抑制剂、菌剂等。

一、抗　生　素

目前抗生素已成为临床上应用最广的一类药物。随着科学技术的发展，尤其是基因工程等新技术的出现，在世界各国学者的努力下，新的抗生素品种不断出现，为人类的健康事业起了极为重要的作用。

抗生素（antibiotic）是微生物生命过程中产生的具有生理活性的次生代谢产物及其衍生物。在低浓度下有选择性地抑制或干扰其他生物的正常生命活动，而对其自身无害。如青霉素、链霉素等，是人类控制、治疗感染性疾病，保障身体健康及用来防治动植物病害的重要化学药物。

二、维　生　素

维生素（vitamin）是一类在体内含量极微的维持人体生命所必需的有机物质，是保持人体健康的重要活性物质。维生素在体内的含量很少，但不可或缺。人体内的某些细菌如人体肠道中的大肠埃希菌能合成维生素 B_6、维生素 B_{12}、维生素 K_2 等，以供机体需要，但如果机体大量使用抗生素抑制大肠埃希菌的正常生长，会引起维生素的缺乏。维生素在医疗方面有许多用途，如维生素 C 具有抗坏血病的作用，目前利用微生物生产的维生素有维生素 C、维生素 B_2、维生素 B_{12} 等，其中以维生素 C 的生产规模最大。

三、菌　　剂

菌剂是由有益微生物制成的活菌制剂。广泛应用于饲料添加、有机物料腐熟、土壤改良和修复处理、污水净化处理等。乳酸菌、双歧杆菌等是人体肠道内生理性细菌，利用这些细菌制作活菌制剂，对保护肠道内的正常菌群，维持微生态平衡有着极其重要的意义，目前应用较多的有乳酶生、促菌生，还有双歧杆菌制剂、厌氧棒状菌制剂等。

自 测 题

一、名词解释

1. 遗传　2. 变异　3. 质粒　4. 耐药性变异
5. 菌种保藏　6. 复壮　7. 菌剂

二、单项选择题

1. 卡介苗制备属于（　　）
   A. 形态变异　B. 毒力变异
   C. 结构变异　D. 耐药性变异
   E. 菌落变异
2. 细菌的遗传物质包括（　　）
   A. 染色体和核糖体
   B. 染色体和异染颗粒
   C. 拟核和核糖体
   D. 拟核和质粒
   E. 质粒和中介体
3. 下列哪项不属于微生物变异的意义（　　）
   A. 病原学诊断　B. 临床治疗
   C. 特异性预防　D. 在育种和制药方面的应用
   E. 菌种保藏
4. 有关质粒的叙述不正确的是（　　）
   A. 质粒是细菌拟核以外的遗传物质
   B. 质粒是必备结构
   C. 质粒是双股环状 DNA
   D. 质粒可自行复制
   E. 质粒可独立存在于细菌体内
5. 细菌的基因转移和重组不包括以下哪种方式（　　）
   A. 转化　B. 插入　C. 接合
   D. 溶原性转换　E. 转导
6. 目前金黄色葡萄球菌对青霉素的耐药性已达（　　）
   A. 40%　B. 50% ～ 60%　C. 70%
   D. 80% 以上　E. 90% 以上

三、简答题

1. 简述质粒的概念和主要特征。
2. 举例说明细菌变异现象的类型。

（林赤霞）

第10章 药品的微生物质量控制

学习目标

1. 素质目标　具有严谨科学的工作态度，敬畏生命，具备生物安全意识。

2. 知识目标　掌握药品中微生物污染的来源；熟悉防止微生物污染药品的措施；了解变质药品对人体健康的危害。

3. 能力目标　学会药品的微生物检查方法，提高药品检验能力。

药品的质量好坏直接关乎人民的生命健康。药品在生产、运输、使用和保藏等过程中都有可能被微生物污染，微生物的滋生导致药品发生变质。药品变质可能影响药品的质量，使之失去疗效，也可能引起患者的不良反应，或直接导致感染，甚至危及生命。因此要十分重视微生物引起药品变质的问题，防止微生物污染，同时在药品的质量管理中必须严格进行药品的微生物学检验，以保证药品达到国家标准。

第1节　药品中微生物的污染

案例10-1

2008年一场特大暴雨造成库存的某注射液被雨水浸泡，使药品受到细菌污染。某药业销售人员张某从公司调来包装标签，更换后继续销售。其中6名患者在输注了受污染药品后，先后出现了周身不适、恶心、胸闷、发冷、呕吐、昏迷、血压降低等症状，3名患者最后因循环衰竭抢救无效死亡。

问题：1. 药品中微生物污染的来源有哪些？

2. 变质药品对人体健康的危害有哪些？

一、药品中微生物污染的来源

药品在生产等过程中会有多个环节可能被微生物污染使药品变质，主要有药品原材料、制药用水、空气、操作人员、制药设备及包装容器等。

（一）药品原材料

天然来源未经处理的药品原材料，如植物来源的阿拉伯胶、琼脂、中药材，动物来源的明胶、脏器，生化制剂原材料等，常含有各种各样的微生物，只要条件适宜，药材中所含的微生物极易大量繁殖，如植物来源的原材料有可能被多种细菌、霉菌、酵母菌所污染，动物来源的原材料有可能被动物病原微生物所污染，如沙门菌等肠道细菌及其他微生物。生化制剂原材料，如胃酶、淀粉酶等，含有丰富的营养物质，如果被细菌、真菌等微生物污染，只要有适宜的温度、湿度，微生物极易大量繁殖。因此既要选用含微生物少的原材料，又要对原材料进行消毒、灭菌处理，减少微生物污染。大多数化学合成的原材料，在生产工艺上多用有机溶剂处理，可以防止被微生物大量污染，加之这类药物缺少微生物生长繁殖的营养物质，因此含菌数量很少。但有些化学合成的原材料，如滑石粉、乳酸钙、磷酸钙等常被微生物污染，这种现象不容忽视。

（二）制药用水

在制药工业中，水是不可缺少的，水也是药品中微生物的重要来源。在配制各类制剂、中药材的炮制、物品的洗涤及冷却等过程中都必须选用饮用水、纯化水及注射用水等。水中微生物种类很多，如细菌、病毒、真菌等，是药物制剂污染的重要来源。饮用水正常情况下是不易受外来微生物污染的，如果输水管道破损或管道内出现负压，可导致管道外微生物侵入自来水中，使微生物数量剧增。纯化水及注射用水可因冷却系统和储水管道等特点或保存不当、时间过长，也容易被微生物污染。

链接　制药用水

制药用水因其使用的范围不同而分为饮用水、纯化水、注射用水和灭菌注射用水。饮用水可作为药材净制时的漂洗、制药用具的粗洗用水。纯化水可作为配制普通药物制剂用的溶剂或试验用水；可作为中药注射剂、滴眼剂等灭菌制剂所用饮片的提取溶剂；口服、外用制剂配制用溶剂或稀释剂；非灭菌制剂用器具的精洗用水，也用作非灭菌制剂所用饮片的提取溶剂。纯化水不得用于注射剂的配制与稀释。注射用水可作为配制注射剂、滴眼剂等的溶剂或稀释剂及容器的清洗溶剂。注射用水可以在80℃以上保温或70℃以上保温循环或4℃以下的状态下存放。灭菌注射用水为注射用水按照注射剂生产工艺制备所得。不含任何添加剂。主要用于注射用灭菌粉末的溶剂或注射剂的稀释剂。

（三）空气

空气虽然不是微生物生长繁殖的良好环境，但空气中仍含有相当数量的各种微生物，如细菌、霉菌、酵母菌等，其中常见微生物有葡萄球菌、链球菌、棒状杆菌等。空气中微生物的数量、种类随环境条件不同而变化。室内空气中微生物含量与室内清洁度、温度、湿度，以及人员在室内活动情况有关。空气中含有的微生物来自灰尘颗粒、操作材料、人的皮肤和衣服，清扫、搬动原材料和机械振动都可以使飞沫、尘埃、原材料粉尘悬浮于空气中，成为空气中的生物气溶胶。例如，环境中有开动的机器，工作人员的谈话、咳嗽、打喷嚏都能增加空气中微生物的含量，如果不采取适当的措施，当这些带有微生物的微粒落下时便可污染药物。

（四）操作人员

在药物制剂的生产过程中，操作人员若不按正规操作规程操作或个人卫生状况不合格时，就有可能将皮肤、头发等人体体表及与外界相通的各种腔道中寄居的微生物带入药物制剂中去。

（五）制药设备及包装容器

药物在生产中所用的容器、包装纸、运输纸箱、生产工具、设备等都可能有微生物滞留或滋生，特别是设备中不易清洗的死角，常常是微生物繁殖的场所，生产过程中药物接触了这些工具、容器上的微生物就会被污染。因此，结构简单的制药设备，要求生产前后便要清洁和消毒。药品包装是产品出厂前最后一道工序，包装材料不清洁，会使药物制剂重新遭受微生物的污染。因此药品包装材料应按不同要求考虑是否需要消毒、如何合理封装。原则是尽量减少微生物污染。

考点 药品中微生物污染的来源

二、微生物引起的药品变质

（一）影响药品变质的因素

1. 污染数量　对于规定无菌产品，注射剂、输液剂等必须保证绝对无菌，而且还不能含有致热原；非无菌产品要求微生物的数量和种类能控制在一定限度内，并保证不含有特定致病菌，一般对药品质量影响不大。

2. 营养因素　药品中往往含有微生物生长所需要的碳源、无机盐类等营养，能支持微生物的生长繁殖。

3. 湿度及含水量　一定的环境湿度是微生物生长、繁殖的必要条件，固态药品含水量超过 10% ～ 15%，遇到适宜的温度，微生物会生长繁殖。

4. pH　pH 可影响药品中微生物的生长繁殖，弱碱性及中性适合细菌生长，酸性利于酵母菌、霉菌生长，过酸过碱对微生物生长繁殖都不利。

5. 温度　微生物引起药品变质的温度在 –5 ～ 60℃，因此，在药品制备过程中，可采用高温杀死微生物，药品储藏在阴冷、干燥的地方来抑制微生物的繁殖。

（二）药品受微生物污染后理化性质的改变

1. 物理性质改变　药品的物理性质包括外观、颜色、硬度、黏性、澄清度等，是药品的重要质量指标。液体制剂受微生物污染，药品会出现浑浊、沉淀、菌膜等；片剂、丸剂等固体制剂被微生物污染，表面可变得潮湿、粘连，有丝状物、变色、斑点等变化。

2. 化学性质改变　污染药品的微生物，可使药品的化学结构发生改变。有机物均可被微生物降解引起药品化学性质的变化，气味的改变，如泥腥味、乙醇味、酸味、芬香味等；有的可在药品中产生气体，使塑料包装膨胀甚至引起玻璃容器爆炸。

（三）药品受微生物污染后变质的判断

不同的药物制剂，如出现下列的情况之一，就可判断该药品已被微生物污染。

1. 规定灭菌药物，如注射剂、输液制剂、眼科手术制剂及其他无菌制剂中发现有活的微生物存在。

2. 非规定灭菌药物中，微生物总数超过了规定的限量。

3. 药物中发现病原微生物或某些不得检出的特定菌种存在。

4. 药物中有微生物毒性代谢产物如致热原的存在。

5. 产品发生可被察觉的物理或化学变化。

三、变质药品对人体健康的危害

（一）药品的疗效降低和引起不良反应

微生物降解能力具有多样性，因此许多药品可被微生物作用后发生降解，失去疗效。有些污染药品的微生物可对患者引起不良反应，如阿司匹林可被降解为有刺激性的水杨酸，青霉素、氯霉素可被产生钝化酶的微生物降解为无活性的物质。

（二）污染药品引起的感染

无菌制剂不合格或使用时污染，可引起感染或败血症等，如被铜绿假单胞菌污染的滴眼液可引起严重的眼部感染或使病情加重甚至失明，被污染的软膏或乳剂能引起皮肤病和烧伤患者的感染。

（三）有毒代谢产物致病

药品中含有易受微生物侵染的组分，如许多表面活性剂、湿润剂、混悬剂、甜味剂、有效的化疗药品等，它们均是微生物容易作用的底物，因此易被降解利用而产生一些有毒的代谢产物，而且微生物在生长繁殖时本身也可产生毒素，如输液中由于存在致热原可引起急性发热性休克。

考点 变质药品对人体健康的危害

第 2 节　防止微生物污染药品的措施

一、加强药品生产质量管理

为了在药品生产的全过程中把各种污染的可能性降至最低程度，实施《药品生产质量管理规范》（GMP）。对原材料、辅料、厂房与设施、制药用水、人员、药品包装材料和容器等有严格要求和措施，以防止微生物污染。

（一）对生产环境的要求

药厂生产厂区应选择周围环境和水质较好、空气也符合药物生产卫生条件的区域。药厂必须环境整洁，生产车间的建筑结构、装饰和生产设备应便于反复清洗和消毒，尽量减少微生物对药物污染的机会。例如，无菌制剂车间应采用封闭式建筑，采取过滤通风装置，进行必要的消毒、灭菌和卫生检验。

（二）对制药用水的要求

制药用水分为饮用水、纯化水、注射用水和灭菌注射用水。制药用水的制备从系统设计、材质选择、制备过程、储存、使用要符合《药品生产质量管理规范》的要求，制水系统要经过验证，并建立日常监测、检测制度，要定期清洗和消毒，防止水中微生物污染药品。

（三）对空气的要求

根据药品的类型不同，对生产场所空气中所含微生物数量的限度亦不相同。依据《药品生产质量管理规范》，药品洁净实验室的洁净级别分为 A、B、C、D 四个级别，药品生产环境的空气洁净度级别应当与产品和生产操作相适应，不应对原材料、成品等造成污染。生产注射剂或眼科用药的操作区，要求 B 级或 C 级下的局部 A 级，生物制品中的体外免疫诊断试剂的分装要求 C 级。各洁净级别环境微生物监测的动态标准见表 10-1。

表 10-1　各洁净级别环境微生物监测的动态标准

洁净度级别	浮游菌（cfu/m^3）	沉降菌［（ϕ90mm）cfu/4h］	表面微生物	
			接触［（ϕ55mm）cfu/ 碟］	5 指手套（cfu/ 手套）
A	<1	<1	<1	<1
B	10	5	5	5
C	100	50	25	—
D	200	100	50	—

为了保证药品洁净实验室的良好环境，洁净室内人员应严格遵守良好的行为规范，并定期进行环境监控。微生物控制措施还包括清洁和卫生处理，应定期对药品洁净实验室进行清洁和消毒，A、B 级洁净区应使用无菌的或经无菌处理的消毒剂和清洁剂。

（四）对操作人员的要求

为了保证药品的质量，对操作人员的要求：健康无传染病，良好的个人卫生状况，定期体检。制药过程中要求戴工作帽和口罩，操作时减少流动和说话。进入生产区的人员应进行更衣、洗手；进入洁净区的工作服的选材、式样及穿戴方式应符合要求；从事对人体有害的病原微生物操作的人员应按规定着装防护，其专用工作服与其他操作人员的工作服应分别洗涤、整理，并避免交叉污染。

（五）对原材料的要求

生产药品所需的原材料，要符合药用要求和《药品生产质量管理规范》的有关要求。对原材料的来源及质量、生产过程、中间产品的检验进行质量控制。必要时应考虑细菌内毒素或致热原、外源因子等检查项目。药用辅料微生物限度应符合药用辅料的要求，并满足所应用的制剂要求。

根据不同的生产工艺及用途，药品包装材料的微生物限度或无菌要符合要求；注射剂用药品包装材料的致热原或细菌内毒素、无菌等需符合所包装制剂的要求；眼用制剂用药品包装材料的无菌等要符合所包装制剂的要求。生产中应严格控制药用容器有毒有害物质的引入，对生产中必须使用的有毒有害物质应符合国家规定，且不得影响药品的安全性。

二、药品的微生物检查

依据《中华人民共和国药典》及《药品生产质量管理规范》，在生产过程中，全程进行各项微生物学指标检查。通过各项测定来评价药品被微生物污染的程度，从而控制药品的质量。

（一）无菌产品的无菌检查

无菌检查法系用于检查药典要求无菌的药品、生物制品、医疗器械、原材料、辅料及其他品种是否无菌的一种方法。无菌检查应在无菌条件下进行，试验环境必须达到无菌检查的要求，检查全过程应严格遵守无菌操作，防止微生物污染，防止污染的措施不得影响供试品中微生物的检出。

1. 无菌检查法　包括薄膜过滤法和直接接种法。只要供试品性质允许，应采用薄膜过滤法。供试品无菌检查所采用的检查方法和检验条件应与方法适用性试验确认的方法相同。

（1）薄膜过滤法　一般应采用封闭式薄膜过滤器，根据供试品及其溶剂的特性选择滤膜材质。无菌检查用的滤膜孔径应不大于 0.45μm，滤膜直径约为 50mm，若使用其他尺寸的滤膜，应对稀释液和冲洗液体积进行调整，并重新验证。使用时，应保证滤膜在过滤前后的完整性。

链 接　微孔滤膜

微孔滤膜（millipore filter）是用高分子材料制成，具有像网络样结构，孔径不大于（0.45±0.02）μm 的薄膜过滤介质。它可将大于孔径的粒子拦截，用于去除生物溶液中细微的碎屑及微生物。微孔滤膜主要由精制硝化棉，加入适量醋酸纤维素、丙酮、正丁醇、乙醇等制成，亲水，无毒卫生，是一种多孔性的薄膜过滤材料。主要用途是滤除药液、气体、油类、饮料、酒类、电子仪表等的微粒的细菌，也可以用于微粒、细菌的检验。

（2）直接接种法　适用于无法用薄膜过滤法进行无菌检查的供试品，即取规定量供试品分别等量接种至硫乙醇酸盐流体培养基和胰酪大豆胨液体培养基中。除生物制品外，一般样品无菌检查时两种培养基接种的瓶或支数相等；生物制品无菌检查时硫乙醇酸盐流体培养基和胰酪大豆胨液体培养基接种的瓶或支数为 2 ∶ 1。除另有规定外，每个容器中培养基的用量应符合接种的供试品体积不得大于培养基体积的 10%，同时，硫乙醇酸盐流体培养基每管装量不少于 15ml，胰酪大豆胨液体培养基每管装量不少于 10ml。供试品检查时，培养基的用量和高度同方法适用性试验。

2. 无菌检查的结果判断　若供试品管均澄清，或虽显浑浊但经确证无菌生长，判供试品符合规定；若供试品管中任何一管显浑浊并确证有菌生长，判供试品不符合规定，除非能充分证明试验结果无效，即生长的微生物非供试品所含。只有符合下列至少一个条件时方可认为试验无效：

（1）无菌检查试验所用的设备及环境的微生物监控结果不符合无菌检查法的要求。

（2）回顾无菌试验过程，发现有可能引起微生物污染的因素。

（3）在阴性对照中观察到微生物生长。

（4）供试品管中生长的微生物经鉴定后，确证是因无菌试验中所使用的物品和（或）无菌操作技术不当引起的。

试验若经评估确认无效后，应重试。重试时，重新取同量供试品，依法检查，若无菌生长，判断供试品符合规定；若有菌生长，判断供试品不符合规定。

（二）非无菌产品的微生物限度检查与标准

非无菌产品中污染的某些微生物可能导致药物活性降低，甚至使药品丧失疗效，从而对患者健康造成潜在的危害，因此，在药品生产、贮藏和流通各个环节中，药品生产企业应严格遵守 GMP 的指导原则，以降低产品受微生物污染程度。微生物限度检查法系检查非规定灭菌制剂及其原材料、辅料受微生物污染程度的方法。检查项目包括细菌数、霉菌数、酵母菌数及控制菌检查。

1. 非无菌产品微生物限度检查　可用于判断非无菌制剂及原材料、辅料、中药饮片等是否符合国家规定，也可用于指导生产过程中间产品微生物质量监控。非无菌制剂的微生物限度检查方法主要有控制菌检查法和微生物计数法。

（1）控制菌检查法　系用于在规定的试验条件下，检查供试品中是否存在特定的微生物。供试品检出控制菌或其他致病菌时，按一次检出结果为准，不再复试。

（2）微生物计数法　系用于能在有氧条件下生长的嗜温细菌和真菌的计数。胰酪大豆胨琼脂培养基或胰酪大豆胨液体培养基用于测定需氧菌总数；沙氏葡萄糖琼脂培养基用于测定霉菌和酵母菌总数。计数方法包括平皿法、薄膜过滤法和最可能数法（most-probable-number method，MPN 法）。应根据供试品理化特性和微生物限度标准等因素选择计数方法，检测的样品量应能保证所获得的试验结果能够判断供试品是否符合规定。所选方法的适用性须经确认。

2. 非无菌药品微生物限度标准　是基于药品的给药途径和对患者健康潜在的危害以及药品的特殊性而制订的。

（1）制剂通则、品种项下要求无菌的及标示无菌的制剂和原辅料应符合无菌检查法规定。

（2）用于手术、严重烧伤、严重创伤的局部给药制剂应符合无菌检查法规定。

（3）非无菌化学药品制剂、生物制品制剂、不含药材原粉的中药制剂的微生物限度标准见表 10-2。

表 10-2 非无菌化学药品制剂、生物制品制剂、不含药材原粉的中药制剂的微生物限度标准

给药途径	需氧菌总数（cfu/g、cfu/ml 或 $cfu/10cm^2$）	霉菌和酵母菌总数（cfu/g、cfu/ml 或 $cfu/10cm^2$）	控制菌
口服给药			不得检出大肠埃希菌（1g 或 1ml）；含脏器提取物的制剂还不得检出沙门菌（10g 或 10ml）
固体制剂	10^3	10^2	
液体及半固体制剂	10^2	10	
口腔黏膜给药制剂 齿龈给药制剂 鼻用制剂	10^2	10	不得检出大肠埃希菌、金黄色葡萄球菌、铜绿假单胞菌（1g、1ml 或 $10cm^2$）
耳用制剂 皮肤给药制剂	10^2	10	不得检出金黄色葡萄球菌、铜绿假单胞菌（1g、1ml 或 $10cm^2$）
呼吸道吸入给药制剂	10^2	10	不得检出大肠埃希菌、金黄色葡萄球菌、铜绿假单胞菌、耐胆盐革兰氏阴性菌（1g 或 1ml）

注：化学药品制剂和生物制品制剂若含有未经提取的动植物来源的成分及矿物质，还不得检出沙门菌（10g 或 10ml）。

（三）其他检查

1. 支原体检查　对病毒类疫苗、临床治疗用细胞进行支原体检查。

2. 外源性病毒因子的检测　病毒类制品在毒种选育和生产过程中，有可能受到外源因子的污染。为了保证制品质量，需要对病毒类制品进行外源性病毒因子的检测。

3. 致热原检查　适用于血液制品、抗毒素的生产。

4. 血液制品生产用人血浆病毒核酸检测　适用于血液制品生产用人血浆的乙型肝炎病毒、丙型肝炎病毒和 I 型人类免疫缺陷病毒的核酸检测。

5. 真菌毒素检查　适合于药材、饮片及中药制剂中黄曲霉毒素、呕吐毒素、赭曲霉毒素 A、玉米赤霉烯酮、展青霉素、T-2 毒素等的测定。

考点 药品的微生物检查方法

三、使用合适的防腐剂与抑菌剂

非规定灭菌的药物制剂，如口服的片、丸、冲剂或液体药物往往不是无菌的。为了防止药物在制造、储存和使用过程中可能发生的微生物污染对药物的损害而使其变质，可在药物制剂中加入适量的防腐剂或抑菌剂。理想的防腐剂或抑菌剂应有良好的抗菌活性，对人没有毒性或刺激性，具有良好的稳定性，不受处方其他成分的影响。常用的防腐剂有苯甲酸、硫柳汞、甘油、山梨醇等，可以针对不同药物选择合适的防腐剂。

考点 防止微生物污染药品的措施

自测题

一、名词解释

无菌检查法

二、单项选择题

1. 药品生产中最大的污染源是（　　）
   A. 细菌　B. 空气　C. 设备
   D. 人　E. 动物
2. 下列哪种现象不能判定口服液变质（　　）
   A. 发霉　B. 产生气体
   C. 浑浊　D. 变色
   E. 少量摇动易散的沉淀
3. 常用微生物限度检查不包括哪项（　　）
   A. 酵母总数检查　B. 霉菌总数检查
   C. 控制菌检查　D. 活螨检查
   E. 细菌总数检查
4. 控制菌检查在《中华人民共和国药典》规定中不包括哪种菌（　　）
   A. 金黄色葡萄球菌　B. 大肠埃希菌
   C. 沙门菌　D. 铜绿假单胞菌
   E. 幽门螺杆菌

三、简答题

1. 简述药品中微生物污染的来源。
2. 药品被微生物污染带来的危害是什么？
3. 如何判断药品有没有被微生物污染？

（任　奕）

第 11 章 人体寄生虫

学习目标

1. 素质目标　培养学生良好的职业道德，培养爱岗敬业、甘于奉献的职业精神。

2. 知识目标　掌握常见人体寄生虫的形态结构、生活史；熟悉常见人体寄生虫的致病性及防治原则；了解常见人体寄生虫的实验室诊断方法。

3. 能力目标　提高学生对寄生虫的防控能力、健康教育能力，为公共卫生事业贡献力量。

第 1 节　人体寄生虫概述

一、寄生现象与生活史

自然界中，两种生物生活在一起的现象非常普遍，寄生现象就是其中之一。人体寄生虫是一种寄生在人体并给人体造成损害的一些低等生物。

（一）寄生现象

1. 寄生　一种生物寄居在另一种生物体表或体内，并从其中直接获取营养使其遭受损害，称为寄生。前者称寄生虫，后者称宿主。

2. 寄生虫　在一种生物体内或体表营寄生生活，且造成这种生物一定损伤的多细胞无脊椎动物和单细胞原生动物称为寄生虫。寄生于人体的寄生虫称人体寄生虫。由人体寄生虫引起的疾病称为寄生虫病。

3. 宿主　寄生生活中受害的一方称为宿主。根据寄生虫不同发育阶段所寄生的宿主不同，可将宿主分为终宿主、中间宿主和保虫宿主。

（1）终宿主　寄生虫成虫或有性生殖期所寄生的宿主称为终宿主。

（2）中间宿主　寄生虫的幼虫或无性生殖期所寄生的宿主称为中间宿主。

（3）保虫宿主　作为人体寄生虫病感染来源的被寄生虫感染的一些脊椎动物称为保虫宿主。如血吸虫成虫可寄生于人体，也可寄生于牛体内，牛即为血吸虫的保虫宿主。

（二）生活史和感染阶段

1. 生活史　寄生虫完成一代生长、发育和繁殖的全过程及所需环境条件，称为寄生虫的生活史。

2. 感染阶段　寄生虫的生活史中，并不是每个发育阶段都能使人体感染，而是必须发育到某一特定阶段，才能侵入宿主体内生存和发育。把寄生虫生活史中具有感染人体能力的发育阶段称为感染阶段，如钩虫生活史中有虫卵、杆状蚴、丝状蚴、成虫阶段，只有丝状蚴能够感染人体，故丝状蚴是钩虫的感染阶段。

二、寄生虫与宿主的关系

寄生虫与宿主之间的关系，包括寄生虫对宿主的损伤及宿主对寄生虫的免疫作用。

（一）寄生虫对宿主的作用

寄生虫侵入宿主体内、移行、定居、发育、繁殖等过程，都会对宿主细胞、组织器官造成损害，其破坏方式主要有以下几种。

1. 夺取营养　寄生虫在宿主体内生长、发育和繁殖所需的营养物质来自宿主。寄生的虫体数目越多，掠夺的营养就越多，宿主受损害的程度越严重。如寄生于肠道的蛔虫，以人体消化或半消化的食物为食，夺取宿主的大量营养，引起宿主营养不良。

2. 机械性损伤　寄生虫在宿主体内移行和定居均可造成宿主组织损伤、压迫或阻塞。如大量蛔虫寄生在肠道，不停运动，引起肠痉挛，严重者相互缠绕堵塞肠腔，引起肠梗阻。猪囊尾蚴寄生在脑部，压迫脑组织，引起癫痫。

3. 毒性作用和免疫损伤　寄生虫的排泄物、分泌物和死亡虫体的分解物等均对宿主有毒性作用并可诱导机体产生免疫损伤。如溶组织内阿米巴分泌溶组织酶，破坏组织导致肠壁溃疡和肝脓肿。血吸虫卵内毛蚴释放可溶性抗原刺激宿主发生Ⅳ型超敏反应，形成肉芽肿。

（二）宿主对寄生虫的作用

寄生虫侵入机体引起宿主一系列防御性生理反应，包括非特异性免疫和特异性免疫。

1. 非特异性免疫　主要包括皮肤黏膜的屏障作用、消化液的消化作用、吞噬细胞的吞噬作用、补体系统的防御作用。

2. 特异性免疫　机体免疫系统受到寄生虫抗原刺激后产生的针对该寄生虫抗原的特异性免疫应答。其类型包括以下几种。

（1）消除性免疫　指宿主能清除体内寄生虫，并对再感染具有完全的抵抗力。如机体对杜氏利什曼原虫产生的免疫力。

（2）非消除性免疫　寄生虫感染后虽可诱导宿主产生免疫力，但不能帮助宿主完全清除体内寄生虫，对机体再感染有一定的免疫力，如果体内寄生虫完全消失，这种免疫力随之消失。如疟原虫的带虫免疫和血吸虫的伴随免疫。

三、寄生虫病的流行与防治原则

（一）寄生虫病的流行

寄生虫病的流行包括传染源、传播途径、易感人群三个基本环节，还受到自然因素和社会因素的影响。

1. 传染源　包括寄生虫病患者、带虫者和保虫宿主。

2. 传播途径　指寄生虫从传染源传播到易感宿主体内的过程。人体寄生虫常见的传播途径包括：呼吸道传播、消化道传播、虫媒传播、血液或体液传播、直接或间接接触传播、垂直传播等。

3. 易感人群　指对寄生虫缺乏免疫力或免疫力低下的人群。易感者还与年龄有关，一般儿童的免疫力低于成年人。寄生虫病非流行区或在本地区根除寄生虫病的人进入疫区后，由于缺乏特异性免疫力而成为易感者。

除上述三个基本环节外，寄生虫病的流行还受自然因素（地理环境、温度、湿度、雨量等）和社会因素（经济状况、卫生水平、生产方式和生活习惯等）的影响。因此，寄生虫病的流行具有地方性、季节性、自然疫源性的特点。

（二）寄生虫病的防治原则

1. 控制和消灭传染源　普查普治带虫者和患者，查治和处理保虫宿主。做好流动人口的监测，控制流行区传染源，以达到消灭或控制源头的目的。

2. 切断传播途径　加强粪便和水源的管理。搞好环境和个人卫生，控制和消灭媒介节肢动物和中间宿主。

3. 保护易感人群　广泛宣传健康教育，普及卫生知识，加强集体和个人防护工作，改变不良的饮食习惯和生活方式，提高自我保护意识。对易感人群采取必要的保护措施，如使用防护品、预防服药等措施，避免寄生虫的感染。

四、人体寄生虫学

人体寄生虫学又称医学寄生虫学，研究与医学有关的寄生虫及其与宿主相互关系的科学。主要内容包括寄生虫的生物学特性、致病性、流行病学规律及防治措施。学习人体寄生虫学的目的是防治和消灭寄生虫病，控制和消灭传播疾病的节肢动物，以提高人们的健康水平。

人体寄生虫学的研究对象包括医学蠕虫、医学原虫和医学节肢动物。

（一）医学蠕虫

医学蠕虫是指寄生于人体并致病的软体多细胞无脊椎动物，借身体肌肉的伸缩做蠕动运动。包括以下几类。

1. 线虫　虫体呈线形或长圆柱形，左右对称，体不分节，前端较钝圆，后端逐渐变细，雌雄异体，雄虫较雌虫小。成虫寄生于人或动物的肠道或组织。常见虫种有蛔虫、钩虫、鞭虫、蛲虫、丝虫、旋毛虫、广州管圆线虫等。

2. 吸虫　虫体多呈叶状或舌状，具有口吸盘和腹吸盘，除血吸虫外均为雌雄同体，生活史复杂，中间宿主为螺类。成虫寄生于人或动物各种腔道或组织。常见虫种有华支睾吸虫、卫氏并殖吸虫、布氏姜片吸虫、日本血吸虫等。

3. 绦虫　虫体呈长带状，背腹扁平，分节，头部具小钩、吸盘或吸槽等附着器官。均为雌雄同体，无消化道。成虫寄生于宿主小肠，幼虫阶段寄生于组织内。常见虫种有猪带绦虫、牛带绦虫、细粒棘球绦虫、微小膜壳绦虫等。

（二）医学原虫

原虫是一类体积微小能独立完成生命活动全部生理功能的单细胞真核动物。寄生于人体腔道、体液、组织或细胞内的致病及非致病的原虫称医学原虫。

根据运动细胞器的有无和类型以及生殖方式，可将原虫分为四类。

1. 鞭毛虫　通过虫体表面形成的鞭毛运动，如阴道毛滴虫、蓝氏贾第鞭毛虫。

2. 叶足虫　通过伸出伪足运动，如溶组织内阿米巴。

3. 纤毛虫　通过体表形成的纤毛摆动而运动，如结肠小袋纤毛虫。

4. 孢子虫　在生活史过程中需进行孢子生殖，如疟原虫、刚地弓形虫、隐孢子虫。

（三）医学节肢动物

医学节肢动物是指通过骚扰、吸血、刺螫、寄生、传播多种疾病而危害人体健康的节肢动物。它们通过间接传播疾病或直接致病，也可作为变应原引起超敏反应。据统计，传染病中有 2/3 是由医学节肢动物作为媒介传播的疾病，称为虫媒传染病。

常见的医学节肢动物有蚊（传播丝虫病、疟疾、流行性乙型脑炎、登革热等）、蝇（传播伤寒、痢疾、霍乱等肠道疾病）、蚤（传播鼠疫、斑疹伤寒等）、蜱（传播森林脑炎）、螨（引起哮喘、过敏性鼻炎等）。

第 2 节　常见人体寄生虫

人体寄生虫包括医学蠕虫、医学原虫和医学节肢动物。学习人体寄生虫需掌握寄生虫的形态、生活史、致病性、检查方法及防治原则等基本知识，为诊断和控制人体寄生虫病奠定基础。

一、医学原虫

原虫为单细胞真核动物，需借助显微镜才能看到。少数在人体管腔、组织或细胞内寄生引起疾病，它们被称为医学原虫。原虫根据运动细胞器（伪足、鞭毛、纤毛）的有无和类型，可分为叶足虫（如溶组织内阿米巴）、鞭毛虫（如阴道毛滴虫）、孢子虫（如疟原虫）和纤毛虫（如结肠小袋纤毛虫）四大类。虫体基本结构由细胞膜、细胞质和细胞核组成，具有运动、营养、生殖等生理功能。生殖方式包括无性生殖、有性生殖，有的虫种有世代交替现象。至今为止，医学原虫感染仍然是威胁人类公共卫生健康的主要问题。

（一）溶组织内阿米巴

溶组织内阿米巴主要寄生于人体结肠，在一定条件下可侵入结肠壁组织，引起阿米巴痢疾，故又称痢疾阿米巴，还可侵犯肺、脑等其他组织，形成溃疡或脓肿，引起肠外阿米巴病。

1. 形态　溶组织内阿米巴的生活史分为滋养体和包囊两个发育阶段。

（1）滋养体　根据其大小、生理和寄生部位不同又分为大滋养体和小滋养体。滋养体是溶组织内阿米巴摄食、活动和繁殖的阶段。

大滋养体寄生于组织器官中，具有致病性。虫体运动活泼，经铁苏木素染色后，外质不着色，可见伪足，内质呈蓝灰色颗粒状，可见吞噬的红细胞。小滋养体寄生于肠腔中，圆形，较大滋养体小，无致病性（图 11-1）。

（2）包囊　是不摄食、不活动的相对静止阶段，来源于小滋养体。有未成熟和成熟之分。未成熟包囊内含 12 个细胞核，囊内可见拟染色体和糖原泡，两者是包囊的营养物质储存场所。成熟包囊 4 个核，圆球形，无拟染色体和糖原泡，是溶组织内阿米巴的感染阶段（图 11-2）。

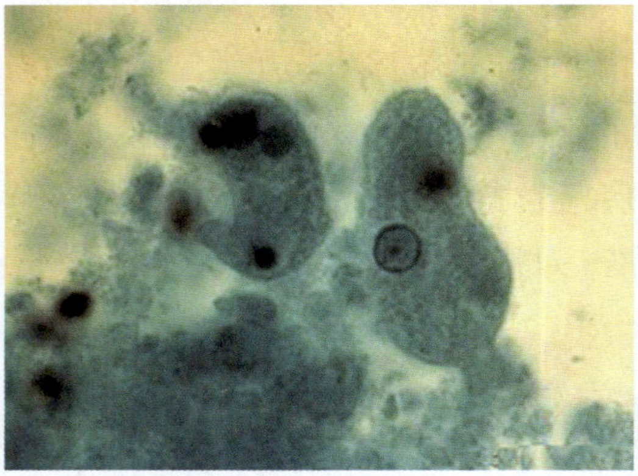

图 11-1　溶组织内阿米巴滋养体（铁苏木素染色，油镜，×1000）

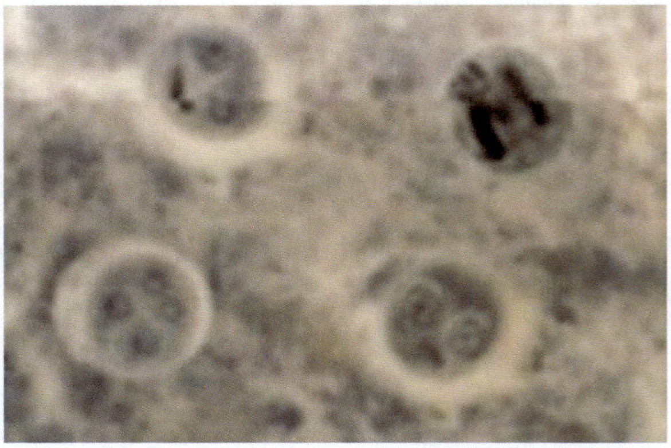

图 11-2　溶组织内阿米巴包囊（铁苏木素染色，油镜，×1000）

2. 生活史　溶组织内阿米巴生活史的基本形式是包囊—滋养体—包囊。感染者粪便中的四核包囊被人误食后，在十二指肠消化液的作用下，虫体分裂为四个小滋养体，并以二分裂方式继续繁殖。当机体处于健康状态时，部分小滋养体下移至结肠内，由于营养和水分的减少，逐渐停止活动，变成包囊，再随粪便排出体外。包囊抵抗力强，可在体内外发育成熟。带虫者每天可排出几十亿个包囊，是重要的传染源。

当宿主免疫力低下或者肠壁组织损伤时，小滋养体依靠伪足和分泌溶组织酶等作用侵入肠壁组织，吞噬红细胞及组织细胞，形成大滋养体，并继续以二分裂方式大量繁殖，具有致病性。大滋养体随肠壁坏死组织落入肠腔，随粪便排出，或在肠腔转变为小滋养体或继续发育成包囊后随粪便排出体外。肠壁组织内的大滋养体还可侵入血管，随血流到达肝、肺、脑等其他组织器官引起病变。

3. 致病性　溶组织内阿米巴是否致病与虫体的毒力和宿主的健康状况等密切相关，宿主免疫功能低下或肠道生理功能紊乱时，滋养体便可侵入肠壁组织，形成烧瓶状溃疡，引起阿米巴痢疾，急性期患者以腹痛、腹泻，果酱样脓血黏液粪便为典型症状，严重者甚至并发肠出血或肠穿孔。大滋养体还可侵入静脉，到达其他组织脏器引起阿米巴病肠外脓肿，如阿米巴性肝脓肿、阿米巴性肺脓肿、阿米巴性脑脓肿等，以阿米巴性肝脓肿最多见。

4. 实验室检查　取患者脓血便、痰、引流物等涂片查大滋养体，慢性患者与带虫者的粪便查小滋养体和包囊。取材时应注意粪便标本新鲜，不能混入尿液，送检时注意保温并尽快检查。也可用免疫学方法辅助检查。

5. 防治原则

（1）查治患者和带虫者。甲硝唑为首选药物，可配用喹碘方治疗，中药大蒜素、白头翁等有一定疗效。

（2）粪便无害化处理，加强健康教育，加强水源、食物、环境卫生。

（二）疟原虫

疟原虫是疟疾的病原体，寄生于人体的疟原虫有间日疟原虫、三日疟原虫、恶性疟原虫和卵形疟原虫。我国整体以间日疟原虫为主，海南岛及云南部分地区以恶性疟原虫为主，三日疟原虫少见，卵形疟原虫仅发现少数病例。

1. 形态　四种疟原虫的红细胞内期有滋养体、裂殖体及配子体。现以间日疟原虫为代表，用瑞氏染色，将各期形态特征描述如下（图 11-3）。

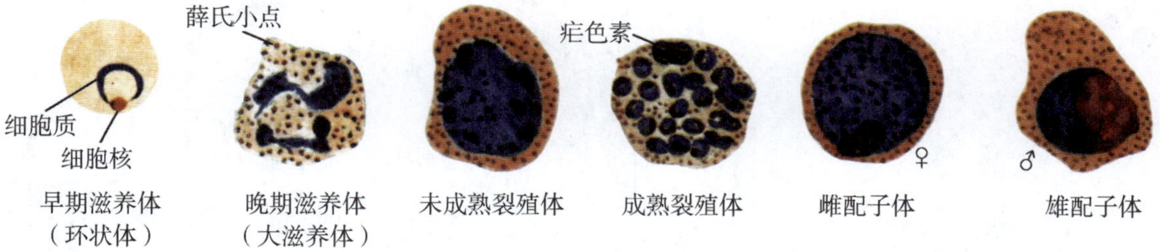

图 11-3　间日疟原虫红细胞内各期形态（瑞氏染色，油镜，×1000）

（1）滋养体　①早期滋养体（环状体）：疟原虫侵入红细胞发育的最早时期，有 1 个深红的核，胞质呈淡蓝色，形状似指环，称为环状体；②晚期滋养体（大滋养体）：由环状体发育而来，核变大，形状不规则，胞质内出现疟色素颗粒，被寄生的红细胞胀大，开始出现薛氏小点。

（2）裂殖体　晚期滋养体继续发育，核开始分裂，形成 12 ～ 24 个裂殖子，含裂殖子的虫体称为成熟裂殖体。

（3）配子体　红细胞内的疟原虫经过裂体增殖后，部分裂殖子进入红细胞发育为雌、雄配子体。

2. 生活史　间日疟原虫生活史有无性生殖及有性生殖两个阶段。无性生殖主要在人体内进行，有性生殖在按蚊体内进行。

（1）在按蚊体内的发育　疟原虫随血液被吸入蚊胃，滋养体、裂殖体被消化，雌、雄配子体形成合子，继续发育为动合子，在胃壁的弹力膜下形成卵囊，卵囊内的核不断分裂，形成数千乃至上万个子孢子，称孢子增殖。当卵囊成熟后子孢子可逸出或卵囊破裂子孢子释出，经血腔钻入蚊唾液腺。当含子孢子的雌按蚊再次叮咬人时，子孢子即随蚊分泌的唾液进入人体。

（2）在人体内的发育　包括红细胞外期和红细胞内期（图 11-4）。

1）红细胞外期（在肝细胞内发育）：当按蚊叮咬人时，子孢子随蚊的唾液进入人体，子孢子侵入肝细胞，一部分进行裂体增殖，形成含许多裂殖子的裂殖体。破坏肝细胞后，裂殖子或侵入红细胞，或被吞噬细胞吞噬；另一部分子孢子需经过不同时间休眠期后，才完成红细胞外期的裂体增殖，导致疟疾的复发。

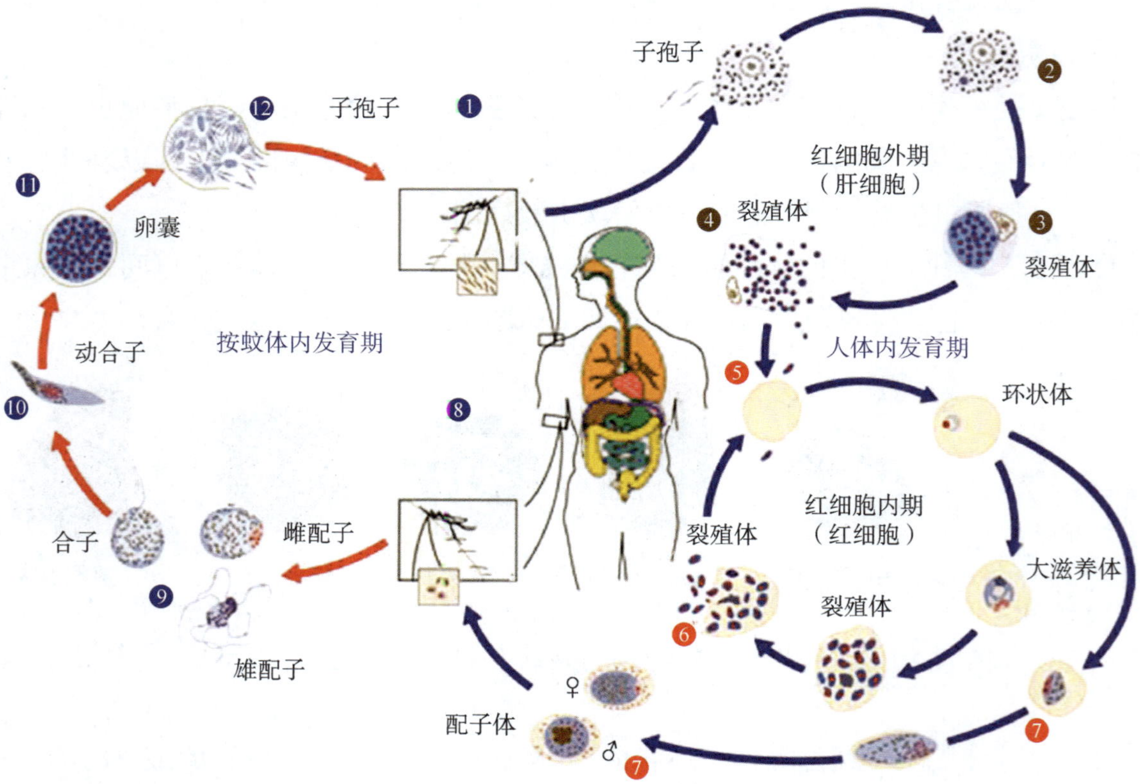

图 11-4　间日疟原虫生活史示意图

2）红细胞内期（在红细胞内发育）：裂殖子侵入红细胞，先发育成小滋养体，逐渐增大成大滋养体，再发育为裂殖体，裂殖体成熟后胀破红细胞释出裂殖子，如此反复。红细胞内期疟原虫经过几次裂体增殖后，部分裂殖子进入红细胞直接发育为雌、雄配子体，这是有性生殖的开始。

3. 致病性　红细胞内期是疟原虫的致病阶段。

（1）潜伏期　子孢子被按蚊注入人体至疟疾发作前的间期为潜伏期。潜伏期的长短与进入人体的子孢子数量及宿主的抵抗力有密切关系。子孢子数量多则潜伏期短，机体抵抗力强则潜伏期可延长。

（2）疟疾发作　典型的疟疾发作表现为寒战、高热和出汗退热三个连续阶段。发作是由红内期的裂体增殖，胀破红细胞释放大量的裂殖子、疟原虫的代谢产物及红细胞碎片进入血流，引起发热。随着巨噬细胞的吞噬和降解，体温逐渐恢复正常。疟疾的发作与疟原虫，红细胞内期裂体增殖周期一致。

（3）再燃与复发　由于疟疾治疗不彻底，残存的少量红内期疟原虫，重新大量增殖，而引起疟疾再次发作，称为疟疾再燃。血液中疟原虫被消灭，经过数周至 1 年余，肝细胞内迟发型子孢子结束休眠，侵入红细胞，进行裂体增殖，引起疟疾再次发作，称复发。

（4）贫血　疟原虫寄生于红细胞内，进行周期性裂体增殖，导致红细胞被破坏，且使红细胞隐蔽的抗原暴露，刺激机体产生自身抗体，形成免疫复合物，激活补体，使红细胞溶解，出现贫血。

（5）脾肿大　在疟疾多次发作后，脾功能亢进，红细胞被吞噬破坏，脾因充血和吞噬功能增强而肿大，且加重贫血。

（6）凶险型疟疾　因各种原因延误治疗或无免疫力的疟疾患者，可因血中原虫数量剧增出现持续性高热、抽搐、昏迷、重症贫血、肾衰竭凶险症状。

考点　疟疾再燃和复发的原因

4. 实验室检查

（1）病原学检查　查到疟原虫为确诊疟疾的重要依据，从患者的耳垂或手指采血涂成薄血膜和厚血膜，以吉姆萨染色后镜检。

（2）免疫学检查　多用于疟疾流行病学调查、监测及输血对象筛选。常用的方法有免疫荧光法、ELISA 等。

5. 防治原则　消灭疟疾必须贯彻灭蚊、防护、治疗三结合的综合性措施。疟疾发作时可选用氯喹、青蒿素等药物，迅速控制症状。人群可进行预防服药，以降低人群感染率。

课程思政：屠呦呦——青蒿素之母

根据 WHO（2011 年）发布的资料，疟疾仍流行于全球 99 个国家，约 33 亿人口受到威胁，2010 年全球疟疾病例为 2.16 亿例，其中 81% 即 1.74 亿例发生在非洲，死亡人数近 70 万人，疟疾迄今仍居寄生虫病死亡谱之首。

为了攻克这一世界性的难题，我国药学家屠呦呦带领她的科研团队经过近 50 年的不懈努力从黄花蒿中提取出新型抗疟药——青蒿素和双氢青蒿素，挽救了全球特别是发展中国家数百万人的生命。因为这项科研成果，2015 年屠呦呦获得诺贝尔生理学或医学奖，这是中国医学界，也是中医药成果迄今为止获得的最高奖项。屠呦呦 50 多年来一直致力于中医药研究实践，为人类健康事业作出巨大贡献，她的社会责任感和坚持不懈的探究精神值得我们学习。

二、医学蠕虫

案例 11-1

患儿，女，4 岁。最近 3 个月常有间歇性脐周疼痛，5h 前突发剑突下疼痛，伴有食欲不振，恶心呕吐，呕吐物中有形似蚯蚓的虫子，虫体呈圆柱形，虫体头尾两端略细，急诊入院。体查结果：患儿消瘦，痛苦面容，肚脐周围及剑突下偏右侧有压痛，腹软，肚脐周围可触及条索物。

问题：1. 患者可能患有什么疾病？引起该病的病原体是什么？

2. 该病可通过什么方法确诊？

3. 该病如何预防和治疗？

医学蠕虫是一类寄生于人体的软体多细胞无脊椎动物，借肌肉伸缩而蠕动。根据形态特征，蠕虫主要分为线虫、吸虫和绦虫。根据医学蠕虫生活史中是否需要中间宿主，将其分为土源性蠕虫和生物源性蠕虫。前者生活史中不需要中间宿主，虫卵在外界环境中发育到感染期，侵入人体后发育为成虫，也称为直接发育型；后者的虫卵或幼虫必须经中间宿主体内发育至感染期才能侵入人体发育为成虫，为间接发育型。由蠕虫引起的疾病称为蠕虫病。

（一）似蚓蛔线虫

似蚓蛔线虫简称蛔虫，属于医学蠕虫的线虫纲。蛔虫感染率高，呈世界性分布，尤其在温暖、潮湿和卫生条件比较差的地区和人群中感染较普遍。其中农村感染率高于城市，儿童感染率高于成人。是人体最常见的肠道寄生虫。

1. 形态

（1）成虫　虫体形似蚯蚓，活时略带粉红色，死亡的虫体呈灰白色。雌虫长 20 ～ 35cm，甚至达 40cm 以上，雄虫长 15 ～ 31cm，尾端向腹面卷曲（图 11-5）。

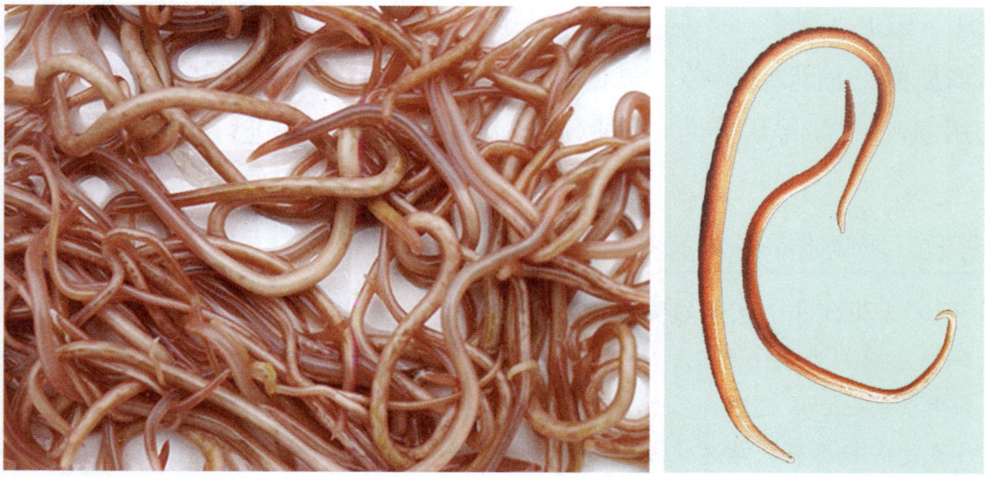

图 11-5　似蚓蛔线虫成虫

（2）虫卵　包括受精卵和未受精卵：受精卵为宽椭圆形，大小为（45 ～ 75）μm×（35 ～ 50）μm，卵壳表面覆盖一层蛋白质膜，卵内含一个受精卵细胞，两端有新月形空隙；未受精卵呈长椭圆形，大小为（88 ～ 94）μm×（39 ～ 44）μm，卵壳内含许多大小不等的折光颗粒。蛋白质膜容易脱落（图 11-6）。

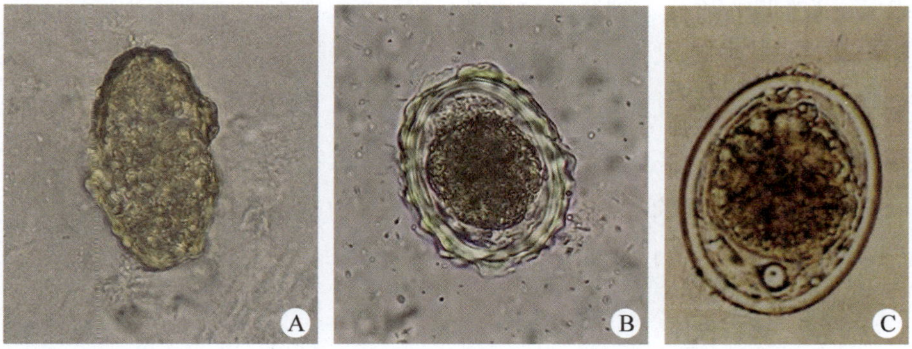

图 11-6　蛔虫卵（×400）

A. 未受精蛔虫卵；B. 受精蛔虫卵；C. 脱蛋白质膜蛔虫卵

考点　蛔虫卵的特征

2. 生活史　成虫寄生于人的小肠，以肠道内半消化的食物为食。雌雄交配后产出虫卵（一条雌虫每天产卵可达 24 万个左右），卵随粪便排出体外。受精卵在适宜温度（21 ～ 30℃）、潮湿、荫蔽、氧气充足的土壤中，经历 2 周发育，形成含幼虫的感染期虫卵。

感染期虫卵被人误食后，在小肠内孵化出幼虫，幼虫钻入肠壁经血液到达肺毛细血管进入肺泡腔，经历两次蜕皮，之后沿支气管上行，到达咽部随吞咽进入小肠。经历一次蜕皮发育为成虫。从食入感染期虫卵到雌虫产出虫卵需 60 ～ 75 天，成虫在人体内的寿命为 1 年左右（图 11-7）。

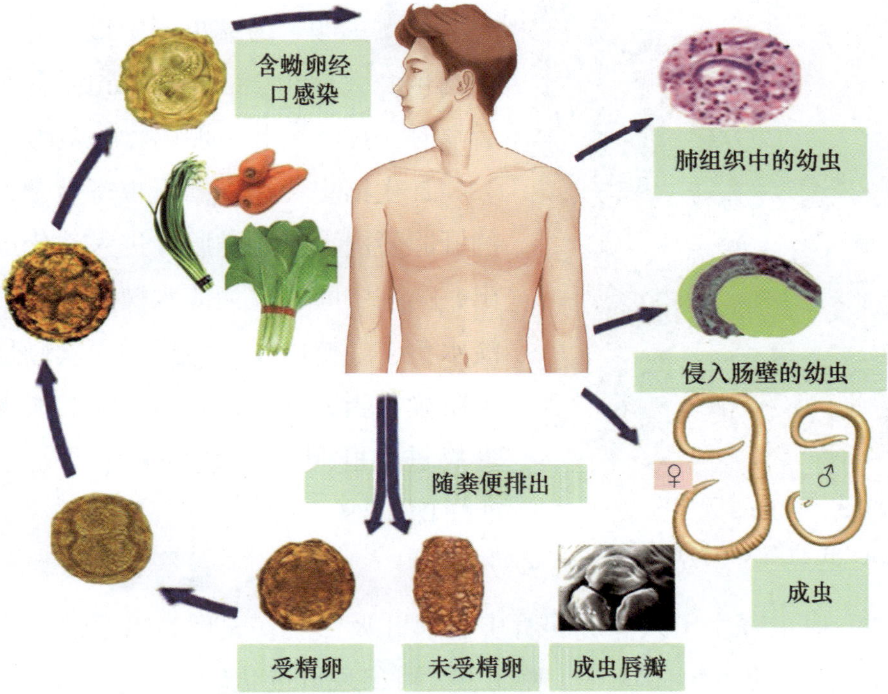

图 11-7　蛔虫生活史

3. 致病性　蛔虫的致病性主要表现为机械性损伤、超敏反应、肠功能紊乱，最严重的是成虫引起的并发症。

（1）幼虫致病　大量幼虫移行至肺部时，可引起蛔蚴性肺炎，表现为发热、咳嗽、胸痛、哮喘、痰中带血。一般发病 1 ～ 2 周后自愈。

（2）成虫致病　成虫寄生于小肠，由于机械、化学刺激导致消化吸收功能紊乱，引起营养不良；成虫在肠道内的移行活动、代谢产物的刺激可引起患者间歇性脐周疼痛、腹泻等症状。蛔虫有钻孔的习性，引起胆道蛔虫症、胰腺炎、阑尾炎，甚至肠穿孔等并发症。

4. 实验室检查　从粪便中检出蛔虫卵是诊断蛔虫感染的主要依据。因蛔虫产卵量大，故通常采用粪便直接涂片法，必要时可用饱和盐水漂浮法、沉淀法等集卵的方法，粪便和呕吐物中发现成虫也可确诊。

5. 防治原则

（1）普查普治患者和带虫者，目前常用药物有甲苯达唑、阿苯达唑等。

（2）做好粪便管理。对粪便进行无害化处理，减少虫卵对土壤的污染。

（3）加强健康教育，注意个人饮食卫生。

（二）华支睾吸虫

华支睾吸虫简称肝吸虫，成虫主要寄生于人、猫等动物的肝胆管内，引起肝吸虫病。

1. 形态

（1）成虫　形似葵花籽，雌雄同体。睾丸 2 个，呈分支状前后排列，受精囊椭圆形。睾丸之前有分叶状卵巢。

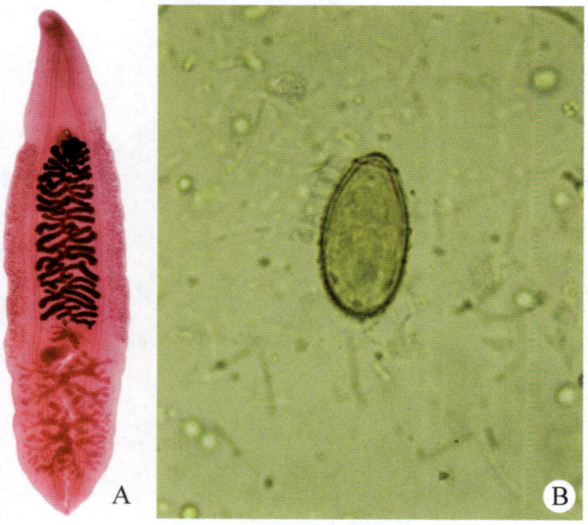

图 11-8　华支睾吸虫

A. 成虫；B. 虫卵（×400）

（2）虫卵　为蠕虫卵中最小的，形似芝麻，黄褐色，大小约 28μm×18μm；有卵盖和肩峰，后端有一疣状突起，卵内含一毛蚴（图 11-8）。

2. 生活史　华支睾吸虫寄生于人、狗、猫等的肝胆管内，虫卵随胆汁进入消化道，随粪便排出，第一中间宿主为淡水螺类，在第二中间宿主淡水鱼、虾体内发育为囊蚴。囊蚴是肝吸虫的感染阶段。当人食入含有活囊蚴的淡水鱼、虾后，囊蚴进入肝胆管发育为成虫。成虫寿命可达 30 年（图 11-9）。

考点　华支睾吸虫卵的生活史

3. 致病性　成虫寄生于人体肝胆管中引起肝吸虫病，表现为阻塞性黄疸、胆管炎、胆囊炎、胆石症、消化系统症状等。晚期患者可出现肝硬化。

4. 实验室检查　取粪便离心沉淀查虫卵，十二指肠引流液可提高检出率，也可采用免疫学方法辅助诊断。

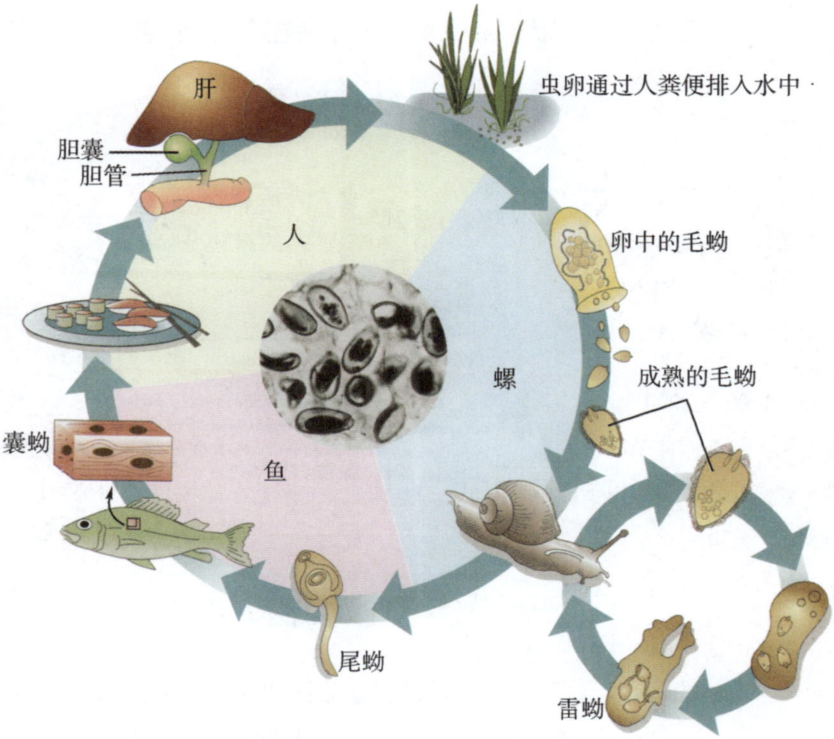

图 11-9　华支睾吸虫生活史

5. 防治原则

（1）不吃生的淡水鱼、虾，改善饮食习惯。

（2）加强粪便管理。

（3）普查普治，治疗药物首选吡喹酮。

（三）绦虫

绦虫的虫体呈带状，背腹扁平、分节，雌雄同体，无消化道。虫体分头节、颈节、链体 3 部分。头节上有吸盘或吸槽（图 11-10），颈节有生发功能，链体又分为幼节、成节、孕节（图 11-10）。虫卵形态相似，镜下不易区分（图 11-11）。绦虫的生活史复杂，均需要中间宿主。寄生人体的绦虫主要有链状带绦虫（猪带绦虫）和肥胖带绦虫（牛带绦虫），两者的鉴别要点见表 11-1。治疗方法有槟榔和南瓜子联合驱虫法，药物可用吡喹酮、阿苯达唑等。

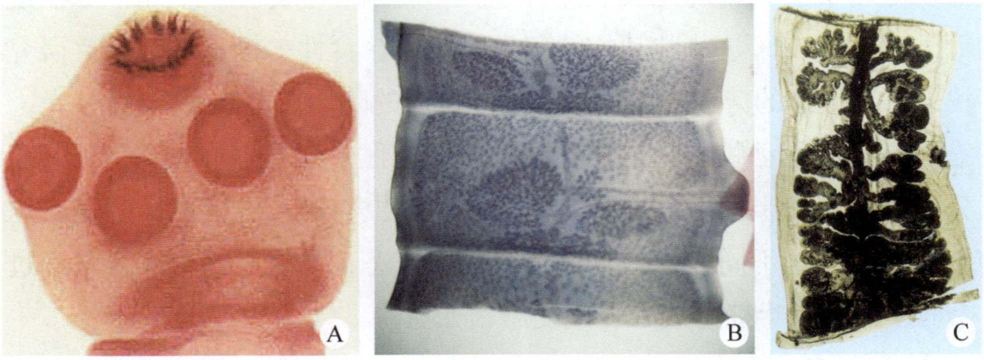

图 11-10　链状带绦虫头节、成节、孕节

A. 链状带绦虫头节；B. 链状带绦虫成节；C. 链状带绦虫孕节

表 11-1 链状带绦虫和肥胖带绦虫的鉴别要点

虫种	形态	虫卵	感染阶段及感染方式	致病	检查方法
链状带绦虫	2～4m，700～1000个节片，头节圆球形，有4个吸盘和顶突，其上有2圈小钩。孕节内子宫每侧7～13支	圆形，有放射状胚膜，内含六钩蚴	食入含活囊尾蚴的米猪肉或误食虫卵	成虫寄生于人体小肠引起猪带绦虫病；幼虫寄生于人体肌肉、大脑等组织引起囊虫病	粪便检查孕节或虫卵
肥胖带绦虫	4～8m，1000～2000个节片，头节圆方形，有4个吸盘，无顶突和小钩。孕节内子宫每侧15～30支	圆形，有放射状胚膜，内无六钩蚴	误食虫卵	成虫寄生于人体小肠引起牛带绦虫病	透明胶纸法检查虫卵或粪便直接查获节片

三、医学节肢动物

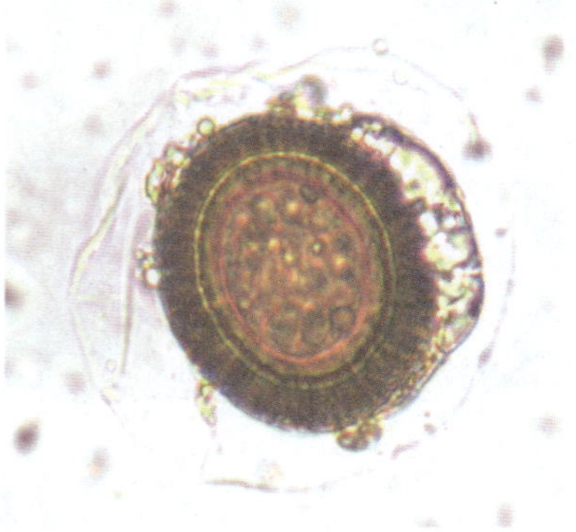
图 11-11 链状带绦虫虫卵（×400）

医学节肢动物是指通过骚扰、吸血、刺螫、寄生、传播多种疾病而危害人体健康的节肢动物。按形态分类有昆虫纲、蛛形纲、甲壳纲、唇足纲及倍足纲。其中与人类疾病关系最为密切的是昆虫纲，故又称医学昆虫。

医学节肢动物对人类的危害主要是可以作为病原生物的传播媒介引起疾病，称为虫媒传染病。危害极大的有鼠疫、疟疾、登革热、流行性乙型脑炎等传染病，给我国卫生健康事业带来极大的威胁。因此，掌握医学节肢动物的发育规律及特点，有助于对其进行针对性的防治。

（一）形态

节肢动物因虫体分节、身体左右对称而得名，体表有坚韧的外骨骼。在发育过程中大都有变态现象等。

（二）医学节肢动物的生态与变态

1. 生态 是指节肢动物的生长、发育过程与周围环境的相互关系。如温度、湿度、地理条件等因素可影响医学节肢动物的孳生、活动、食性、栖息等习性。研究节肢动物的生态可找出对其生存的薄弱环节，制订高效可行的防治措施。

2. 变态 是指节肢动物从幼虫发育到成虫的过程中会发生形态、生理和生活习性的改变。可分为全变态和半变态。发育要经过卵、幼虫、蛹、成虫四个时期，且各个时期的形态和生活习性完全不同的称为全变态或完全变态，如蚊、蝇。发育只经过卵、若虫和成虫3个时期的称为半变态或不完全变态，如虱。

（三）对人体的危害

1. 直接危害 表现有以下几方面。

（1）直接寄生　如蝇幼虫寄生在人体皮肤、眼等处引起蝇蛆病，疥螨寄生皮内引起疥疮。

（2）骚扰、吸血　如蚊、蚤等不仅叮人吸血，还影响工作和休息。

（3）螫刺、毒害　如蜈蚣、蝎子和蜘蛛在刺螯人体时，毒汁进入宿主体内引起局部红、肿和疼痛，甚至全身中毒。

（4）诱发超敏反应　节肢动物的分泌物、排泄物和蜕下的皮壳等可作为免疫原，刺激宿主发生超敏反应，如尘螨可引起过敏性鼻炎或哮喘。

2. 间接危害　是指节肢动物作为病原体的传播媒介引起疾病，这类疾病称为虫媒传染病。传播的方式有机械性传播和生物性传播。

（1）机械性传播　是病原体在节肢动物体内、体表不发生形态、数量的变化，只经过单纯的机械性携带而传给人，如蝇、蟑螂传播溶组织内阿米巴。

（2）生物性传播　是指病原体在节肢动物体内或体表经过发育和（或）繁殖后发生了形态、数量的变化后再传播给人，如蚊传播疟原虫、乙型脑炎病毒。

（四）防治原则

综合防治是医学节肢动物总的防治原则，具体措施如下。

1. 环境治理　净化环境，控制或消灭医学节肢动物的孳生地。

2. 物理方法　利用热、光、声、电等对节肢动物进行驱赶和捕杀。

3. 化学方法　采用化学杀虫剂等可迅速杀灭或驱赶害虫，但要注意环境污染。

4. 生物方法　利用节肢动物的天敌来进行防制，如稻田的青蛙或鱼可捕食蚊幼虫。

（五）常见医学节肢动物

常见医学节肢动物的特点比较见表 11-2。

表 11-2　常见医学节肢动物的特点比较

名称	形态特点	生活史及习性	危害	防治原则
蚊	成蚊体表披有鳞片和细毛，呈灰褐色或黑色。虫体分头、胸、腹三部分。有刺吸式口器，胸部分三节，各具足一对。腹部分 10 节，各节间可伸缩，末端 3 节形成外生殖器官	生活史为完全变态。卵、幼虫、蛹生活于水中，成虫生活于陆地，完成一代生活史一般需 7～15 天。雌蚊以血液为食，可存活 1～2 个月。雄蚊以植物汁液为食，寿命 1～3 周	蚊除叮咬人吸血、骚扰生活外，主要还可传播疟疾、丝虫病、流行性乙型脑炎、登革热等	改善环境卫生，消除滋生地。家庭使用防蚊、灭蚊措施。可利用蚊天敌杀灭蚊蛹或幼虫。在池塘、稻田中养鱼、养蛙捕食蚊幼虫
蝇	成蝇全身覆有鬃毛。分头、胸、腹三部分。多为舐吸式口器，少数为刺吸式口器，中胸有一对翅，三对足，末端有爪垫，爪垫上有细毛并可分泌黏液，利于携带病原体	生活史为完全变态。完成一代生活史一般 8～10 天。蝇食性杂，且边吃、边吐、边排便，对机械性传播疾病具有重大意义。蝇类通常白天在有亮光处活动	蝇可机械性传播消化道传染病，如伤寒、痢疾、脊髓灰质炎等；还可作为某些寄生虫的中间宿主传播疾病。幼虫寄生可引起蝇蛆病	改善环境卫生，消除滋生场所，使用捕蝇板等方法杀灭蝇类或使用化学杀虫剂。可利用蝇天敌杀灭蝇蛹或幼虫

续表

名称	形态特点	生活史及习性	危害	防治原则
蚤	蚤呈深褐色，体侧扁，分为头、胸、腹3部分，体表具有栉毛、鬃、刺。口器为刺吸式。胸部有3对足，第三对足发达善跳跃	生活史为完全变态。完成一代发育约需4周。雌雄均吸血，对温度、湿度敏感	蚤类可侵袭、叮刺人体，引起瘙痒、疼痛，易继发细菌感染。还可传播鼠疫、地方性斑疹伤寒和数种寄生虫病	防蚤、灭蚤，清除蚤的滋生地，注意环境和个人卫生
虱	人虱灰白或灰黑色，雌虱体长约4mm，耻阴虱灰白色，形似螃蟹，雌虫长1～2mm。刺吸式口器，无翅	生活史为不完全变态。人虱寄生在头发或内衣裤缝里，耻阴虱多寄生在阴毛处。雌雄均吸血，对温度、湿度敏感	可传播流行性斑疹伤寒、回归热、战壕热	注意个人卫生，保持衣物洁净，可用药物如灭虱灵

自测题

一、名词解释

1. 寄生虫　2. 中间宿主　3. 终宿主　4. 生活史　5. 感染阶段　6. 宿主

二、单项选择题

1. 感染阶段是指寄生虫的生活史中（　　）
   A. 具有感染人体能力的阶段
   B. 对动物具有感染能力的阶段
   C. 感染人体的日期
   D. 发育到具有感染性的日期
   E. 对人体具有致病性的日期
2. 人体寄生虫的传染源包括（　　）
   A. 患者
   B. 蚊子等医学节肢动物
   C. 隐性感染者
   D. 带虫者
   E. 患者、带虫者和保虫宿主
3. 似蚓蛔线虫的感染阶段为（　　）
   A. 未受精卵　B. 受精卵
   C. 微丝蚴　D. 丝状蚴
   E. 感染期虫卵
4. 华支睾吸虫的主要保虫宿主是（　　）
   A. 纹沼螺　B. 青蛙
   C. 兔子　D. 猫、狗
   E. 淡水鱼
5. 医学节肢动物对人体最主要的危害是（　　）
   A. 过敏反应　B. 吸血
   C. 叮咬　D. 机械损伤
   E. 传播病原体
6. 疟疾的再燃，是在人体免疫力相对下降，并由于（　　）
   A. 红内期疟原虫未被完全消除
   B. 人体再次感染疟原虫
   C. 疟原虫发育成滋养体阶段
   D. 疟原虫发育成包囊阶段
   E. 肝细胞内疟原虫再次入侵红细胞

三、简答题

1. 寄生虫病的感染途径有哪些？
2. 简述间日疟原虫的生活史、致病性及防治原则。
3. 蛔虫对人体的危害有哪些？

（林赤霞）

实验室规则

微生物学实验以病原微生物为研究对象，实验过程中的不规范操作可能引起实验人员的自身感染或实验室和周围环境的污染。因此，实验中应严格遵守实验规则，建立无菌观念，严格无菌操作。

1. 进入实验室必须穿工作服，必要时须戴口罩、帽子和手套，离开时将工作服脱下反折带出，并经常洗涤消毒。

2. 非必需物品禁止带入实验室，带入实验室的文具、实验指导和笔记本应放在指定的区域；禁止将本实验室的物品带出实验室外。

3. 实验室内严禁吸烟、饮水和进食，尽量避免用手触摸头、面部，严禁把笔、纸片等含于口内。

4. 实验室内应保持肃静，不得高声谈笑或随意走动。

5. 仪器物品使用前要详细检查，发现物品短缺或仪器损坏要立即报告老师，未经允许不得动用与本实验无关的仪器设备和其他物品。

6. 严格遵守操作规范，避免有菌材料的污染。如有传染性材料不慎污染手、眼、衣服、桌面、地面或发生其他意外情况，应立即报告老师及时处理。

7. 用过的污染物品，不得随意乱放或用水冲洗。如接种环（针），用后应立即于酒精灯火焰上烧灼灭菌；沾染有菌的吸管等有传染性的器具，应置于含消毒液的筒内，经专人消毒灭菌后清洗干净。

8. 需培养的物品，应做好标记后再放到指定地点。

9. 实验完毕后整理好仪器设备，清理实验台面。所有仪器物品按要求放置和处理，工作台用消毒液擦拭干净，双手用消毒液消毒清洗干净。

10. 爱护实验室公物，不准随意调试培养箱、水浴箱、电冰箱等实验设备。节约水电和实验材料。

11. 实验课后，值日生负责做好清洁卫生，关好水、电、门窗后，经教师检查合格后方可离开实验室。

（白　洁）

实验一　细菌形态与结构的检查

细菌一般需用显微镜放大一千倍左右才能看到，学会用显微镜油镜观察细菌的形态结构，掌握细菌常用的染色方法，对细菌的鉴别分类非常重要。

【实验目的】

1. 了解显微镜油镜的原理。

2. 熟悉细菌的基本形态和特殊结构。

3. 掌握显微镜油镜的使用和保护、革兰氏染色方法和结果判断。

一、显微镜油镜的使用与保护

普通光学显微镜的基本构造：包括机械部分和光学系统。

1. 机械部分　包括调焦系统、载物台和物镜转换器等运动部件，以及底座、镜臂、镜筒等支持部件。

2. 光学系统　包括物镜、目镜。以及由聚光镜和光源组成的照明装置。

3. 油镜头标志　镜头上标有放大倍数“×100”或“油”“Oil”字样，镜头下缘有一圈白色线。

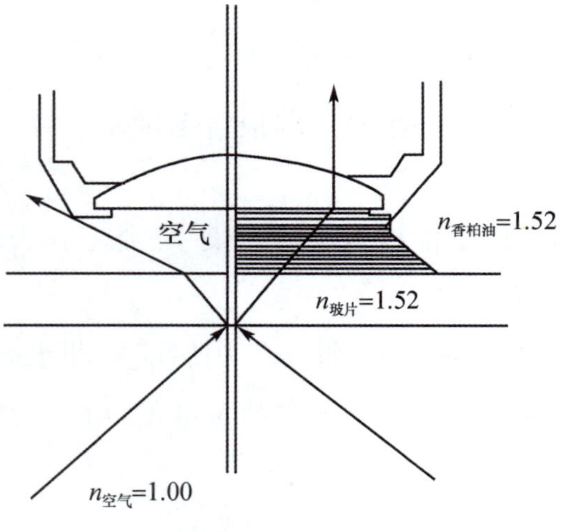

实验图 1-1　油镜原理

【实验原理】

光线在通过玻片与物镜间的空气时，由于玻片与空气的折光率不同，光线会发生折射，如果射入镜筒的光线过少，物像就不清晰。若在玻片上滴加香柏油，因香柏油和玻片的折光率 n 相似（1.52），即可减少光线折射，增加视野亮度，提高分辨率，使物像更明亮清晰（实验图 1-1）。

【实验准备】

用物准备：普通光学显微镜、香柏油、二甲苯、擦镜纸、细菌标本片。

【实验操作流程】

安置显微镜→对光→低倍镜观察→油镜观察→调焦→保养→复位。

1. 安置显微镜　右手握镜臂，左手托镜座，将显微镜轻放于实验桌上，距实验桌边缘 5cm 左右。

2. 对光　打开光圈，升高聚光器，打开灯光电源开关，将低倍物镜旋入光轴，调节光线强弱，使视野清晰明亮。

3. 低倍镜观察　固定标本片，转动粗准焦螺旋使载物台缓缓上升（或镜筒逐渐下降）

至物镜距标本片上方约 0.5cm 处；眼睛从目镜观察，调节粗准焦螺旋使载物台下降（或镜筒上升）。发现物像出现时，换细准焦螺旋将物像调清晰。将需要放大观察的部位移至视野中央。

4. 油镜观察　旋开低倍镜，在玻片上滴少许香柏油；将油镜头旋入光轴，此时油镜头浸入油中。把光圈开至最大，聚光器上升至与载物台持平，缓慢调节细准焦螺旋至物像清晰。

5. 调焦　观察过程中，若油镜头已离开油面，眼睛应从显微镜侧面看着油镜，慢慢转动粗准焦螺旋，将油镜头再次浸入油内，但勿与玻片相碰。然后再从目镜上观察，并慢慢转动粗准焦螺旋使载物台下降（或镜筒上升），看到模糊物像时，换用细准焦螺旋调至物像清晰。

6. 保养　观察完毕，先缓慢降下载物台，再将油镜头转开，用 3 张擦镜纸擦净油镜头。一张擦去镜头上的镜油，换一张蘸少许二甲苯擦去残留油迹，再用一张干净擦镜纸擦净残留的二甲苯。

7. 复位　取下标本片（标本片如需保存，需脱油并封片），下降聚光器，关闭显微镜电源，将物镜镜头转至呈八字形。下降镜筒，罩上镜罩，将显微镜放回箱中。

【注意事项】

1. 使用油镜时须端坐，不可倾斜镜台。

2. 不染色标本宜用弱光，即将聚光器降低或缩小光圈；检查染色标本时光线宜强，应将光圈开大并升高聚光器。

3. 勿使油镜头与标本片相碰，以免损坏镜头或压碎标本片。

4. 用擦镜纸擦油镜头时，向同一方向拖拭，勿旋转擦拭，以免损伤油镜头。

【实验结果和分析】

显微镜油镜的操作流程和保护方法。

【实验报告】

写出显微镜油镜的使用和保护方法。

【思考题】

1. 如何识别油镜头？

2. 为什么用油镜观察物像更清晰？

二、细菌基本形态和特殊结构的检查

观察并掌握细菌的基本形态和特殊结构特征，有助于鉴别不同细菌。

【实验准备】

用物准备：香柏油、二甲苯、擦镜纸、细菌形态、结构标本片。

【实验操作流程】

（一）细菌基本形态的观察

用显微镜油镜观察各种球菌、杆菌和螺旋菌的革兰氏染色标本片，认识细菌的形态、大小、排列方式和染色性，并绘图记录。

1. 球菌

（1）葡萄球菌　菌体圆形，葡萄串状排列，紫色，革兰氏阳性球菌。

（2）链球菌　菌体圆形，链状排列，紫色，革兰氏阳性球菌。

（3）脑膜炎奈瑟菌　菌体肾形，成双排列，红色，革兰氏阴性球菌。

2. 杆菌　大肠埃希菌：菌体杆状，分散排列，红色，革兰氏阴性杆菌。

3. 螺旋菌　霍乱弧菌：菌体弧形，分散排列，红色，革兰氏阴性弧菌。

（二）细菌特殊结构的观察

用显微镜油镜观察荚膜、芽孢和鞭毛，认识细菌特殊结构的形状、染色性、大小和位置特点，并绘图记录。

1. 荚膜　肺炎链球菌荚膜革兰氏染色标本片：菌体矛头状，成双或呈链状排列，菌体和背景呈蓝色，菌体周围可见一圈透明发亮的区域即荚膜。

2. 芽孢标本片

（1）破伤风梭菌　菌体细长杆状，紫色革兰氏阳性杆菌；菌体顶端不着色的圆形结构即芽孢，直径宽于菌体，使细菌呈“鼓槌状”。

（2）炭疽杆菌　菌体粗大杆状，链状排列呈“竹节状”，紫色革兰氏阳性杆菌；菌体中间的卵圆形不着色结构即芽孢，直径小于菌体横径。

3. 鞭毛标本片　伤寒沙门氏菌或普通变形杆菌鞭毛染色标本片：菌体杆状，分散排列，红色；菌体周围可见弯曲、细长、红色的鞭毛。

【实验报告】

1. 绘出镜下所见细菌的基本形态图，注明染色性。

2. 绘出镜下所见细菌的特殊结构图，注明染色方法。

三、细菌的革兰氏染色法

对细菌进行涂片染色有助于鉴别细菌，常用的有革兰氏染色和抗酸染色。本实验只介绍革兰氏染色。

根据染色结果可将细菌区分为革兰氏阳性菌和革兰氏阴性菌两大类，分别被染成紫色和红色。

【实验原理】

革兰氏阳性菌细胞壁结构致密，肽聚糖层厚，含有较多的核糖核酸镁盐，可与结晶紫染料和碘牢固结合，不容易被乙醇脱色而呈紫色；而革兰氏阴性菌细胞壁结构疏松，肽聚糖层薄，容易被乙醇脱色而被苯酚复红染成红色。

【实验准备】

1. 标本　金黄色葡萄球菌、大肠埃希菌的普通琼脂平板 18 ～ 24h 培养物。

2. 器材　载玻片、标记笔、生理盐水、接种环、酒精灯、显微镜、香柏油、擦镜纸、废物容器等。

3. 染色液　结晶紫染液、卢戈碘液、95% 乙醇和稀释苯酚复红染液。

【实验操作流程】

涂片→干燥→固定→初染→媒染→脱色→复染→镜检。

（一）制片

1. 涂片　将接种环在酒精灯火焰上烧灼灭菌，冷却后，取 1 ～ 2 环无菌生理盐水置于洁净载玻片上，将接种环烧灼灭菌，冷却后挑取少许细菌，于生理盐水中均匀研磨，涂布成约 1cm×1cm 的半透明菌膜，将接种环烧灼灭菌后放回原处。

2. 干燥　在空气中使涂片迅速干燥，以免细菌皱缩变形。若需加快干燥速度，可将涂布面朝上，置于火焰上方高处烘干，切勿贴近火焰。

3. 固定　玻片干燥后，用火焰加热法固定菌膜：即中速通过酒精灯外焰 3 次，以玻片反面接触手背热而不烫手为宜。熄灭酒精灯。

（二）染色

1. 初染　将结晶紫染液滴加并覆盖于菌膜上。染色 1min 后，用细流水冲洗，控掉积水。

2. 媒染　将卢戈碘液滴加并覆盖于菌膜上，媒染 1min，用细流水冲洗，控掉积水。

3. 脱色　滴加 95% 乙醇数滴，不时摇动玻片约 0.5min，至无紫色脱落为止。用细流水冲洗，控掉积水。

4. 复染与镜检　将稀释苯酚复红染液滴加并覆盖于菌膜上，复染 1min，用细流水冲洗，控掉积水，滤纸吸干，显微镜油镜镜检。

【注意事项】

1. 取菌要少，涂片须匀。

2. 固定标本时切勿过热，以免使细菌变形烧焦。

3. 乙醇脱色时间不宜过长或过短，以脱色至涂片呈灰色为宜。

4. 水洗时应以细流水自上而下徐缓冲下。

【实验结果和分析】

金黄色葡萄球菌呈葡萄串状排列，被染成紫色，为革兰氏阳性球菌。

大肠埃希菌散在排列，被染成红色，为革兰氏阴性杆菌。

【实验报告】

1. 写出细菌涂片的制备过程和革兰氏染色的步骤。

2. 记录革兰氏染色的结果，用绘图铅笔描绘两种细菌的形态和排列，并标明颜色。

【思考题】

1. 革兰氏染色时若脱色时间过长或过短，会出现什么结果？

2. 制作标本片时，若菌膜过厚会对染色结果有什么影响？

（白　洁）

实验二　培养基的制备与细菌的人工培养

一、培养基的制备（示教）

【实验目的】

1. 掌握普通琼脂培养基的制备方法。

2. 熟悉细菌培养基的种类和用途。

3. 培养学生的无菌观念。

【实验准备】

1. 试剂　蛋白胨、氯化钠、牛肉膏、琼脂、蒸馏水、1mol/L NaOH 溶液、1mol/L HCl 溶液等。

2. 器材　天平、试管、无菌平皿、三角烧瓶、比色管、玻璃吸管、电炉、精密 pH 试纸（pH5.5 ～ 9.0）、高压蒸汽灭菌器、恒温培养箱、酸度计、记号笔等。

【实验方法】

操作流程：称量与混合→溶解→矫正 pH →分装→灭菌→检定→保存。

1. 称量与混合　准确称取牛肉膏 0.3g、蛋白胨 1g、氯化钠 0.5g、琼脂 2.5g、蒸馏水 100ml，先在三角烧瓶中加入少量蒸馏水，将各种成分加入烧瓶，然后以剩余的水冲洗瓶壁，振摇混合。

2. 溶解　将盛有混匀的培养基的三角烧瓶置电炉上，加热溶解并随时搅拌，溶解完毕，补足蒸发失去的水分。

3. 矫正 pH　精密 pH 试纸测试培养基的 pH，用 1mol/L NaOH 溶液或 1mol/L HCl 溶液矫正培养基 pH，一般调至 pH7.4 ～ 7.6。培养基经高压灭菌后，其 pH 约降低 0.1 ～ 0.2，故在矫正 pH 时应比实际需要的 pH 高 0.1 ～ 0.2。

4. 分装　根据需要将培养基分装于不同容量的三角烧瓶、试管等容器中，用清洁的塞子塞好，用牛皮纸包扎瓶口，并用绳捆好后灭菌。

5. 灭菌　常用高压蒸汽灭菌法，压力 103.4kPa，温度 121.3℃，持续 20 ～ 30min。

6. 检定　制备好的培养基置恒温培养箱中孵育 24h，无任何细菌生长为合格。

7. 保存　标明名称、日期等，置 4℃冰箱保存备用。

【注意事项】

玻璃器皿须在使用前清洁灭菌，仪器设备操作要规范，培养基检定注意无菌操作。

【实验结果和分析】

合格的培养基要求成分、含量标准且保持无菌状态。

二、细菌的接种与培养

【实验目的】

1. 掌握细菌接种和培养的规范操作。

2. 熟悉细菌的生长现象。

3. 培养学生科学严谨的实验态度和无菌观念。

【实验准备】

1. 用物准备　葡萄球菌和大肠埃希菌 18 ～ 24h 斜面培养物、普通琼脂培养基（普通琼脂平板）、液体培养基（普通肉汤）、半固体琼脂培养基、接种环、接种针、酒精灯、试管架、记号笔、恒温培养箱、无菌手套等。

2. 环境准备　无菌室、超净工作台

【实验方法】

（一）平板分区划线接种法

操作流程：准备工作→灭菌接种环→取标本→平板分区划线→培养→整理消毒。

1. 准备工作

（1）操作人员准备　甲剪平、饰物去除、肥皂洗手、换上拖鞋、穿好工作服、戴好口罩和帽子，头发不外露，戴无菌手套并用酒精棉球消毒双手。

（2）用物准备

1）清点用物：酒精灯、接种环、试管架、打火机、75% 乙醇和培养基等。

2）摆好用物：按无菌、干净的原则，接种材料、培养基、污物桶放左边，接种环、试管架等放右边。

3）超净工作台准备：每次使用前，用 75% 乙醇消毒工作区域，然后用紫外灯消毒 30min。

2. 灭菌接种环　右手以握笔势持接种环，经酒精灯外焰灭菌，直到接种环烧红，由环端往棒端通过火焰 2 ～ 3 次，待接种环冷却后才能取标本。

3. 取标本　左手拿起菌种管，用右手小指与掌根拔取试管塞，将试管口和试管塞通过火焰 2 ～ 3 次灭菌，用接种环取挑取标本（葡萄球菌、大肠埃希菌斜面培养物）少许，试管口和试管塞通过火焰 2 ～ 3 次灭菌，塞好管塞，放回试管架（注意：接种环若不小心碰管口须重新灭菌）。

4. 平板分区划线　左手拿起普通琼脂平板，平板在酒精灯火焰左前上方约 3 ～ 5cm 距离。

用大拇指将平板盖稍微抬高 30° ～ 45° ，将接种环上的菌液涂于培养基的一角，并以此为起点进行连续平行划线，划线时使接种环与平板表面成约 45° 轻轻接触，以腕力在培养基表面以密不重叠的形式来回划线，划线范围约占培养基表面积的 1/4，此为第 1 区。将接种环灭菌，由棒端往环端灭菌，待接种环冷却后，转动平板约 60° ，将接种环通过第 1 区 3 ～ 4 次交叉的连续平行划线后，再继续与第一区不交叉的连续平行划线，范围约占培养基表面积的 1/4，此为第 2 区，依次划第 3 区、第 4 区，将培养基表面划满（实验图 2-1）（注意：划线时力度不可太大以免划破培养基，并严格无菌操作，防止空气中微生物的污染）。划线完毕，盖好平板盖，将接种环在火焰上灭菌，接种环放回试管架，

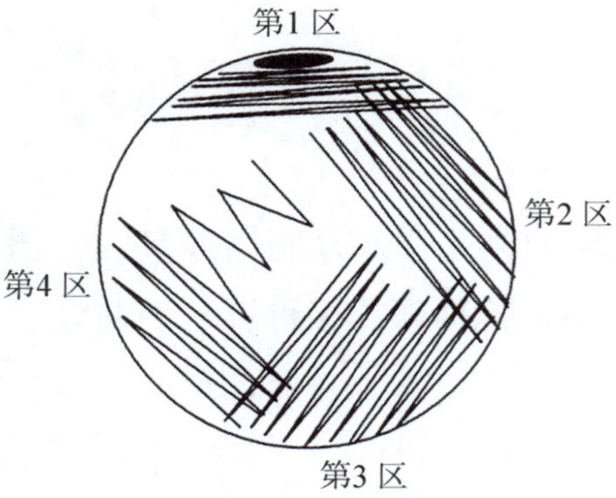

实验图 2-1　平板分区划线接种法

熄灭酒精灯。

5. 培养　接种后，用记号笔在普通琼脂平板底部标明接种标本名称、标本号及日期，将平板倒置（底部向上）放于 37℃恒温培养箱中孵育 18 ～ 24h。

6. 整理消毒　整理清洁并消毒工作区域，操作者洗手，关闭超净工作台。

（二）半固体培养基接种法——穿刺接种法（示教）

操作流程：取菌→穿刺接种→培养。

1. 取菌　左手持菌种管，右手持灭菌的接种针，用右手无名指与小指夹持试管塞拔出，管口和试管塞通过火焰 2 ～ 3 次灭菌。接种针取菌少许后退出，管口和试管塞通过火焰灭菌，塞好管塞，将菌种管放回原处。

2. 穿刺接种　左手持半固体培养基，以右手无名指与小指拔取并夹持试管塞，管口和试管塞灭菌，将已取菌的接种针从半固体培养基中央平行于管壁垂直刺入近管底部 5mm 左右（不能刺穿至试管底），然后将接种针沿原穿刺线抽出，管口和试管塞灭菌，塞好管塞。接种针灭菌后放回原处（实验图 2-2）。

3. 培养　在试管上做好标记，置 37℃恒温培养箱孵育 18 ～ 24h。

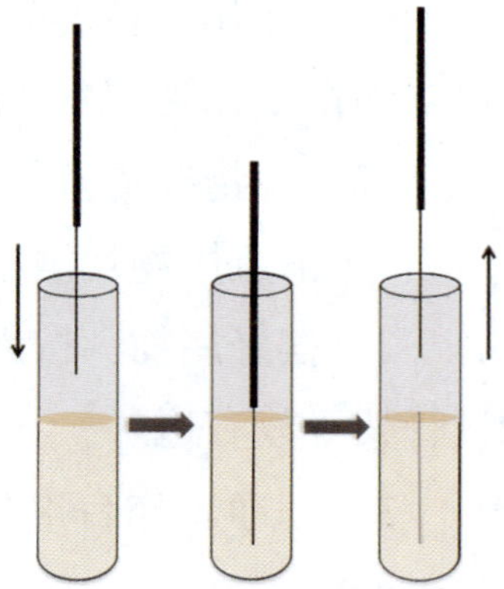

实验图 2-2　穿刺接种法

（三）液体接种法（示教）

操作流程：取菌→液体接种→培养。

1. 取菌　左手持菌种管，右手持灭菌冷却的接种环，用右手无名指与小指夹持试管塞拔出，管口和试管塞通过火焰 2 ～ 3 次灭菌。接种环取菌少许后退出。管口和试管塞通过火焰灭菌，塞好管塞，将菌种管放回原处。

2. 液体接种　左手持液体培养基管，以右手无名指与小指拔取并夹持试管塞，管口和试管塞灭菌，斜持液体培养基管，在接近液面的试管壁上轻轻研磨并蘸取少许液体溶散，使细菌混合于液体培养基中，管口和试管塞灭菌，塞好管塞，直立试管。接种环灭菌后放回原处（实验图 2-3）。

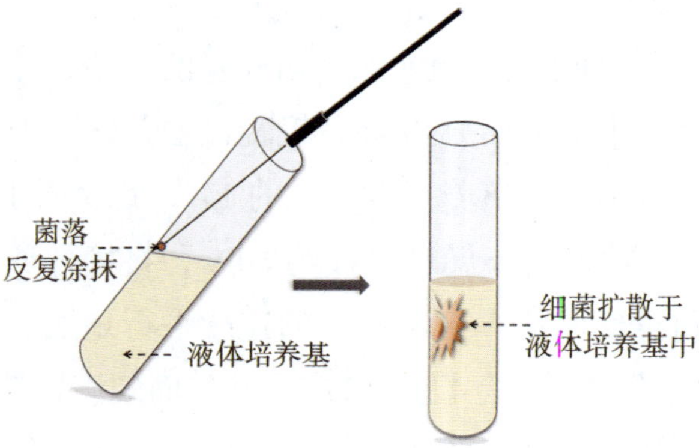

实验图 2-3　液体接种法

3. 培养　在试管上做好标记，置 37℃恒温培养箱孵育 18 ～ 24h。

（四）细菌在培养基上生长现象的观察

1. 固体培养基上细菌的生长现象　观察菌落特征，如大小、形状、颜色、气味、透明度、表面光滑或粗糙、湿润或干燥、边缘是否整齐等。观察血液琼脂培养基上的菌落特征时，要注意菌落周围有无溶血环。

2. 半固体培养基中细菌的生长现象　①无动力的细菌，只沿穿刺线生长，穿刺线四周的培养基透明澄清，说明此菌无鞭毛。②有动力的细菌，沿穿刺线向四周扩散生长，培养基变浑浊，穿刺线模糊或消失，说明此菌有鞭毛。

3. 液体培养基中细菌的生长现象　①浑浊生长，培养基由原来的澄清透明变为均匀的浑浊，大多数细菌有此生长现象。②沉淀生长，培养基表面基本清亮，管底可看到有如絮状或颗粒状的沉积培养物。③菌膜生长，培养基液体表面形成肉眼可见的膜状物，多见于专性需氧菌。

【注意事项】

1. 接种环用完后，灭菌放回原处。

2. 细菌接种过程中注意无菌操作。

【实验结果和分析】

观察细菌生长现象并记录结果。

注意菌落的异常情况分析可能的原因。

（李花珍）

实验三　免疫学应用

一、凝集反应

【实验目的】

1. 了解凝集反应的类型。

2. 熟悉直接凝集反应和间接凝集反应的原理。

3. 掌握玻片凝集试验的操作，观察抗原抗体反应的现象，学会分析结果。

（一）直接凝集反应玻片法（细菌鉴定）

【实验准备】

伤寒沙门菌诊断血清、被检细菌培养物、生理盐水、接种环、酒精灯等。

【实验操作流程】

1. 取洁净载玻片一张，用标记笔在中间分成左右两格，在左侧滴加伤寒沙门菌诊断血清 1 滴，右侧滴加生理盐水 1 滴作为对照。

2. 用灭菌接种环挑取被检细菌培养物少许，先放在盐水内混匀，再蘸取均匀的细菌悬液放入诊断血清中混匀。

3. 前后轻轻摇动玻片，2～3min 后观察结果（实验图 3-1）。

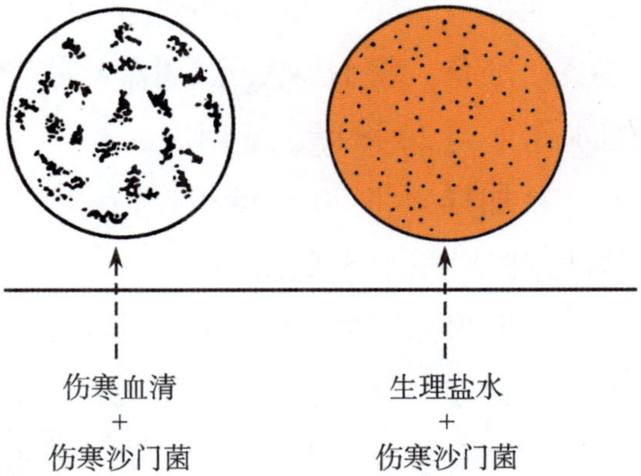

实验图 3-1　玻片凝集试验

【注意事项】

观测记录完毕，将载玻片放入消毒缸，防止污染。

【实验结果和分析】

阳性：出现肉眼可见的凝集块；阴性：均匀浑浊，无凝集块；假阳性：两端均凝集。

（二）间接凝集试验——类风湿因子测定

【实验准备】

待测血清、类风湿因子胶乳试剂盒、阴性对照血清、阳性对照血清、微量加样器。

【实验操作流程】

从试剂盒中取出反应板，分别加入待测血清、阴性对照血清、阳性对照血清各50ml，再在每一孔加入类风湿因子胶乳试剂一滴（50ml）混匀，3～8min内观察结果。

【实验结果和分析】

1. 观察对照血清　阳性血清出现凝集，阴性血清不出现凝集。
2. 观察待测血清　阳性：出现凝集现象，阴性：不出现凝集现象。

二、免疫标记技术

【实验目的】

1. 了解免疫标记技术的类型。
2. 熟悉酶联免疫吸附试验和免疫胶体金技术的原理。
3. 掌握免疫胶体金技术的操作方法，结果判定及分析。

（一）酶联免疫吸附试验——HBsAg检测（双抗体夹心法）

【实验准备】

1. 待测血清。
2. HBsAg诊断试剂盒　包被反应条酶标记物、洗涤液、显色剂（底物）A、显色剂（底物）B、终止液、阳性对照血清、阴性对照血清。
3. 酶标仪、培养箱、微量加样器、吸水纸等。

【实验操作流程】

准备→加样→加酶标记物→温育→洗板→加底物→加终止液→酶标仪读数。

1. 准备　将HBsAg试剂盒从冰箱中取出，室温下平衡30min，并将浓缩洗涤液用蒸馏水作1 ∶ 20稀释，备用。
2. 加样　将50ml待检血清和阳性、阴性对照血清分别加入已包被的反应板中，同时设空白对照1～2孔。
3. 加酶标记物　除空白对照孔外，其余每孔各滴加酶标抗-HBs 1滴。
4. 温育　混匀后封板，置37℃温箱中温育30min。
5. 洗板　采用手工洗板。弃去微孔中液体，然后每孔加满洗涤液，静置15s后，甩干，重复5次后拍干。

6. 加底物　每孔滴加显色剂 A 液和 B 液各 50ml（或 1 滴），充分混匀，封板，置 37℃温箱中温育 15min。

7. 加终止液　每孔内分别滴加终止液 50ml（或 1 滴），终止反应。

8. 酶标仪读数　酶标仪波长 450nm 处，读取各孔 OD 值。

【实验结果和分析】

初步判断：阳性对照孔呈棕黄色，阴性对照孔无色。待测血清孔呈棕黄色为试验阳性结果，无色为试验阴性结果。

最终判断：以酶标仪读数为准。判断值等于阴性对照平均 OD 值 ×2.1。阴性对照 OD 值低于 0.050 作 0.050 计算，0.050 ≤ OD ≤ 0.100 的按实际 OD 值计算。样本 OD 值小于判定值时，说明 HBsAg 检测结果为阴性。样本 OD 值大于或等于判定值，则 HBsAg 检测结果为阳性。

（二）免疫胶体金技术——HCG 测定

【实验原理】

将硝酸纤维素膜（NC 膜）作为载体，并利用微孔滤膜的毛细管作用，滴加于膜条一端的待测液标本通过层析流向另一端移动，标本抗原 HCG 在移动过程中与试纸条干片区的金标记抗 HCG 结合形成抗原抗体复合物，并继续移至 NC 测试区，被此处的固相抗体捕获形成抗 HCG-HCG- 金标记抗 HCG 复合物，出现红色反应线条。剩余游离的金标记抗 HCG 继续渗移至质控区，与该处的抗小鼠 IgG 结合而出现红色质控线条。若标本中无 HCG，则只在质控区出现红色线条（实验图 3-2）。

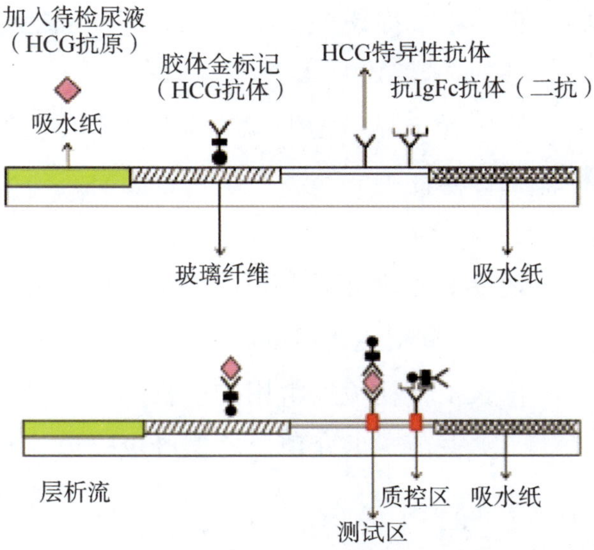

实验图 3-2　免疫胶体金技术原理

【实验准备】

待检尿液、胶体金 HCG 早早孕试纸条、尿液收集杯。

【实验操作流程】

手持试纸条将箭头标识的一端插入尿液标本中，注意不要让尿液超过箭头所指的 Max 线，10s 左右后取出平放，1 ～ 5min 内观察结果。

【注意事项】

1. 使用前不要浸湿试纸条或触摸反应膜。

2. 试纸条插入标本液的深度应严格掌控，不能超过箭头所指的 Max 线。

【实验结果和分析】

若测试区和质控区同时出现 2 条红线，判读为 HCG 阳性；若仅质控区出现 1 条红线，读为 HCG 阴性；若测试区和质控区均无红线，表明试纸条失效。

三、常用生物制品的观察及免疫细胞观察

【实验目的】

1. 了解常用生物制品种类及用途。
2. 熟悉免疫细胞的功能。
3. 掌握免疫系统的组成。

【实验原理】

人的 T 淋巴细胞表面具有能与绵羊血红细胞（SRBC）相结合的特异性受体（CD2），该受体能够与绵羊血红细胞结合形成花环样细胞团。因此本实验可用于人外周血 T 淋巴细胞的鉴定与计数。

【实验准备】

常用生物制品、光学显微镜、E 玫瑰花环标本、巨噬细胞吞噬现象标本、中性粒细胞吞噬标本、擦镜纸。

【实验操作流程】

使用光学显微镜油镜（水镜）观察 E 玫瑰花环标本、巨噬细胞吞噬现象标本及中性粒细胞吞噬标本。

【实验结果】

观察 E 玫瑰花环和巨噬细胞吞噬现象并绘图。

（一）常用生物制品的观察（示教）

1. 人工自动免疫常用的生物制品

（1）疫苗　卡介苗、乙型肝炎疫苗、脊髓灰质炎疫苗、麻疹疫苗、百白破三联疫苗、脑膜炎奈瑟菌多糖菌苗、乙型脑炎疫苗、狂犬病疫苗、腮腺炎疫苗、水痘疫苗、甲型肝炎疫苗等。

（2）类毒素　白喉类毒素、破伤风类毒素。

2. 人工被动免疫常用生物制品　破伤风抗毒素、白喉抗毒素、丙种球蛋白、胎盘球蛋白等。

3. 免疫治疗常用的生物制品　干扰素、IL-2、转移因子、胸腺素等。

4. 免疫诊断常用生物制品　血型诊断试剂、类风湿因子诊断试剂等。

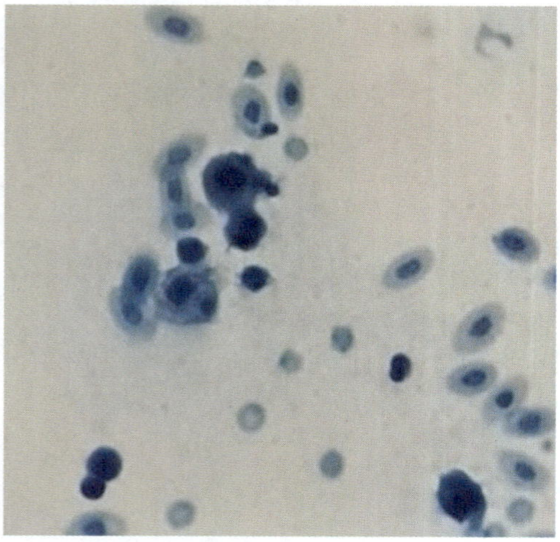

实验图 3-3　巨噬细胞吞噬现象光镜图（油镜 ×1000）

（二）免疫细胞观察

1. 巨噬细胞吞噬现象观察　见实验图 3-3。

2. 中性粒细胞吞噬现象观察　见实验图 3-4。

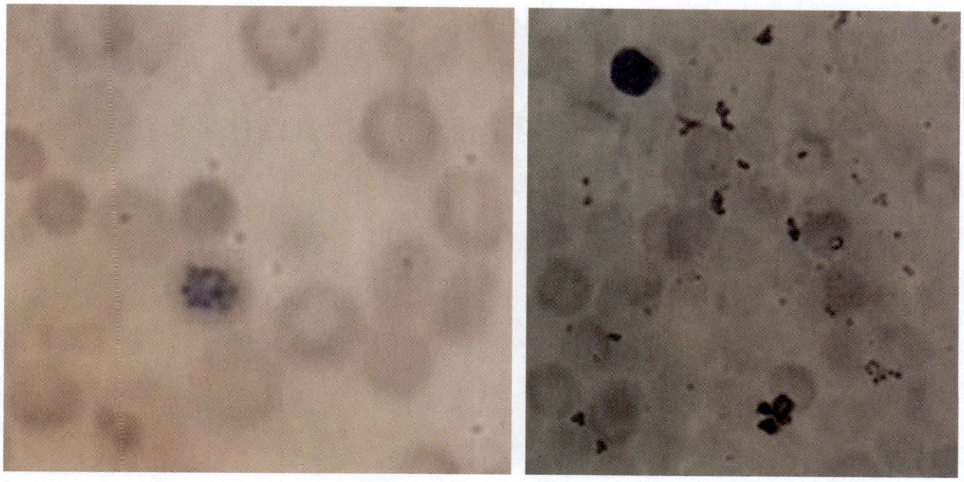

实验图 3-4 中性粒细胞吞噬现象光镜图（油镜 ×1000）

（刘金晔）

实验四 微生物的控制及药物制剂的微生物学检查

了解细菌的分布，掌握消毒灭菌技术，可防止药品污染，保证药剂质量。

一、微生物的控制

【实验目的】

1. 了解环境及人体细菌的分布，建立严格的无菌观念。
2. 熟悉常用消毒灭菌方法的杀菌效果和适用范围。
3. 掌握药物敏感试验的操作方法和结果判断。

（一）细菌分布检查（操作）

【实验准备】

普通琼脂培养基、血液琼脂培养基（血平板）、无菌棉拭子、无菌生理盐水（注射用水）、75% 乙醇、接种环、酒精灯、记号笔、恒温培养箱等。

1. 空气中微生物的检查（示教）

【实验方法】

自然沉降法：取一个直径 9cm 普通营养琼脂平板，标记组号、检查时间和地点。将平皿盖打开，暴露于空气中 10min，盖上平皿盖，置 37℃恒温培养箱培养 18 ～ 24h。观察并记录实验结果。

【实验结果】

培养基表面有菌落生长。注意观察不同取材地点细菌生长情况。计数菌落数、描述菌落特征并做细菌形态检查。

2. 咽喉部、口腔中微生物的检查（操作）

【实验方法】

涂抹法：每人取无菌棉拭子一支，同学相互于咽喉部涂抹采集标本，然后将棉拭子涂于血平板的一侧边缘处，涂抹范围约占培养基面积的1/5。再用无菌接种环进行划线分离。盖好平皿盖，贴上标签，置37℃培养18～24h。

【实验结果和分析】

血平板上生长的菌苔、菌落，有大小、数量和形态不同的单个菌落。有的菌落周围有草绿色半透明溶血环，镜检多为革兰氏阳性球菌；亦可能有革兰氏阴性球菌、短杆菌等生长。

3. 物品表面微生物分布的检查（操作）

【实验方法】

将普通琼脂平板底面用记号笔划为四个区域，并分别以1、2、3、4号标记，一人使用1个号，注明检测物品名称。分别用无菌生理盐水（注射用水）浸湿的无菌棉拭子，在眼镜、手机、手表等物品处擦拭取标本。涂抹接种于普通琼脂平板相应部位，贴上标签，置37℃温箱培养18～24h。

【实验结果和分析】

培养基上有菌苔、菌落。观察不同物体取材的培养基上细菌生长情况及菌落特征，区别菌落种类、统计数量，做细菌形态检查。

4. 皮肤消毒试验

【实验方法】

将普通琼脂平板底面用记号笔划为五个区域，并分别以1、2、3、4、5号标记，一人使用1、2号区域，另一人使用3、4号区域，注明“消毒前”和“消毒后”，5号区域为空白对照。将一手指在注明“消毒前”的培养基表面轻轻涂抹后，将此手指皮肤用75%乙醇消毒。待干后，在注明“消毒后”的培养基表面轻轻涂抹。盖上平皿盖，将平板置37℃温箱培养18～24h。

【实验结果和分析】

消毒前涂抹的一侧培养基上，有几种不同形态的菌落生长；消毒后涂抹的一侧培养基上和空白对照无细菌生长。消毒前、后细菌的生长菌落数有较明显的差异，分析实验现象。

（二）煮沸灭菌实验

【实验准备】

枯草芽孢杆菌5天和大肠埃希菌24h肉汤培养物、普通肉汤培养基（2ml）、消毒锅、无菌吸管等。

【实验操作流程】

标记→接种→杀菌→培养→观察。

1. 标记　取普通肉汤培养基 6 支，标记大肠埃希菌和枯草芽孢杆菌各 3 支。

2. 接种　以无菌吸管分别于培养基中加入大肠埃希菌、枯草芽孢杆菌肉汤培养物 0.1ml。

3. 杀菌　将接种后的培养基放入已煮沸的消毒锅内，开始计时。分别在 1、5、10min 时，取出接种不同菌的肉汤管各 1 支，马上用自来水冲凉。

4. 培养　将全部 6 支肉汤培养管放入培养箱中，37℃培养 18 ～ 24h。

5. 观察　各管细菌生长情况。

【实验结果和分析】

大肠埃希菌煮沸 1min 取出的培养物有细菌生长，煮沸 5min、10min 取出的培养物无菌生长；枯草芽孢杆菌煮沸 1min、5min、10min 时取出的培养物均有细菌生长。

（三）紫外线杀菌实验

【实验原理】

紫外线可干扰细菌 DNA 的复制，导致细菌变异或死亡。因紫外线穿透力弱，一般用于空气和物品表面的消毒。

【实验准备】

普通琼脂培养基、金黄色葡萄球菌 18 ～ 24h 培养物、无菌的方形黑纸条、紫外线灯、接种环、酒精灯、镊子、火柴、标签纸、记号笔、37℃培养箱等。

【实验操作流程】

接种→贴纸片→紫外线照射→培养→观察。

1. 接种　在普通琼脂培养基上密集划线接种金黄色葡萄球菌。

2. 贴纸片　将镊子在酒精灯火焰上灭菌后，夹取一张无菌方形的黑纸条放在平皿表面。

3. 紫外线照射　打开平皿盖，在超净工作台紫外线灯下（距离 1m 内）照射 30min。

4. 培养与观察　用无菌镊子取下黑纸条。盖上平皿，贴上标签，置 37℃培养 18 ～ 24h 观察结果。

【实验结果和分析】

暴露在紫外线灯照射下的培养基表面无细菌生长，或仅有少量细菌生长；黑纸条遮挡的区域有细菌生长，形成菌落或菌苔。

【实验报告】

记录空气、物品表面、手指皮肤及咽喉部细菌检查和热力、紫外线杀菌的结果，分析试验现象。

（四）高压蒸汽灭菌器灭菌实验

【实验原理】

在密闭的蒸锅内，锅中的蒸汽不能外溢，压力不断上升，使水的沸点不断提高，从而锅内温度也随之增加。在103.4kPa的压力下，锅内温度达121℃。在此蒸汽温度下保持15～30min，可以很快杀死各种细菌及其高度耐热的芽孢。

【实验准备】

高压蒸汽灭菌锅；包扎好的培养皿、刻度管、锥形瓶、试管、培养基等。

【实验操作流程】

加水→摆放→密封→加热→灭菌计时→冷却→取出。

1. 加水　打开高压蒸汽灭菌锅锅盖，取出内灭菌筒，在外灭菌筒内加水没过水位器即可使用，水量不足，高压蒸汽灭菌锅易蒸干。

2. 摆放　把灭菌物放入内灭菌筒的筛板上，包扎的灭菌物品之间要留有空隙，物品不要堆放太紧或紧靠锅壁，以利蒸汽渗透，保证灭菌质量。

3. 密封　将内灭菌筒放入容器内，然后把容器盖上的软管插入灭菌筒内半圆槽中，将翼形螺母对称拧紧，使盖与容器密合。

4. 加热　打开放气阀，插入电源，加热开始，自锅内开始产生蒸汽后3min左右再关紧放气阀，此时蒸汽已将锅内的冷空气由排气孔排尽，温度随蒸汽压力增高而上升。

5. 灭菌计时　待压力逐渐上升至所需温度时，控制热源，维持所需压力和温度，并开始计时，一般培养基控制在121℃，灭菌15～30min。

6. 冷却　灭菌结束，先关闭电源，待压力表读数回复零位后，稍等1～2min，然后再打开放气阀和容器盖，但在压力未完全降至零位，不能打开锅盖，以免培养基沸腾将棉塞冲出。

7. 取出　所灭物品开盖后立即取出，以免凝结在锅盖和器壁上的水滴弄湿包装纸或落到被灭菌物品上，增加染菌率。

【实验结果和分析】

记录所做培养基的无菌检查结果。说明高压蒸汽灭菌原理、适用范围。

【思考题】

提前关闭放气阀会有什么后果？

（五）药物敏感试验（纸片法）

用药物敏感试验，选择最敏感药物，可供临床选择药物时参考。

【实验原理】

在含测试微生物的平板表面贴上含有药物的圆形滤纸片，检验药物向周围扩散，根据抑菌圈大小可以评价药物对测试微生物的作用效果。

【实验准备】

1. 试验菌种　金黄色葡萄球菌、大肠埃希菌18～24h培养物。
2. 培养基　MH培养基（水解酪蛋白琼脂）、肉汤培养基。
3. 药物敏感纸片　庆大霉素、环丙沙星、青霉素、克林霉素、万古霉素等。
4. 标准比浊管　0.5麦氏比浊标准管。

5. 其他用品　无菌棉拭子、镊子、游标卡尺（或毫米尺）、接种环、酒精灯、标签纸、记号笔、37℃培养箱、无菌生理盐水等。

【实验操作流程】

制备菌液→接种→贴药物敏感纸片→培养→判读结果。

1. 制备菌液　无菌方法挑取金黄色葡萄球菌、大肠埃希菌 4 ～ 5 个纯菌落，分别均匀溶解于 2ml 无菌生理盐水中，调节菌液浓度至 0.5 麦氏比浊标准。

2. 接种　用无菌棉拭子蘸取菌液，在试管内壁上旋转挤去多余菌液，在培养基表面均匀涂布接种。每接种 1 次旋转平板 60°，如此反复 3 次，最后沿平板边缘涂抹 2 周（也可用接种环分别 3 次取菌，密集划线接种）。

3. 贴药物敏感纸片　接种后的药物敏感平板在室温下平放，干燥 3 ～ 5min，用无菌镊子将药物敏感纸片紧贴于琼脂表面。直径 90mm 的平皿药物敏感纸片不超过 5 张，各纸片中心相距不小于 24mm，纸片外缘距平皿内缘不小于 15mm。

4. 培养　接种好的平板标记菌名、实验者、日期等，置 37℃培养 18 ～ 24h。

5. 判读结果　用游标卡尺量取抑菌圈直径，以没有明显细菌生长区域为抑菌圈边缘，按抑菌圈的直径大小，来判断对抗生素的敏感程度，参照标准表判读结果。

【实验结果和分析】

一般以敏感（S）、中介（I）、耐药（R）三个等级报告结果。

【注意事项】

1. MH 培养基临用前置 37℃温箱中，培养 30min 烘干表面水分。

2. 校正浓度后的菌液应在 15min 内接种。

【实验报告】

记录并报告药物敏感试验结果。

【思考题】

如何判断细菌对药物敏感或耐药？

二、药物制剂的微生物学检查（示教）

药物制剂的微生物学检查对发现微生物污染，保证药物制剂的质量和药效具有重要作用。本实验为药物制剂的无菌检查，检查项目包括需氧菌、厌氧菌、真菌及控制菌检查，方法是薄膜过滤法。本实验主要检查注射剂的需氧菌、厌氧菌和真菌。

【实验目的】

1. 了解无菌检查常用的培养基。

2. 熟悉药物制剂无菌检查的结果观察及报告方式。

3. 掌握药物制剂无菌检查的操作方法（薄膜过滤法）。

【实验准备】

1. 环境准备　环境洁净度符合无菌检查法规定的无菌室。

2. 人员准备　换鞋，清洗消毒手，穿无菌衣，戴帽子、口罩和手套。

3. 用物准备

（1）供试品　灭菌注射液（不用抗生素）。

（2）培养基　需氧菌培养基、厌氧菌培养基（硫乙醇酸盐液体培养基）。

（3）阳性对照　金黄色葡萄球菌（胰酪大豆胨液体培养基 18 ～ 24h 培养物，用 pH 7.0 无菌氯化钠 - 蛋白胨缓冲液或 0.9% 无菌氯化钠溶液制成适宜浓度菌悬液）。

（4）稀释液、冲洗液　pH 7.0 无菌氯化钠 - 蛋白胨缓冲液或 0.9% 无菌氯化钠溶液。

（5）仪器用品　集菌仪、封闭式薄膜过滤器（滤膜孔径 ≤ 0.45μm、直径约 50mm）、无菌吸管、75% 乙醇、棉签、酒精灯、培养箱等。

【实验操作流程】

薄膜过滤法：准备→过滤→添加培养基→阳性对照→培养→结果判断。

1. 准备　准备 3 个无菌过滤器并编号；用 75% 酒精棉球对待检样品外包装表面进行消毒，待干后打开安瓿瓶。

2. 过滤　开启集菌仪，先将少量的冲洗液过滤以润湿滤膜；再将供试品全部进行直接过滤。

3. 添加培养基　样品滤净后关闭电源。于 1 号滤器、2 号滤器（阳性对照）中各加入 100ml 硫乙醇酸盐液体培养基，于 3 号滤器中加入 100ml 胰酪大豆胨液体培养基。

4. 阳性对照　于 2 号滤器中加入金黄色葡萄球菌菌液 1ml 作为阳性对照，置 37℃培养箱培养 24 ～ 48h。

5. 培养　将 1 号滤器（硫乙醇酸盐液体培养基管）置于 30 ～ 37℃培养箱，3号滤器（胰酪大豆胨液体培养基管）置于 20 ～ 25℃培养箱各培养 14 天。

6. 结果判断　培养期内逐日观察并记录是否有菌生长。2 号阳性对照滤器在 37℃培养箱培养 24 ～ 48h 后若有菌生长，表明检查有效。

【实验结果和分析】

在规定时间内，供试品管若均澄清，无微生物生长，判定供试品符合规定；若供试品管中任何一管显浑浊，并确证培养基中有菌生长则判定供试品不符合规定。

需氧菌生长现象：硫乙醇酸盐液体培养基底部澄清，上层浑浊。

厌氧菌生长现象：培养基底部浑浊或有灰白色颗粒沉淀，而上层澄清。

兼性厌氧菌生长现象：硫乙醇酸盐液体培养基全管呈现浑浊。

真菌生长现象：真菌培养基呈现浑浊或絮状沉淀。

【注意事项】

1. 严格按照方法适用性确认的方法和实验条件进行实验。

2. 药品检查前保持原有包装，防止再污染。

3. 肉眼能看到的变质现象，如发霉、浑浊，该产品即为不合格，无须检测。

【实验报告】

规定时间内逐日观察并记录注射剂的无菌检查结果，分析污染可能的来源。

【思考题】

1. 哪些药品需要进行无菌检查？

2. 无菌检查中不同微生物培养的温度和时间是多少？

（任　奕）

实验五　放线菌和真菌等微生物的检查

一、放线菌形态与结构的观察

【实验目的】

1. 了解放线菌的培养方法。

2. 熟悉放线菌的菌落特征。

3. 掌握印片法观察放线菌的菌丝和孢子的形态。

【实验准备】

放线菌标本片、香柏油、二甲苯、小镊子、盖玻片、载玻片、普通光学显微镜、酒精灯、链霉菌培养物、1% 亚甲蓝染色液、擦镜纸等。

【实验操作流程】

1. 显微镜油镜观察放线菌标本片　显微镜油镜观察标本片，绘制所观察到的放线菌形态。

2. 放线菌菌落形态的观察　先肉眼观察在平板中培养的链霉菌的菌落特征，再用接种环在菌落边缘挑起菌落观察并记录结果。

3. 印片法观察放线菌菌丝及孢子形态　标本采集→制片→镜检。

（1）标本采集　用镊子取一洁净盖玻片，轻轻盖在链霉菌菌落表面轻压几下，使盖玻片印上菌丝和孢子。

（2）制片　在载玻片上加一滴亚甲蓝染色液，将盖玻片接触菌落的一面朝下盖在染液上，常温静置 3min。

（3）镜检　先用低倍镜观察有无放线菌菌丝或孢子，再用高倍镜观察菌丝、孢子的特征，记录观察到的结构并绘图。

【注意事项】

1. 采集标本时不宜过度按压盖玻片。

2. 镜检时显微镜光线应保持视野明亮。

【实验结果和分析】

放线菌菌落多为圆形、干燥、不透明，光滑或粗糙型菌落，其与培养基结合紧密，不易挑起，菌落正反面颜色通常不一致。油镜下，可见气生菌丝颜色较深，为无隔菌丝，孢子呈圆形或椭圆形。

二、真菌形态与结构的观察

【实验目的】

1. 掌握酵母菌、霉菌菌丝及孢子形态特点。

2. 熟悉酵母菌、霉菌菌落的特征及染色法。

3. 了解酵母菌、霉菌常用的培养方法。

【实验准备】

酿酒酵母新鲜平板培养物、青霉菌新鲜平板培养物、0.1%亚甲蓝染色液、接种环、接种针、培养皿、普通光学显微镜、香柏油、二甲苯、载玻片、盖玻片、酒精灯、小镊子、擦镜纸等。

【实验操作流程】

1. 酵母菌、青霉菌菌落形态的观察　先肉眼观察在平板中培养的酵母菌、青霉菌菌落特征，再用接种针在菌落边缘挑起菌落观察并记录结果。

2. 酵母菌形态与结构的观察　制片→镜检。

（1）制片　在载玻片中央加一滴亚甲蓝染色液，接种环灭菌后在酿酒酵母新鲜平板培养物上取少许酵母菌，放置在亚甲蓝染色液中混匀。用镊子取一清洁盖玻片，慢慢盖在染液混合物上，避免产生气泡，室温静置 3min。

（2）镜检　先用低倍镜观察酵母菌形态，再用高倍镜观察出芽繁殖，记录观察到的结构并绘图。

3. 插片法观察青霉菌的形态与结构　接种→培养→染色→镜检。

（1）接种　将青霉菌菌种均匀涂布在固体平板培养基表面。用无菌镊子夹取无菌盖玻片，斜插入平板培养基中，深度约为盖玻片高度的 1/3。

（2）培养　将培养基置 28℃温箱培养 5 ～ 7 天。

（3）染色　用镊子取出盖玻片放在滴有亚甲蓝染色液的载玻片上，室温静置 3min。

（4）镜检　用显微镜高倍镜观察青霉菌的菌丝及孢子形态，绘图记录结果。

【注意事项】

接种青霉菌要注意无菌操作。

【实验结果和分析】

酵母菌是单细胞真菌，大多呈卵圆形、圆形，以出芽方式增殖，菌落与细菌菌落相似，多为圆形，菌落光滑湿润，边缘整齐、容易挑起。

青霉菌菌丝有隔，但无足细胞，从气生菌丝上生出分生孢子梗，其顶端可出现多次分枝，生出成串孢子。

三、螺旋体标本的检查

【实验目的】

1. 掌握螺旋体的镀银染色法。

2. 熟悉螺旋体的形态特点。

3. 了解螺旋体的致病性。

【实验准备】

牙签、生理盐水、固定液、媒染剂、硝酸银染液、载玻片、酒精灯、显微镜、火柴、香柏油、二甲苯、擦镜纸。

【实验操作流程】

口腔中奋森螺旋体的检查：涂片→干燥固定→媒染→银染→镜检→绘图。

（1）涂片　取载玻片加生理盐水1滴于中央，用牙签取牙垢少许与盐水均匀做一涂片。

（2）干燥固定　涂片自然干燥后，滴加固定液1～2滴，固定1～2min后水洗。

（3）媒染　滴加媒染剂，加温至有蒸汽出现，作用30s，水冲洗。

（4）银染　加硝酸银染液，微加温，约30s，水冲洗，晾干。

（5）镜检　显微镜油镜下观察螺旋体形态。

（6）绘图　根据看到的图像，绘出螺旋体的形态。

【注意事项】

染色过程中温度不能太高，染液不能干燥。

【实验结果和分析】

镜下牙垢中奋森螺旋体呈棕褐色或黑褐色，菌体呈波状，有4～10个稀疏不规则的螺旋。

四、病毒包涵体标本的检查

【实验目的】

熟悉狂犬病毒包涵体的形态特点。

【实验准备】

病毒包涵体标本片、显微镜、香柏油、二甲苯、擦镜纸。

【实验操作流程】

显微镜高倍镜和油镜下观察狂犬病毒包涵体的形态，绘出观察到的形态结构。

【实验结果】

镜下可见红染椭圆形小体。

（林敏娜）

参考文献

曹雪涛，2018. 医学免疫学 [M]. 7 版 . 北京：人民卫生出版社 .

陈明琪，罗翀，张丽，等 . 2021. 药用微生物基础 [M]. 4 版 . 北京：中国医药科技出版社 .

陈淑增，邱丹缨，谢德秋 . 2018. 病原生物学与免疫学 [M]. 武汉：华中科技大学出版社 .

崔秀吉，陈锦龙，2022. 病原生物学与医学免疫学实验教程 [M]. 北京：科学出版社 .

崔艳丽，2023. 微生物检验技术 [M]. 4 版 . 北京：人民卫生出版社 .

华莉，2022. 微生物基础 [M]. 2 版 . 北京：人民卫生出版社 .

黄汉菊，2020. 医学微生物学 [M]. 4 版 . 北京：高等教育出版社 .

李凡，徐志凯，2020. 医学微生物学 [M]. 9 版 . 北京：人民卫生出版社 .

李剑平，吴正吉，2020. 微生物学检验 [M]. 5 版 . 北京：人民卫生出版社 .

刘建红，王玲，2016. 病原生物与免疫学基础 [M]. 4 版 . 北京：科学出版社

刘晓蓉，2020. 微生物学基础 [M]. 2 版 . 北京：中国轻工业出版社 .

糜涛，刘忠立，2019. 病原生物与免疫学基础 [M]. 北京：科学出版社 .

潘虹，2020. 病原生物与免疫学基础 [M]. 2 版 . 北京：人民卫生出版社 .

沈关心，2016. 微生物学与免疫学 [M]. 8 版 . 北京：人民卫生出版社 .

王传生，吕瑞芳，2022. 病原生物与免疫学基础 [M]. 3 版 . 北京：高等教育出版社 .

吴丽民，贺立虎，2021. 微生物学基础 [M]. 北京：中国医药科技出版社 .

夏金华，2023. 病原生物与免疫学 [M]. 3 版 . 北京：科学出版社 .

熊群英，张晓红，2015. 微生物基础 [M]. 北京：人民卫生出版社 .

于虹，宝福凯，杨春艳，2017. 病原生物学与医学免疫学 [M]. 北京：中国科学技术出版社 .

张仙芝，2021. 病原生物与免疫学基础 [M]. 3 版 . 北京：科学出版社 .

张仙芝，2021. 微生物基础 [M]. 2 版 . 北京：科学出版社 .

自测题单项选择题参考答案

绪论

1. B　2. D　3. C　4. B

第 1 章

1. B　2. A　3. D　4. D　5. C　6. B　7. C
8. D　9. E　10. A　11. D　12. A　13. C
14. D　15. D　16. E　17. C

第 2 章

1. B　2. A　3. D　4. A　5. A　6. D　7. A
8. A　9. C　10. D　11. A　12. E　13. B
14. D　15. B　16. D　17. A　18. D　19. B
20. D　21. A　22. A　23. B　24. D　25. B
26. C　27. C　28. B　29. C　30. C

第 3 章

1. C　2. E　3. A　4. B　5. C　6. B　7. E
8. E　9. B　10. D　11. E　12. D　13. A
14. E　15. D　16. D　17. D　18. B　19. B
20. C　21. D　22. E　23. D　24. B　25. C

第 4 章

1. C　2. C　3. D　4. C　5. A　6. C　7. E
8. B　9. C　10. C　11. B

第 5 章

1. D　2. B　3. A　4. B　5. D　6. D　7. E
8. E　9. B　10. C

第 6 章

1. C　2. D　3. A　4. B　5. C　6. C　7. D
8. D　9. C　10. C

第 7 章

1. B　2. C　3. E　4. C　5. B　6. A　7. D
8. D　9. C　10. B　11. B　12. D　13. B
14. D　15. D　16. D　17. D　18. E　19. C

第 8 章

1. C　2. E　3. C　4. B　5. A

第 9 章

1. B　2. D　3. E　4. B　5. B　6. E

第 10 章

1. D　2. E　3. D　4. E

第 11 章

1. A　2. E　3. E　4. D　5. E　6. A